リーマン
の
生きる
数学

黒川 信重 編

リーマンと幾何学

勝田 篤 著

3

共立出版

シリーズ刊行にあたって

大数学者リーマンの影響力の偉大さは，歿後 150 年の現在，一層輝きを増して感じられる．リーマンは 1826 年 9 月 17 日にドイツに生まれ，1866 年 7 月 20 日にイタリア北部のマジョーレ湖畔にて 39 歳という若さで生を終えた．

リーマンが，その短い一生の間に，解析学・幾何学・数論という多方面にわたって不朽の画期的成果を挙げて，数学を一新させたことは，今更ながら驚きに堪えない．もちろん，その時間的制約から，リーマンにはやり残したことも多いはずであり，リーマン予想はその代表的な例であろう．さらに，リーマンは人見知りの激しい極端に控えめな性格の持ち主であり，5 歳年少の友人デデキントとの深い信頼関係によって何とか日々の生活を送っていた，という意外な面もある．ちなみに，デデキントはリーマン歿後，『リーマン全集』のまとめ役をつとめ，そこに最初の「リーマン伝」を書き下ろしている．

リーマンの数学的遺産の大きさの明証としては，「リーマン積分」，「リーマン面」，「リーマン多様体」，「リーマン計量」，「リーマン予想」というように，リーマンの名前が現代数学の至る所で日常的に使われていることをあげることができる．まさに，リーマンなしには数学はできない，というのが現代数学者の共通認識である．付記すれば，現在に至るまで，後世の人々がリーマンの真意を汲み尽くせていない可能性も大である．リーマンが歿後 150 年を機によみがえって現代数学を見たなら，どのような感想を抱くだろうか，興味深いところである．

本シリーズは，リーマン歿後 150 年の現在からリーマンの数学およびその後への影響を振り返るのが趣旨であり，

『リーマンと数論』

『リーマンと解析学』

『リーマンと幾何学』

『リーマンの数学と思想』

という4巻からなる．執筆者には，これまでのリーマンの固定観念にはとらわれず，自由に書いて頂いている．リーマンの仕事，リーマンのやろうとしたこと，リーマンが夢見たこと，リーマンの影響，リーマン後の発展，リーマンの未来へのメッセージなど，重点の置き方も各様である．

本シリーズによって，数学の悠久の流れにおけるリーマンの位置を認識し，リーマンの求めんとしたところを訪ねる人々が続くことを念願する．

リーマン歿後150年の2016年に，ちょうど創立90周年を迎える共立出版から本シリーズが刊行されることは喜びに堪えない．

2016年10月　　　　編者　黒川信重（東京工業大学教授）

まえがき

1854 年，リーマンは教授資格取得試験のための講演を行った．試験官の一人であったガウスが興奮したとも伝えられるその講演において，n 重に広がった空間（n 重延長量，あるいは n 次元多様体）および，その上に正定値 2 次微分式で与えられる計量（リーマン計量）および（断面）曲率を定義し，リーマン幾何学を創始した．そこには，その頃認識されはじめた非ユークリッド幾何学の存在およびガウスの（内在的）曲面論が基礎にあった．この講演は現代の幾何学の発展の礎となったものであり，その影響は計り知れない．

本書は内容的に，この講演「幾何学の基礎をなすある仮説について」について解説した部分と，現代数学におけるその甚大なる影響の中から，トピックを選んで論述した部分に分かれる．

前半部では，第 1 章で 19 世紀におこった幾何学の革命「ユークリッド空間からの離脱」について，リーマン以前の状況について簡単に説明した後，第 2 章においてリーマンの講演を現代的観点から解説した．この講演は近代，現代幾何学の礎としてあまりにも著名であり，これまでもワイルによるものをはじめとして数多くの解説が出版されている．本シリーズにおいても加藤文元著『リーマンの数学と思想』において，リーマンが創出した「多様体」概念の現代数学への思想的影響について，魅力的に語られている．本書では，現代の幾何学の標準的カリキュラムにおいて教えられている諸概念と講演との対応および以後の発展にどのように取り入れられているかの観点から解説を行った．

後半部は，第 3 章でガウスに始まり，リーマンにおいて認識された「内在的幾何」を表現する多様体が，「外在的」にユークリッド空間内の部分多様体として実現されるかということをあらわす「埋め込みの問題」を扱った．第 4 章ではリーマンの講演においても言及されている離散空間に関連して，現代微分幾何学における中心的概念の一つであるグロモフ・ハウスドルフ距離について解説し，その後リーマン幾何学の現状の研究の概要をまとめた．最後に第５章では，リーマンの数論に関する著名な論文「与えられた限界以下の素数の個数について」と「リーマン多様体」とを結びつけたのはセルバーグの偉大な業績であるが，その流れをくみ，さらにリーマンに強く影響を与えた数学者の１人であるディリクレの名を冠する算術級数定理の幾何学版について，筆者の最近の研究も含めて紹介させていただいた．

本書の内容であるが，草稿を何人かの知り合いの幾何学者の方に見ていただいたところ，その中のコメントで，「どのような読者を対象にしているかわからない」という至極もっともなご意見があった．そのご指摘にはとりあえず「教科書というわけではないので，様々な読み方をしていただければよいと思っていますが，あえて対象を挙げるとすれば，背伸びをしたい学部生です」とお答えした．実際，私自身専門外の事項などかなり背伸びをして書いた部分もあるので理解不足や勘違いの所もありうるということご認識の上，批判的にお読みいただければ幸いである．

第１章のリーマン以前の状況の説明，第２章でのリーマンの講演の解説や第３章のベクトル束，第４章のグロモフ・ハウスドルフ距離の解説などは，大学 1, 2 年で学ぶ微分積分学，線形代数学の知識があればある程度は読むことができるように書いたつもりではあるが，実際には初学の方がこれだけで内容を完全に理解するのは難しいかもしれない．特に教科書のような詳細な公式の導出や定理の証明は省略している部分も多く，むしろ「なぜそのように考えるか」，「この概念の意味は何か」などの直観的な説明を心掛けたので，教科書を理解する際の副読本とみていただければ幸いである．

上記以外の部分はかなりマニアックと思われ，専門家以外の方は読解に苦労される場合もあるのではないかと思われる．すべてを詳細に説明しているわけではないので，文献案内と考えていただきたい．ただし，その代わりというわけではないが通常の専門書には書かれていないと思われるインフォーマルなコメントおよび多くの方から教えていただいた有益な情報もいくつか挿入した．私の偏見の可能性や後者については誤解している場合もありうるので，かえって理解の妨げや悪影響となることを恐れるが，もし修士論文や博士論文などの課題のヒントのかけらにでもなれば幸いである．

本書の執筆に関し，特に阿賀岡芳夫，石渡 聡，岩瀬則夫，浦川 肇，北別府悠，桑江一洋，小林 治，塩谷 隆，楯 辰哉，内藤久資，難波隆弥，廣島文生，本多正平の諸氏には一方ならぬお世話になった．さらに，これらの方の他にも，多くの方々から様々なアドバイスをいただくことができた．それらの方の全員のお名前を記すことはできないが，ここに感謝の意を表明させていただく．2016 年はリーマンの歿後 150 年であった．その記念として内外，多くの書が企画，出版された．本書も黒川信重先生の監修の下で企画されたシリーズ「リーマンの生きる数学」全 4 巻の一つとして企画されたものである．他の 3 巻，黒川信重著『リーマンと数論』，志賀啓成著『リーマンと解析学』，加藤文元著『リーマンの数学と思想』はかなり以前に出版されている．

最後に執筆をお勧め下さり，辛抱強く励ましていただいた黒川信重先生，原稿の大幅な遅れにもかかわらず，また一般書としてはいささか専門的過ぎる部分も含まれるこのような内容の本書の出版をお認めいただいた共立出版編集部の大越隆道氏に，深く感謝いたします．

2024 年 8 月

勝田　篤

目　　次

第1章　リーマン登場までの幾何学の状況　1

1.1　ユークリッド幾何学と空間論 …… 1

1.2　非ユークリッド幾何学 …… 2

1.2.1　ユークリッド幾何学と平行線公準 …… 2

1.2.2　双曲幾何学 …… 2

1.3　ガウスの曲面論 …… 6

1.3.1　ガウス驚愕の定理 …… 6

1.3.2　平面曲線の曲率 …… 8

1.3.3　3次元空間内の曲面の第一基本形式 …… 10

1.3.4　3次元空間内の曲面のいくつかの曲率 …… 12

第2章　リーマンの教授資格取得講演と現代幾何学　15

2.1　リーマンの教授資格取得講演I …… 16

2.2　解説1：微分可能多様体 …… 20

2.2.1　微分可能多様体の定義 …… 20

2.2.2　微分可能多様体の定義にあらわれる数学用語の説明 …… 21

2.2.3　多様体の例 …… 26

2.3　リーマンの教授資格取得講演II …… 30

2.4　解説2：リーマン幾何学 …… 37

2.4.1　接ベクトルと写像の微分 …… 37

2.4.2　リーマン計量 …… 42

2.4.3　接続，平行移動，共変微分 …… 43

2.4.4　線形接続 …… 48

2.4.5　曲率テンソル，断面曲率 …… 52

2.4.6 測　地　線 …… 56
2.4.7 多様体の計量関係は，曲率によって決まるか？ …… 63
2.5 リーマンの教授資格取得講演 III …… 64
2.6 解　説　3 …… 68
2.7 リーマン幾何学のその後 …… 69

第 3 章　リーマン多様体の埋め込み　70

3.1 基礎概念：はめ込みと埋め込み …… 71
3.2 ベクトル束，ファイバー束，主束 …… 72
3.3 位相的埋め込み …… 77
3.3.1 位相的はめ込み …… 79
3.3.2 位相的埋め込み …… 86
3.4 等長埋め込み …… 87
3.4.1 C^1 級等長埋め込み …… 89
3.4.2 C^k 級等長埋め込み：ナッシュの証明 …… 93
3.4.3 ギュンターによる別証明 …… 111
3.5 その他の埋め込み …… 113
3.5.1 具体的埋め込み …… 113
3.5.2 補項：リーマン幾何学にあらわれる種々の平滑化に関するいくつかの注意 …… 114
3.5.3 距離空間としての等距離埋め込み …… 119
3.5.4 ホモトピー原理 …… 121

第 4 章　連続と離散：グロモフ・ハウスドルフ距離とリーマン幾何学　123

4.1 大域リーマン幾何学の歴史 …… 124
4.2 グロモフ・ハウスドルフ距離 …… 125
4.2.1 グロモフ・ハウスドルフ距離の定義 …… 125
4.2.2 リーマン幾何学の発展の方向 …… 128
4.2.3 グロモフ・ハウスドルフ距離とピンチング問題 …… 130
4.2.4 プレコンパクト性定理 …… 132

4.2.5 安定性定理 …… 137
4.3 崩壊理論 …… 139
4.4 断面曲率が下に有界な空間 …… 141
4.5 断面曲率が上に有界な空間 …… 146
4.6 リッチ曲率が下に有界な空間 …… 148
4.7 測度距離空間と曲率次元条件 …… 152
4.8 リッチ曲率が上に有界な空間 …… 154
4.9 スカラー曲率 …… 155
4.10 その他の曲率 …… 157
4.11 リッチ流 …… 158
4.12 次元が無限大に発散する空間列の幾何学 …… 159

第5章 リーマン多様体の素閉測地線 160

5.1 素数定理と素測地線定理 …… 160
5.2 ディリクレの算術級数定理とその幾何学類似 …… 163
5.2.1 ディリクレの算術級数定理,
チェボタレフの密度定理 (I) …… 163
5.2.2 幾何学的定式化とアーベル拡大 …… 164
5.2.3 ハイゼンベルグ拡大 …… 167
5.2.4 代数体の数論：チェボタレフの密度定理 (II) …… 172
5.2.5 数論での無限次拡大 …… 174
5.3 離散群と被覆空間 …… 177
5.3.1 被覆空間 …… 177
5.3.2 平坦ベクトル束，関数空間の分解 …… 179
5.4 被覆空間とラプラシアン …… 184
5.4.1 ラプラシアンと熱核 …… 184
5.4.2 アーベル被覆上のスペクトル解析 …… 191
5.4.3 最小固有値の自明表現におけるヘッシアンの計算 …… 192
5.5 素閉測地線に関する密度定理（無限次アーベル拡大） …… 196
5.5.1 証明の概要 …… 196

5.5.2　ポアンカレ上半平面とコンパクトリーマン面 …… 197
5.5.3　セルバーグ跡公式 …… 200
5.5.4　無限次アーベル拡大に対する素閉測地線の数え上げ …… 203
5.6　素閉測地線に関する密度定理（ハイゼンベルグ拡大） …… 206
5.6.1　証明の概要（幾何学側） …… 206
5.6.2　証明の概要（スペクトル側）：新たな問題点とその解決法 …… 206
5.6.3　離散ハイゼンベルグ群の有限次元既約ユニタリ表現 …… 207
5.6.4　有限次元既約ユニタリ表現の具体形 …… 209
5.6.5　ハイゼンベルグ・リー群のユニタリ表現 …… 210
5.6.6　離散ハイゼンベルグ群のユニタリ表現とハイゼンベルグ・リー群のユニタリ表現の関係 …… 211
5.6.7　磁場つき離散ラプラシアンとの関係 …… 213
5.6.8　リー積分とチェンの反復積分 …… 222
5.6.9　アーベル群と離散ハイゼンベルグ群の対比 …… 228

文献案内と今後考えられうる方向性　230
参考文献　245
事項索引　273
人名索引　302

文献，索引，人名表記に関する注意

- 各参考文献の末尾には本文での引用ページを付与した．
- 索引に関しては項目索引，人名索引とも英語項目は初出ページのみであるが，和文項目は本文中でその項目があらわれるほぼ全てのページを網羅したつもりである．ただし，そこでの話題に比べて，非常に基礎的な項目については出現ページを略した場合もある．
- 日本人の方の人名については英語表記はしておらず，原則として本文中の初出箇所のみには姓名を，それ以外の箇所は姓のみ表記している．そのため，共著であっても姓名が書かれている方と姓のみの方の名前が混在している場合もある．
- 本書に登場する同一の姓の方を区別する目的や，同姓の著名な数学者と混同される可能性がある場合などでは，人名にイニシャルがついている場合もある．

Georg Friedrich Bernhard Riemann

第1章 リーマン登場までの幾何学の状況

1.1 ユークリッド幾何学と空間論

我々をとり巻く物理的空間はどのようなものであるかという疑問は，古代の4大文明の頃より現代にいたるまで，継続的に考えられてきた．その空間論の発達に対して，数学的基盤を与えてきたものが，ユークリッド幾何学 (Euclidean geometry) である．これは，古代においては，紀元前300年頃，ギリシャの数学者ユークリッド（Euclid，エウクレイデス：Eukleídēs）により，『原論』(*Elements*) という書物にまとめられた．『原論』は，定義，公準，公理および，それらから演繹して得られる定理からなっており，空間論の基礎を与えるとともに，数学的論理的議論の規範となってきた．その後幾何学，あるいはより広く数学全般は，中世を経て，アラビア数学の輸入，座標の考案による解析幾何学 (analytic geometry) の導入，射影幾何学 (projective geometry) や微分積分学 (calculus) の発見，さらには大数学者オイラー (Euler) の登場などいくつかの発展を経て，19世紀にいたる．ここでは，リーマン (Riemann) の就職講演の少し前の状況として思想的にも重要な「非ユークリッド幾何学 (non Euclidean geometry) の発見」，「ガウス (Gauss) による曲面論，特に内在的観点の萌芽」の2点に焦点を絞り説明する．より詳しい歴史に関しては，例えば [402] を参照されたい．

1.2　非ユークリッド幾何学

1.2.1　ユークリッド幾何学と平行線公準

ユークリッドの『原論』では幾何学の基盤を与える「公準 (postulate)」として以下の5つのものが提示されている ([25] 参照).

公準（要請）

1 すべての点からすべての点へと直線を引くこと
2 有限な直線を連続して1直線をなして延長すること
3 あらゆる中心と距離をもって円を描くこと
4 すべての直角は互いに等しいこと
5 もし2直線に落ちる直線が,（和が）2直角より小さい同じ側の内角を作るならば, 2直線が限りなく延長されるとき,（内角の和が）2直角より小さい側でそれらが出会うこと

これらのうち, 公準5はわかりにくい表現で書かれているが, これは

5′ 直線外の1点を通って, その直線に平行な直線が1本あり, 1本に限る

と同値であることが知られている. 公準5は平行線公準 (parallel postulate), 平行線公理 (parallel axiom) などともよばれる

平行線公準は他の公準に比べて, 複雑であり, 他の公準から証明されないかという問題が古くから考えられ, 多くの研究が生まれた. 以下の記述は, 主に [41] を参考にしている.

その中でも特筆すべきものとして, サッケーリ (Saccheri), ランベルト (Lambert) の研究がある. また, 彼らは, 公準5を否定した場合に成立する命題についても研究した. これらは（彼らは認識していないが）後述の双曲幾何学 (hyperbolic geometry) や楕円幾何学 (elliptic geometry) に関する先駆的研究ともいえる. しかし, 彼らはこれらをユークリッド幾何学が正しいことの証左としたようである.

1.2.2　双曲幾何学

これに対し, 1820 年代にガウス, ロバチェフスキー (Lobachevsky), ボーヤ

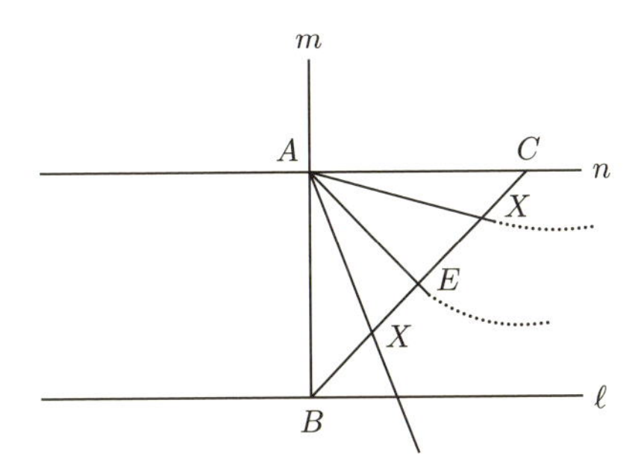

図 1.1 非ユークリッド幾何学における平行線

イ (Bolyai) の 3 人により，まったく独立に，平行線公準を否定しても整合的な幾何学が成立することが示された．時間的にはガウスが最も早いとされるが，哲学や神学的方面からの攻撃を恐れ書簡において述べたに過ぎない．世に公表したのは他の 2 人である．このためしばしばこの幾何学はロバチェフスキー・ボーヤイの幾何学ともよばれるが，双曲幾何学という用語が普及している[1)]．

この当時，知られていた双曲幾何学で成立するいくつかの命題を例示する．はじめに，双曲幾何特有の概念である限界平行線 (limiting parallel line) を定義する．平行線公準が成り立たない[2)]ということを前提とする．図 1.1 のように，直線 ℓ とその上にない点 A をとる．A から ℓ に垂線 m を下ろし，その足，つまり ℓ との交点を B とする．次に A を通り，m に直角に交わる直線 n を考え，その上の 1 点 C をとる．さらに点 X を線分 BC 上の点とし，それを C から B に向けて動かす．半直線 AX を考えるとはじめのうちは直線 ℓ とは交わらず，しばらくするとある点 E でそこに到達する寸前までは ℓ と交わらず，それより少しでも後には必ず交わるという点が存在する．AE は ℓ と交わるかどうかが問題となるが，実際はもし交わるとするとそれより少し以前でも交わるので AE は ℓ とは交わらない．この AE を ℓ の限界平行線 (limiting parallel) という．またこのとき角 $\angle BAE$ を線分 AB の平行角 (parallel angle) という．

[1)] 英語版 Wikipedia, “Non-Euclidean geometry” `https://en.wikipedia.org/wiki/Non-Euclidean_geometry` には，もう 1 人シュヴァイカルト (Schweikart) も，ガウスの直後に独立に非ユークリッド幾何学を発見したと書かれている．また後述のタウリウス (Taurinus) はこの人の甥にあたるとのことである．

[2)] ここでは図 1.1 において A を通る元の直線と平行な直線が 2 本以上あることを意味する．

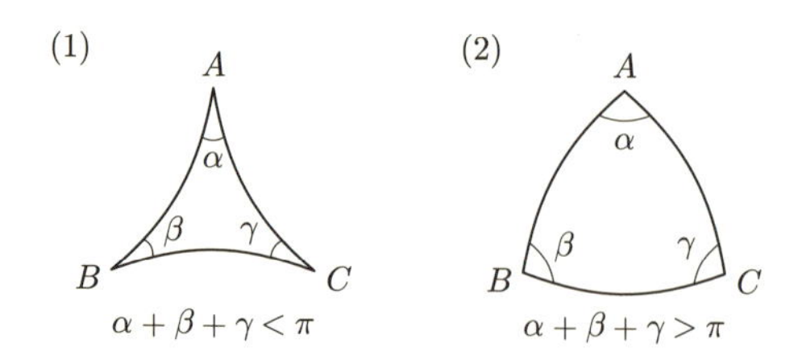

図 1.2　(1) 双曲幾何学における三角形，(2) 楕円幾何学における三角形

双曲幾何学の性質

1 三角形の内角の和は π すなわち 180 度より小さい（図 1.2(1)）.

2 限界平行線は ℓ の漸近線 (asymptotic line) である．これは限界平行線が ℓ にいくらでも近づくということを意味する.

3（ロバチェフスキー・ボーヤイの公式）限界平行線において，図 1.1 の記号の下で，線分 AB の長さを x，平行角 $\angle BAE$ の角度を $\Pi(x)$ とすると，ある正の数 k で，$\tan(\Pi(x)/2) = e^{-x/k}$ を満たすものが存在する.

4（タウリウスの公式）三角形の頂点の角を A, B, C，対辺の長さを a, b, c とすると

$$\cosh(a/k) = \cosh(b/k)\cosh(c/k) - \sinh(b/k)\sinh(b/k)\cos A$$

が成立する.

この公式は断面曲率 (sectional curvature)[3)]が $-1/k^2$ の双曲平面 (hyperbolic plane) 上の三角法の公式である.

また，この公式は断面曲率の符号を反対にした $1/k^2$ の曲面である半径 k の球面 (sphere) における球面三角法 (spherical trigonometry) の公式

$$\cos(a/k) = \cos(b/k)\cos(c/k) - \sin(b/k)\sin(b/k)\cos A$$

と対比できる[4)]

[3)] 2.4.5 項参照.

[4)] 球面のように 3 次元空間内の曲面については，そのガウス曲率（式 (1.4) 参照）と断面曲率は一致す

さらに，どちらの曲面も $k \to \infty$ においては断面曲率が0であるユークリッド平面に近づき，これらの公式は，その極限においてユークリッド幾何学での通常の余弦公式 (cosine formula)

$$a^2 = b^2 + c^2 - 2bc\cos A$$

と一致する．

さらに上記3人以外でも，彼らとほぼ同時代の人であるタウリウスは，こうした事実に気づき，矛盾を生じない新幾何学の存在を知ったが，未定数 k の存在に対する疑問「自然界に実在しているならこのような不定性が生じるはおかしい」や当時のカント哲学 (Kant philosophy) の影響[5)]もあり，ユークリッド幾何学が正しい幾何学[6)]と信じていたとのことである．

他方，リーマンは，双曲幾何学とは別の非ユークリッド幾何学として楕円幾何学を考察していた．この幾何学は球面上の幾何学とも言い換えられ，そこでの三角形は図 1.2(2) のような形で，ここでは球面三角法の公式が成立する．

リーマンの就職講演ではリーマン幾何学の観点から曲率が一定の多様体について考察しているが，彼の脳裏で非ユークリッド幾何学と結びついていたかについては不明とされ，これらの結び付きを明確に述べたのはその後活躍したベルトラミ (Beltrami) と言われている．さらにこの研究はクライン (Klein)，ポアンカレ (Poincaré) と引き継がれ，その後，双曲幾何学はトポロジー (topology)，数論 (number theory)，解析学 (analysis)，表現論 (representation theory) などと結びつき，現代数学の花形の一つとなっている．本書でも第5章において基本的な役割を果たすが，現代的立場からの説明はそちらで行う．本節については，[25]，[41] の他，足立恒雄 [2] も参考にした．また，英語版 Wikipedia，“Non-Euclidean geometry” (脚注 1) 参照）にもかなり詳細な記述がある．

る．

5)「カント哲学が非ユークリッド幾何学に否定的という意味ではなく，非ユークリッド幾何学に対する拒絶反応をカント哲学を用いて合理化しようとする試みがあった」ということではないかという小林 治氏の興味深いご指摘もあった．

6) より正確に述べれば「ユークリッド幾何学（のみ）が自然の空間に適合する」ということを意味するのではないかというご指摘（小林 治 氏）もあった．筆者も同意したい．

1.3　ガウスの曲面論

1.3.1　ガウス驚愕の定理

リーマンの幾何学の一つの動機を与えているガウスの曲面論について説明する．一言でいえば，ガウスの貢献は，3次元ユークリッド空間 (Euclidean space) 内の曲面において，曲面それ自身の性質から決まる量（内在的 (intrinsic) 量）と，曲面が3次元空間でどういう位置にあるかということに関係する量（外在的 (extrinsic) 量）の違いをはっきりと認識したことであった．このことは以下のガウス驚愕の定理[7)]であらわされている．

定理 1.1 ガウス驚愕の定理

曲面のガウス曲率は曲面の第一基本形式 (the first fundamental form) のみを用いてあらわされる．

本節の参考文献としては梅原雅顕・山田光太郎 [5] を挙げておく．はじめにおおよそのことを説明する．まず，曲率とは，名前からわかるように曲面の曲がり具合をあらわす量であり，曲面の曲率にはその測り方により，主曲率 (principal curvature)，平均曲率 (mean curvature)，ガウス曲率などいくつかの種類がある．ガウス曲率は実数であるが，値そのものよりその符号が重要で，おおよそ図1.3のような状況である．

以下ではまず平面曲線の曲率 (curvature of plane curve) について説明し，その後3次元空間内の曲面の曲率として主曲率を説明する．そこでは通常の定義とともに，平面曲線の曲率を用いたものも紹介する．次に主曲率を用いた平均曲率，ガウス曲率の定義について説明する．これらの定義では，主曲率，平均曲率，ガウス曲率のどれもが，曲面が3次元空間内にあるということを用いた

---

7) ラテン語では Theorema Egregium．ただし，小林 治 氏をはじめとする何人かの方からのご教示によれば，Egregium というラテン語は驚異，驚愕という意味ではなく，「選ばれた」，「傑出した」という意味のようである．またこの定理の英訳は “Remarkable Theorem” であり，驚異，驚愕をあらわす surprising, astonishing などは用いられていない．誰により，あるいはいつ頃から「驚愕の定理」の定理と和訳されたかも気になるが，今のところ筆者にはわからない．なお，この話題に関して，[44], [59] でも言及されている．

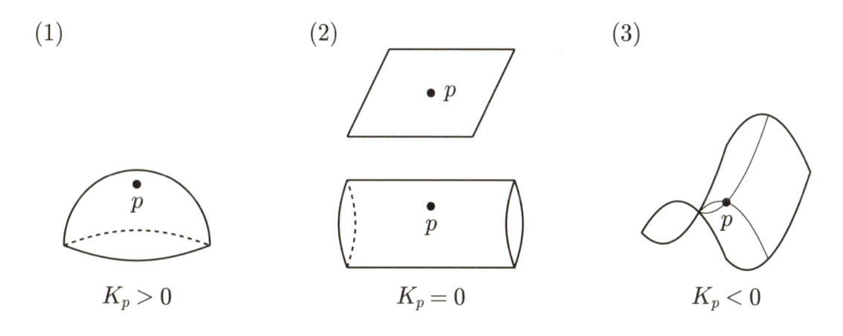

図 1.3 ガウス曲率 K_p が (1) 正，(2) 0，(3) 負の曲面

“外在的” なものであるが，これらのうち，ガウス曲率だけは曲面の内在的量，言い換えると曲面上に住む “2 次元人” にも認識できる量[8]であることをガウスは発見した．主曲率の定義には単位法ベクトル (unit normal vector) $\mathbf{e}$[9]という曲面の外側である 3 次元空間内の概念を利用しているので，主曲率を用いた元々の定義からは，ガウス曲率が内在的なものにはとても見えない．しかしガウスは長い計算により，それを見抜いた．これは彼自身にとっても驚きであったため驚愕の定理という名前がついている[10]．実際，内在的量である第一基本形式というものでガウス曲率 K を表現する式 (1.5) を後に示すがそれは一見してかなり複雑なものである．

ここで，数学的説明に進む前に，ガウスの驚愕の定理の一つの応用を紹介する．それは「地球上のどんなに狭い地域も平面の地図として正確なものを作成することは不可能である」ということである．ここで正確な地図とは「元の地域の 2 点の距離とそれに対応する地図上の 2 点との拡大率が 2 点の選び方によらず一定である地図」のことである．上記の主張の理由は次のように説明できる．「平

---

[8] ここで述べている意味をもう少し説明しよう．現在ロケットを用いれば地球の外から地球を観察することは可能であるが，そのようなもののない古代の人々にとっては地球を外から眺めることはできず，“地球は丸い” という認識に到達することにもかなりの時間を要したわけである．この古代人がいわば上の “2 次元人” である．ただし，厳密には古代人にとっても “高さ” という概念はあり，3 次元空間に住んでいるので，彼らは “2 次元人” ではないが，地球の大きさに比べ，彼らの生活範囲の “高さ” は非常に小さいのでそれは無視している．

立場を変えて考えれば，我々の宇宙は 3 次元空間であるが，「3 次元空間から俯瞰する地球」との対比としての「何らかの高次元仮想空間から俯瞰する宇宙」というような外側の仮想空間の存在は不明であり，古代人にとっての地球の表面のように，我々も宇宙をその内部からしか知りえない．この立場では我々は 3 次元人であるということができる．

[9] 曲面と直交する長さ 1 のベクトル．

[10] このように思っていたが…，前ページの脚注参照．

面のガウス曲率は0であり，またそれを一定の倍率で拡大してもガウス曲率は0のままであることが証明できる．一方，地球のモデルである球面のガウス曲率は正であるので，地図をどういう方法で拡大しても，地球上にぴったりと重ね合わせることはできない[11)12)]．」

以下では，上のことについて，より具体的な数学的説明を与える．

1.3.2　平面曲線の曲率

まず，座標平面（xy 平面）$\mathbb{R}^2$ 内の C^∞ 級の曲線 c 上の点 $c(t)$ を

$$c(t) = (x(t), y(t)) \quad \in \mathbb{R}^2$$

とパラメーター表示する．曲線を平面内の点の運動の軌跡と考えれば，$c(t) = (x(t), y(t))$ は時刻 t における点の位置の座標をあらわしている．このとき，この運動の時刻 t での（瞬間）速度[13)] $c'(t) = (x'(t), y'(t))$[14)]は，曲線 c の接ベクトル (tangent vector) ともよばれ，$p = c(t)$ を始点とするベクトルであらわすことができる．

次に平面曲線 (plane curve) $c : [a, b] \to \mathbb{R}^2$ の長さ (length) $L(c)$ を

$$\begin{aligned} L(c) &= \int_a^b |c'(t)|\, dt \\ &= \int_a^b \sqrt{x'(t)^2 + y'(t)^2}\, dt \end{aligned} \tag{1.1}$$

と定義する．これは曲線を折れ線で近似したとき折れ線の長さの近似極限といえる．さらに曲線の始点 $c(a)$ から曲線上の点 $c(t)$ までの曲線の長さを $s(t)$ であら

---

11) より詳しい明快な説明が [10] にある．

12) このことに関して，小林 治 氏から以下のご意見をいただいた．「[標準球面での] 正確な地図の不可能性は，数式を用いなくても初等幾何でもできてしまい，解析幾何を用いても容易（[22, 命題 2.10] 参照）なので，Egreguium の語を用いたの Meusnier の定理に内在性を見抜いたことによると思われる．」（補足説明：[標準球面] は筆者の補足，また Meusnier はムーニエと訳されることが多く，またその定理の内容は様々な形で述べられるが，その一つは「曲面上の 2 つの正規曲線は接線が同じならそれらの法曲率 (normal curvature) は一致する」であり，これは，それらの曲線の空間曲線としての曲率ベクトルと法曲率ベクトルの差（測地的曲率 (geodesic curvature) ベクトル）が内在的な意味での曲面内での曲がり具合をあらわしていると解釈できる．）

13) 速度ベクトルともいう．

14) $x'(t)$ は関数 $x(t)$ の t に関する微分，すなわち $\dfrac{dx}{dt}(t)$ をあらわす．

わし，$c(a)$ から $c(t)$ までの曲線 c の弧長 (arclength) とよぶ．曲線 $c = c(t)$ がすべての t で $c'(t) \neq 0$ を満たすとき，正規曲線 (normal curve) とよばれる．このとき，$s'(t) = |c'(t)| > 0$ であるから，関数 $s(t)$ の逆関数 $t(s)$ が存在する．これを用いて $c(s) = c(t(s))$ とパラメーターを変換する．このパラメーターを弧長パラメーターとよぶ．このときその接ベクトル $c'(s)$ の大きさは

$$|c'(s)| = \left|\frac{dc}{ds}\right| = \left|\frac{dc}{dt}\frac{dt}{ds}\right| = \left|\frac{dc}{dt}\frac{1}{\frac{ds}{dt}}\right| = \frac{|c'(t)|}{|c'(t)|} = 1$$

を満たす．すなわちその速度の大きさ（速さ）が常に 1 になる．次にこの曲線の単位法ベクトル $n(s)$ を接ベクトル $c'(s)$ を反時計回りに 90 度回転して得られる長さ 1 のベクトルとする．$n(s)$ を含む直線が $c(s)$ の法線である．平面曲線 c の $c(s)$ における曲率 (curvature) $\kappa(s)$ は，

$$\kappa(s) = c''(s) \cdot n(s)$$

で定義される．ここで右辺は 2 階微分 $c''(s)$[15] と $n(s)$ の内積をあらわす．このとき $c'(s)$ は単位ベクトルであるからその微分 $c''(s)$ は $c'(s)$ と直交することに注意されたい[16]．すなわち，曲率とは速度ベクトルの変化の割合といえる．より直観的にいえば，曲線を道路としてその上を自動車で走行していると考えれば，その位置での曲率はハンドルをまわしている角の大きさと考えてよい．ただし，詳しく言えば曲率には正負の符号があり，右回り（の運転）のときを正，左回りのときを負と考える．さらなる別の述べ方もできる．曲線 c の点 $c(s)$ における法線上の点を 1 つ選ぶとその点を中心とする円で曲線と接するものを描くことができるが，それらの円のうちで曲線を最もよく近似するものが存在する．それを曲率円 (curvature circle)，その半径を曲率半径 (curvature radius) とよぶ．一般に曲線に接する (tangent) 円は曲線を 1 次のオーダーで近似しているが，その中で曲率円はさらに強く 2 次で近似している[17]といえる（図 1.4 参照）．

---

[15] 加速度ベクトルともよばれる．

[16] $c' \cdot c' = 1$ の両辺を微分すれば $2c'' \cdot c' = 0$ となる．

[17] 接触 (contact) しているともいう．

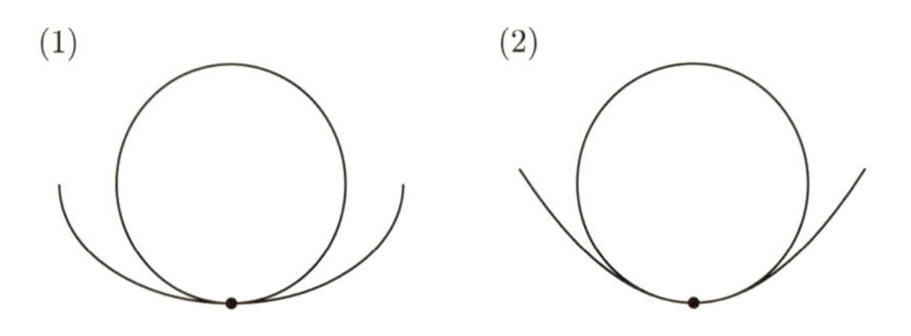

図 1.4　(1) 接する円，(2) 接触する円（曲率円）

その点の曲率は曲率半径の逆数に符号をつけたものと一致する．ただし，その符号は曲率円の中心が単位法ベクトルの向きに進んだ法線上にあるときは正，逆方向に進んだ法線上にあるときは負とする．

1.3.3　3 次元空間内の曲面の第一基本形式

3 次元空間 $\mathbb{R}^3$ 内の曲面 S 上の点 p は，局所的には

$$p = p(u, v) = (x(u, v), y(u, v), z(u, v)), \quad (u, v) \in D \subset \mathbb{R}^2$$

とパラメーター u, v を用いてあらわされる．これは，平面曲線のパラメーター表示を次元を 1 つ増やして一般化したもので，曲面が 2 次元であるため，パラメーターは 2 次元分，つまり 2 種類ある．言い換えれば，$p = p(u, v)$ は 2 次元（座標）平面内の領域 D の点 (u, v) に対して，$\mathbb{R}^3$ 内の点 $p = p(u, v)$ を対応させる C^∞ 級写像と見ることができる[18]．

次に曲面上の曲線について考察する．曲面上の C^∞ 級曲線 $c = c(t)$ とは，実数の区間 $[a, b]$ から曲面 S への C^∞ 級写像

$$\begin{aligned} c(t) = p(u(t), v(t)) &= (x(u(t), v(t)), y(u(t), v(t)), z(u(t), v(t))) \\ &= (x(t), y(t), z(t)), \quad t \in [a, b] \end{aligned}$$

である．このとき，この曲線の長さ (length) $L(c)$ は

[18] より正確には，非退化条件（non degenerate condition，後述の接ベクトル $\mathbf{p}_u$，$\mathbf{p}_v$ が線形独立，あるいは p を写像と見れば，各点でのヤコビ行列 (Jacobian matrix) の階数が 2 であること）を付加する必要がある．この条件が成立しない場合，曲面が曲線につぶれたり，特異点が生じる可能性がある．

$$
\begin{aligned}
L(c) &= \int_a^b |c'(t)|dt \\
&= \int_a^b \sqrt{x'(t)^2 + y'(t)^2 + z'(t)^2}\, dt \\
&= \int_a^b \sqrt{(x_u u_t + x_v v_t)^2 + (y_u u_t + y_v v_t)^2 + (z_u u_t + z_v v_t)^2}\, dt \\
&= \int_a^b \sqrt{E u_t^2 + 2F u_t v_t + G v_t^2}\, dt
\end{aligned} \tag{1.2}
$$

とあらわされる，ここで，$x_u = \dfrac{\partial x}{\partial u}, x_v = \dfrac{\partial x}{\partial v}, y_u = \dfrac{\partial y}{\partial u}, \ldots, u_t = \dfrac{du}{dt}, v_t = \dfrac{dv}{dt}$ などである．また，E, F, G は以下の式 (1.3) で定義される．

さらに

$$\mathbf{p}_u = (x_u, y_u, z_u), \quad \mathbf{p}_v = (x_v, y_v, z_v)$$

とおき，それぞれ u 方向，v 方向の接ベクトルとよぶ．その点 $p = p(u, v)$ における一般の接ベクトルはこれらの線形結合であらわされ，それら全体，すなわち $\mathbf{p}_u$ と $\mathbf{p}_u$ で張られる平面を接平面 (tangent plane) とよぶ．

次に $\mathbf{a} \cdot \mathbf{b}$ を 3 次元ベクトル $\mathbf{a}, \mathbf{b}$ の内積 (inner product) とするとき

$$E = \mathbf{p}_u \cdot \mathbf{p}_u, \quad F = \mathbf{p}_u \cdot \mathbf{p}_v, \quad G = \mathbf{p}_v \cdot \mathbf{p}_v \tag{1.3}$$

と定義する．この関係に基づき，E, F, G から決まる M の接平面上の正定値 2 次形式（内積）I を

$$\mathrm{I} = E\, dudu + 2F\, dudv + G\, dvdv$$

で定義する．これは，接ベクトル $\mathbf{a} = a_1\mathbf{p}_u + a_2\mathbf{p}_v$, $\mathbf{b} = b_1\mathbf{p}_u + b_2\mathbf{p}_v$ に対し，その内積 $\mathrm{I}(\mathbf{a}, \mathbf{b})$ を

$$\mathrm{I}(\mathbf{a}, \mathbf{b}) = E a_1 b_1 + F(a_1 b_2 + a_2 b_1) + G a_2 b_2$$

と定めることを意味する．この I は，第一基本形式とよばれる．これは，曲線の長さをあらわす積分 (1.2) での被積分関数を決めるものであるから，“無限小の長さ”を測っていると考えられる．この量は“曲面上に住んでいる 2 次元人 (脚注 8) 参照)”にとって，「外の 3 次元空間を知らなくても認識できる量」ある

ので，その意味で第一基本形式 I は“内在的”であるという[19]．

1.3.4　3次元空間内の曲面のいくつかの曲率

次に，曲面の曲がり具合をあらわす量“曲率”を定義する．はじめに，（接平面に直交する）単位法ベクトル (unit normal vector) $\mathbf{e}$ を

$$\mathbf{e} = \frac{\mathbf{p}_u \times \mathbf{p}_v}{|\mathbf{p}_u \times \mathbf{p}_v|}$$

で定義する．右辺の分子は $\mathbf{p}_u$ と $\mathbf{p}_v$ のベクトル積 (vector product)，分母はその大きさをあらわす．実際，ベクトル $\mathbf{e}$ が接平面と直交することは，ベクトル積の持つ幾何学的性質を用いて確認できる．このとき

$$L = \mathbf{p}_{uu} \cdot \mathbf{e}, \quad M = \mathbf{p}_{uv} \cdot \mathbf{e}, \quad N = \mathbf{p}_{vv} \cdot \mathbf{e}$$

とおく．例えば L は曲面上の点 $\mathbf{p} = \mathbf{p}(u, v)$ の u 方向の2階微分 $\mathbf{p}_{uu}$[20] の単位法ベクトル $\mathbf{e}$ 方向の成分をあらわしている．これは $\mathbf{p}_u$ 方向を初期ベクトルとする曲線 $c(t) := \mathbf{p}(u(t), v)$ の“曲率”である[21]．これらを用いて第一基本形式 I と同様に，接平面上の2次形式 II が

$$\mathrm{II} = L\,dudu + 2M\,dudv + N\,dvdv$$

により定義される．II は曲面の第二基本形式 (the second fundamental form) とよばれる．この量はその定義に，曲面の外にある単位法ベクトル $\mathbf{e}$ を用いており，曲面の“入れ物”である3次元空間における情報が必要になるので，その意味で“外在的”であるといわれる．

もし曲面が2変数関数 $z = f(x, y)$ のグラフであらわされており，それが xy

---

[19] 通常はこのような議論で「第一基本形式が内在的である」と説明されることが多いと思われる．しかし，次のような疑問が生じるかもしれない．「第一基本形式は接平面の内積として定義されるが，そもそも接平面やその元である接ベクトルは曲面上にはなく，外側の $\mathbb{R}^3$ があってはじめて認識できる対象ではないか？　したがってその上の内積である第一基本形式も内在的とは言えないのではないか？」というものである．確かにこの疑問は「ごもっとも」といえる．しかし実は，接ベクトルは外側の3次元空間を用いることなく“内在的”に定義できるのである．その方法は，外側の空間の存在を仮定しない対象である多様体における接ベクトルの定義に繋がり，後に2.4.1項で詳述される．このことにより，その内積である第一基本形式も内在的であると結論できる．しかし曲面論の段階でここまで認識することは容易ではないように思われる．

[20] 接ベクトル $\mathbf{p}_u$ の u 方向の微小変化割合と解釈できる．

[21] 正確にいえば，$\mathbf{p}_u$ と $\mathbf{e}$ を含む平面と曲面の交わりである曲線をこの平面内の平面曲線と見なしたときの曲率である．

平面の原点で xy 平面に接しているという場合，原点での L, M, N の値はパラメーターの同一視 $x = u$, $y = v$ の下で，

$$L = f_{xx}(0,0) = \frac{\partial^2 f}{\partial x^2}(0,0), \quad M = f_{xy}(0,0) = \frac{\partial^2 f}{\partial x \partial y}(0,0),$$
$$N = f_{yy}(0,0) = \frac{\partial^2 f}{\partial y^2}(0,0)$$

とあらわされる．

第一基本形式 I および第二基本形式 II を用いて曲面の曲率が定義される．まず S の点 p における 2 つの主曲率 κ_1, κ_2 は第一基本形式 I と第二基本形式 II に p における（零ベクトルでない）接ベクトル $\boldsymbol{v}$ を代入した値の比

$$\kappa(\boldsymbol{v}) := \frac{\mathrm{II}(\boldsymbol{v}, \boldsymbol{v})}{\mathrm{I}(\boldsymbol{v}, \boldsymbol{v})}$$

の接ベクトル $\boldsymbol{v}$ を動かしたときの，最大値と最小値として定義される．その値は，それらを実現する単位接ベクトル $\boldsymbol{v}_1$, $\boldsymbol{v}_2$ それぞれの方向の正規曲線[22] c_1, c_2 のその点における "曲率"[23] と一致する．さらに，主曲率を用いて，平均曲率 H およびガウス曲率 K が

$$H = \frac{\kappa_1 + \kappa_2}{2} = \frac{EN - 2FM + GL}{2(EG - F^2)},$$
$$K = \kappa_1 \kappa_2 = \frac{LN - M^2}{EG - F^2} \tag{1.4}$$

と定義される．すべての点で平均曲率 $H = 0$ を満たす曲面は極小曲面 (minimal surface) とよばれ，針金の枠に張られた石鹸膜の数学的モデルである．ガウス曲率は，ガウス写像 (Gauss map)[24]

$$G : M \ni p \mapsto \mathbf{e}(p) \in S^2(1)$$

[22] 9 ページで定義した正規曲線は，接ベクトルが至る所 0 にならない曲線であるが，そこで述べたようにパラメーターを弧長に取りかえることが可能である．以下では，曲線は弧長パラメーターを持つと仮定する．

[23] 正確にいえば，これらもそれぞれ $\boldsymbol{v}_1$ と $\mathbf{e}$ を含む平面，あるいは $\boldsymbol{v}_2$ と $\mathbf{e}$ を含む平面と曲面との交わりである曲線をこれらの平面内の平面曲線と見なしたときの曲率である．

[24] ガウス写像を言葉であらわせば，曲面上の点 p に対し，p における単位法ベクトル $\mathbf{e}(p)$ をその始点が原点となるように平行移動 (parallel transport) したときの終点である単位球面 $S^2(1)$ 上の点を対応させる写像であるということができる．

のヤコビアン (Jacobian) の値と一致する．さらにこの値は，曲面 M 上の p の近く点の集合 U の曲面積 $A(U)$ とそのガウス写像 G による像 $G(U)$ の曲面積 $A(G(U))$ の比 $A(G(U))/A(U)$ の値の U を1点 p に縮めたときの極限値，すなわち無限小面積比とも一致する．

先に述べたように，曲面が2変数関数 $z = f(x, y)$ のグラフであらわされており，それが xy 平面の原点で xy 平面に接している場合は，その曲面の原点におけるガウス曲率 K の値は f のヘッシアン (Hessian) の値

$$\begin{vmatrix} f_{xx}(0,0) & f_{xy}(0,0) \\ f_{yx}(0,0) & f_{yy}(0,0) \end{vmatrix}$$

と一致する．

ガウス曲率 K は，式 (1.4) においては“内在的量” E, F, G と“外在的量” L, M, N の両方を用いて定義されているが，ガウスは，K が E, F, G の2階微分までを用いた式

$$\begin{aligned} K = &\frac{E(E_vG_v - 2F_uG_v + (G_u)^2)}{4(EG-F^2)^2} \\ &+ \frac{F(E_uG_v - E_vG_u - 2E_vF_v - 2F_uG_u + 4F_uF_v)}{4(EG-F^2)^2} \\ &+ \frac{G(E_uG_u - 2E_uF_v + (E_v)^2)}{4(EG-F^2)^2} - \frac{E_{vv} - 2F_{uv} + G_{uu}}{2(EG-F^2)} \end{aligned} \tag{1.5}$$

であらわされることを示した．ここで $E_u = \dfrac{\partial E}{\partial u}$, $F_{uv} = \dfrac{\partial^2 F}{\partial u \partial v}, \ldots$ などである．上式の導出については例えば [5] を参照されたい．この式が定理 1.1 の証明を与えている．

ガウスはこの定理を「長い暗闇をさまよった後，ようやく導いた」と述べているが，現代的立場からは，リーマン以降発展したテンソル解析 (tensor analysis) を用いることにより，ある程度見通しよく導くことができる[25]．また，リーマンの講演でもはじめの部分で述べられているように，この結果は彼の研究の出発点の1つとなった．

---

[25] 2.4.5 項参照.

Georg Friedrich Bernhard Riemann

第2章 リーマンの教授資格取得講演と現代幾何学

リーマンのこの講演の日本語訳は筆者の知る限りこれまで菅原正巳訳 [62]，矢野健太郎訳 [65]，山本敦之訳 [64] がある．ここでは最後の山本訳 [64] を転載する[1]．

リーマンの講演の直接の解説は既にワイル (Weyl) の解説をはじめとして他の文献でもなされていること[2]もあり，以下では講演で述べられた諸概念について，それらの現代的解説を多様体 (manifold) 論やリーマン幾何学の立場から行う．これは第3章以降で用いられる用語の準備でもある．多様体論の入門書としては，塩谷 隆 [28]，松本幸夫 [52]，志賀浩二 [30]，松島与三 [51]，リーマン幾何学の入門書としては塩谷 隆 [28]，加須栄篤 [11]，酒井 隆 [26] などがある[3]．本シリーズ [12] でも思想的観点からの解説がされている．また，リーマンの教授資格取得講演の解説およびその後への影響をまとめた最近の文献としては [259] も参照されたい．

[1] 転載をご許可いただいた山本敦之氏並びに株式会社朝倉書店様に深く感謝の意を表する．

[2] 数学者とは限らない聴衆向けであることもあり，リーマンの講演に数式はあまり多くはあらわれない．ワイルの解説（[62] に含まれている）では講演で述べられた数式の導出をしている．ただし，この解説は 100 年以上前に書かれたものであり，そこで用いられている用語も含め，現在から見ると必ずしも読みやすいとは言えないように感じられる．したがってある程度現代的なリーマン幾何学のいくつかの概念に慣れてから読み直せばよいのではないかと思われる．

[3] どちらも，この順でより専門書的傾向がある．

2.1　リーマンの教授資格取得講演 I

幾何学の基礎にある仮説について

研究のプラン

よく知られているように，幾何学は，空間概念も，空間の中での作図に必要な最初の根本概念も，何か所与のものとして前提する．幾何学はそれらについて，名目的な定義を与えるだけなのである．他方，本質的な諸規定は，公理という形で現れる．その際，これら諸前提の相互の関係は不明なままである．それらの結合が必然的かどうか，あるいはどの程度必然的であるのかはわからないし，それらの結合が可能であるのかも，アプリオリにはわからないのである．

この不明は，エウクレイデスから，近代の最も有名な幾何学改訂者であるルジャンドルにいたるまで，この問題に携わった数学者によっても哲学者によっても晴らされることはなかった．おそらくその原因は，空間量をその下位概念として含む，多重延長量の一般概念が，まったく扱われてこなかったということにあるのだろう．したがって私はまず，一般的量概念から多重延長量概念を構成するという問題を自らに課した．そこから，一つの多重延長量に様々な計量関係が可能であること，したがって，空間は3次元延長量の特別な場合に過ぎないことが出てくるであろう．

しかし，これについて，一つの必然的な帰結がともなう．すなわち，幾何学の命題は一般的な量概念から演繹されるのではなく，空間を他の思惟可能な3重延長量から区別する諸特性は，経験だけから見てとることができるということである．このことから，空間の計量関係を規定する，最も単純な諸事実を探し出すという課題が生じる．それは，事柄の性質上，完全には決定されない課題である．なぜなら，空間の計量関係の規定に十分な単純な諸事実のシステムは，いろいろなものがあげられるからである．そのような諸事実のシステムのうち，現下の目的のために最も重要なものは，エウクレイデスがその基礎を与えたものである．しかし，その諸事実はすべての事実同様，必然的なものではなく，経験的確実性を備えているにすぎない．それらは仮説なのである．したがってその蓋然性は，観測の限界内ではもちろん非常に大きいのであるが，この蓋然性を調査してもよいのである．また，これによって，計測不能なほど大きいものの方へ向かって，また，計測不能なほど小さいものの方へ向かって，これらの仮説を観測の限界を超えて拡張することが許されるかどうかについて判断してもよいのである．

I. n 重延長量の概念

これらの課題のうち最初の，多重延長量の概念を展開するという課題を解決するにあたって，寛大なる評価を請求してもよいと私は考える．基本概念が与えられたうえでの構成よりも概念自体に困難な問題が存在する，哲学的性質のこのような研究に私がほとんど慣れておらず，枢密顧問官ガウス先生が 4 乗剰余についての第 2 論文やゲッティンゲンの学報，学位取得 50 周年記念論文の中でこの問題について与えたきわめて短い若干の見解と，ヘルバルトの若干の哲学的研究とを除けば，先行研究をまったく用いることができなかったのであるから，なおさらそのような寛大な評価を請求してもよいと思うのである．

1.

様々な規定法を許す一般概念が存在するところでだけ，量概念というものは成立可能である．これらの規定法のうちで一つのものから別の一つのものへ連続な移行が可能であるか不可能であるかに従って，これらの規定法は連続，あるい離散的な多様体をなす．個々の規定法を，前者の場合，この多様体の点といい，後者の場合，この多様体の要素という．その様々な規定法が，離散的な多様体をなすような概念は非常に多い．少なくともある程度発達した言語では，任意に与えられた物について，それらの物を包括する概念がつねに見出され（したがって数学者たちは，離散量の理論では，与えられた諸事物を同種のものとみなすという要請から躊躇なく出発でき）た．これに反して，その様々な規定法が連続な多様体をなす概念をつくるきっかけは，日常生活ではきわめてまれである．日常生活ではおそらく，感覚対象の位置と色彩との二つだけが，その様々な規定法が多重延長多様体をなす単純な概念である．その様々な規定法が，多重延長多様体をなす概念をつくりだし仕あげてゆく，より多くのきっかけは，高等数学においてはじめて見出される．

一個の多様体の中で，ある特徴や境界によって区別された一部分を限定量とよぶことにする．これら限定量をその分量に関して比較するのは，離散的な多様体では数え上げによっておこなわれ，連続な多様体では計量によっておこなわれる．

計量というのは，比較されるべき量を重ね合わせることに，その本質がある．したがって計量のためには，一つの量を物差しとして他のところへ運び去る手段が必要とされる．このような手段がない場合，二つの量のうち一方が他方の部分になっているときだけ，それらを比較することができる．またその場合も，一方が他方より大きいとか小さいとかを決定することはできるが，どれだけ大きいとか小さいとかを決定することはできない．

一つの量を物差しとして他のところへ運び去る手段がない場合，そのような多様体についてなされる研究は，量論のうち，計量規定から独立な一部門をなす．この部門では，量は位置から独立に存在するものとも単位によって表現されるものともみなされず，ある多様体の中の領域とみなされる．このような研究は，数学の多くの部門，とりわけ多価解析関数を扱うために必要なものとなっている．また，このような研究の欠如は，有名なアーベルの定理や微分方程式の一般的理論についてのラグランジュ，プファッフ，ヤコビの業績が，あのように久しく新たな実りをうまずに止まったことの主たる理由なのである．

現下の目標のためには，多重延長量概念の中にすでに含まれているもの以外はなんら前提していない，多重延長量論のこの一般的部門から，二つの点を強調すれば十分である．すなわちその第一は，多重延長多様体概念をつくり出すこと，第二は，与えられた多様体中の位置規定を量の規定に還元することで，こうして，n 重の延長ということの本質的特徴を明らかにすることになる．

2.

その規定法が連続な多様体をなすような概念で，ある規定法から別のある規定法まで一定の仕方で移ってゆくとき，その際通過された規定法は，1 重延長多様体をなす．その本質的特徴は，その中では，1 点から 2 方向にだけ，すなわち前方と後方にだけ，連続な移行が可能であるということである．さてそこで，この多様体が，別のまったく異なる多様体へとある仕方で移ってゆき，一方の多様体の各点が他方の多様体の定まった点にそれぞれ移るとき，そのようにして得られたすべての規定法は，2 重延長多様体をなす．ある 2 重延長多様体がまったく別のある 2 重延長多様体へ一定の仕方で移ってゆくと表象するのであれば，同様にして 3 重延長多様体が得られる．

そして，このような構成を更に続けてゆく手順をみてとることは容易である．概念を規定されてしまったものとみなす代わりに，その対象を可変なものとみなすならば，この構成は，n 次元の可変性と 1 次元の可変性から，$n+1$ 次元の可変性を合成するものとみなされる．

3.

さて今度は逆に，ある可変性の領域が与えられたとき，この可変性が 1 次元の可変性とのものより次元の低い可変性に，どのようにして分解されるかを示すことにする．この目的のために，1 次元の多様体をなす可変的切片を一つ考える．すなわち，一定の始点からはかることによって，1 次元の可変的切片の値は，相互に比較可能であるから，与えられた多様体の各点に対し，この点とともに連続に変化する確定値をもつような 1 次元の可変的切片を考える．言い換えると，与えられた多様体の内部において，位置の連続関数で，この多様体の部分に沿って［もとの多様体と同じ次元をもつ部分領域をどのようにとっても，そこでは］一定ではないようなものを一つ考える．このとき，この関数が一定値をもつような点の集合はどれも，与えられた多様体より低い次元の，連続な多様体をなす．この多様体は，関数の値が変わると，相互の間で連続に移り変わる．したがって，それらの低次元の多様体のうちの一つから他のものが出てくると考えてよいのである．しかも，一般的にいえば，一方の低次元多様体の各点は，他方のある確定した点に移るというふうに，低次元多様体同士は移りあうことができるのである．そのようなことが不可能な，例外的な場合［例えばトーラス上］の研究は重要なものである．しかし，ここでは考慮されなくともよいであろう．以上のようにすることによって，与えられた多様体の中の位置の規定が，一つの量規定と，もとのものより低次元の多様体の中の位置規定とに還元されるのである．与えられた多様体が n 重に延長してい

> る場合，この低次元の多様体が $n-1$ 次元をもつことを示すことは容易である．したがって，このような操作を n 回繰り返すことで n 重延長多様体の中の位置規定は n 個の量の規定に還元され，それゆえまた，与えられた多様体の中の位置規定は，これが可能であるなら，有限個の量の規定に還元されるのである．しかし，その中での位置の規定が有限個の量規定ではなく，無限数列をなす量規定，あるいは連続多様体をなす量規定を要求するような多様体もある．そのような多様体をなすのは，例えば，ある与えられた領域に対する［この領域を定義域とする］関数の可能な規定や，空間図形の可能な形などである．
>
> （[64, pp.295–298] より許可を得て転載）

2.2　解説1：微分可能多様体

2.2.1　微分可能多様体の定義

リーマンの講演におけるこの部分は現代数学の基盤となっている多様体概念の嚆矢（講演では「多重延長量概念」とよばれている）とされる[4]．

現代数学における微分可能多様体の標準的定義[5]は以下の通りである．なお，この定義にあらわれる数学用語については少し後の2.2.2項で説明しているので，初学者の方はそちらと見比べながら眺めていただきたい．

定義 2.1

集合 M が n 次元 C^r 級微分可能多様体 (differentiable manifold of class C^r) であるとは，次の3条件を満たすことである．

1 M は，ハウスドルフ (Hausdorff) の分離公理 (axiom of separation) を満たす位相空間 (topological space) である．

---

[4] リーマンから，現代数学の多様体の標準的定義までの流れに関しては [337] が参考になる．

[5] 微分可能多様体の定義 2.1 につけ加えて，さらにパラコンパクト (paracompact) であることを仮定することもある．パラコンパクト性は，微分可能多様体の場合は，第二可算公理 (the second countable axiom) を満たすことと同値であり，さらにリーマン計量 (Riemannian metric)（2.4.2 項参照）を許容するための必要十分条件であることも知られている．パラコンパクトでない多様体の例として長い直線 (long line)（[30], [4] 参照，別名ゾルゲンフライ直線 (Sorgenfrey line)）がある．

2 M の各点 p に対し，n 次元ユークリッド空間 $\mathbb{R}^n$ の開集合 (open set) O と同相 (homeomorphic) な p を含む開集合 U[6] が存在する．U から O への同相写像 (homeomorphism) を φ とするとき，(U, φ) を点 p の周りの局所座標近傍 (local coordinates neighborhood) という．

3 項目 2 の条件を満たす 2 つの局所座標近傍 $(U_\alpha, \varphi_\alpha)$ と (U_β, φ_β) に対し，$U_\alpha \cap U_\beta \neq \emptyset$ であれば，写像

$$\varphi_\beta \circ \varphi_\alpha^{-1} : \varphi_\alpha(U_\alpha \cap U_\beta) \to \varphi_\beta(U_\alpha \cap U_\beta)$$

はユークリッド空間の開集合の間の C^r 級写像である．

まず，この定義の方法がリーマンの就職講演での議論と並行していることに注意してほしい．これまで，古典的曲面論においては，その多様体としての構造とその上部構造としてのリーマン構造 (Riemannian structure) が混然となって議論が展開されてきたが，リーマンの講演において多様体構造とその上のリーマン構造という形ではじめて明確に区別された[7]．この考え方がその後の数学の発展に影響を及ぼし，まず第一に集合があり，次に付加構造として，集合上に位相構造 (topological structure) が定義され，それを合わせて位相空間が得られ，さらにその上部構造として多様体構造が定義されるという形式でまとめられた．なお，以上の考え方は，20 世紀後半に登場した数学者集団ブルバキ (Bourbaki) の出版物において明示的に「数学の構造」として提示された[8]．

2.2.2 微分可能多様体の定義にあらわれる数学用語の説明

位相構造　集合についてはある程度既知として，ここにあらわれる用語を，位相空間の定義から説明する．これは位相構造を備えた集合ということであり，位相構造とはおおよそ数列や関数の収束 (convergence) の概念を抽象化した概念と

[6] p の開近傍 (open neighborhood) という．

[7] リーマンの講演中では「私はまず，一般的量概念から多重延長量概念を構成するという問題を自らに課した．そこから，一つの多重延長量に様々な計量関係が可能であること，したがって，空間は次元延長量の特別な場合に過ぎないことが出てくるであろう」と述べられている．

[8] この部分に関しては，本シリーズの 4 巻 [12] でも詳述されている．

いえる．微分積分学，特に多変数の関数を扱う際の基本事項として，ユークリッド空間 $\mathbb{R}^n$ における開集合（開部分集合）という概念を学んだが，まずそれについて復習する．まず記号として，$B_r(p)$ で中心 p で半径 r の開球体 (open ball)，すなわち p との間の（ユークリッド）距離が r 未満の点の集合をあらわすことにする．ユークリッド空間 $\mathbb{R}^n$ の部分集合 O が開集合であるための条件とは，「任意の点 $p \in O$ に対し，ある数 $r > 0$ で $B_r(p) \subset O$ となるものが存在する」ことであった．例えば，（数）直線 $\mathbb{R}$ 内の開区間は直線 $\mathbb{R}$ の開集合であり，また平面 $\mathbb{R}^2$ 内の閉曲線が囲む領域（ただし境界を含まない）は平面 $\mathbb{R}^2$ の開集合である．

微積分の通常の講義では，開集合と収束はとりあえず独立した概念として学ぶが，実は収束の概念を用いて開集合の概念を定義することもできるし，逆に開集合を用いて収束の概念を定義することもできる．すなわち「収束の概念」と「開集合の概念」は同等である．例えばユークリッド空間 $\mathbb{R}^n$ において開集合は収束の概念を用いて次のように定義される．まず，O が開集合であることとその補集合 O^c が閉集合であることは同値であるので，閉集合を収束の概念を用いて定義すればよい．ユークリッド空間の部分集合 F が閉集合であるための必要十分条件の一つ「F 内の収束する任意の点列 $\{x_n\}$ に対し，その収束極限 (limit) も必ず F に属する」を収束概念を用いた閉集合の再定義とすれば，その補集合としての開集合が再定義される．逆に収束を開集合を用いて再定義するには「点列 $\{x_n\}$ が点 x に収束するとは，x を含む任意の開集合 U に対し，ある番号 N が存在して，$n \geq N$ を満たす任意の n に対し，x_n は U に属する」とすればよい．

また関数 $f : \mathbb{R}^n \to \mathbb{R}$ が連続 (continuous) であることについても次の2つの同値な条件で述べられる．収束の言葉では「点列 $\{x_n\}$ が点 x に収束すれば，$f(x_n)$ が $f(x)$ に収束する」，開集合の概念を用いれば「$\mathbb{R}$ の任意の開集合 V の f に関する逆像 $f^{-1}(V)$ は $\mathbb{R}^n$ の開集合である」である．

こうしたことをふまえて，位相構造の概念が定義される．その方法はいくつかあるが，ここでは開集合となる部分集合族 $\mathcal{O}(X)$ を定めることによる方法を採用する．その条件は以下の通りである．

定義 2.2

集合 X の部分集合からなる族 $\mathcal{O}(X)$ が次の 3 条件を満たすとき（位相構造を定義する）開集合族であるという．

(1) $X, \emptyset \in \mathcal{O}(X)$ である．

(2) $U, V \in \mathcal{O}(X)$ ならば，$U \cap V \in \mathcal{O}(X)$ である．

(3) $U_\alpha \in \mathcal{O}(X)$ $(\alpha \in \Lambda)$ ならば，$\bigcup_{\alpha \in \Lambda} U_\alpha \in \mathcal{O}(X)$ である．

ここで，Λ は非可算集合でもよい．集合 X と開集合族 $\mathcal{O}(X)$ の組 $(X, \mathcal{O}(X))$ を位相空間という．ただし，$\mathcal{O}(X)$ が文脈から明らかなときはそれを省略して，位相空間 X と書く．

これらの条件はユークリッド空間内の開集合全体のなす族が持つ典型的な性質であり，ここでは逆にこれらを位相構造の定義として採用している．例えば $\mathbb{R}^2$ には，$\mathcal{O}(X)$ を通常の開集合全体を開集合族とするユークリッド位相 (Euclidean topology) $\mathcal{O}_{\mathrm{Euc}}$ が入る．それ以外にも，例えば $\{\emptyset, \mathbb{R}^2\}$ を開集合族とする密着位相 (indiscrete topology, trivial topology) $\mathcal{O}_0$ や，$\mathbb{R}^2$ の部分集合全体を開集合族とする離散位相 (discrete topology) $\mathcal{O}_\infty$ を導入することができる．

次に「位相空間 X がハウスドルフの分離公理を満たす」ということを以下で定義する．

定義 2.3

位相空間 X がハウスドルフの分離公理を満たすとは，X の任意の異なる 2 点 p, q に対し，p を含む開集合 U と q を含む開集合 V で $U \cap V = \emptyset$ を満たすものが存在することである．

なお「この条件が多様体の定義においてなぜ必要とされるか？」についての直観的説明は後に行う．

次に項目 2 で用いられている概念である「同相」について説明する．2 つの位相空間内のそれぞれの開集合 U と V が同相あるいは位相同型とは，「U から V

への1対1，上への連続写像[9]で，かつその逆写像も連続なものが存在する」と定義される．つまりUとVは位相的にみて同一視できるということである．項目2は多様体Mの任意の点pに対し，pを含むMの開集合，すなわちpの開近傍が$\mathbb{R}^n$のユークリッド位相による開集合と位相空間としては同一視できるということを意味する．特にMの位相構造は密着位相や離散位相から定まるものではない．

微分可能構造　最後の項目3は，位相構造の上部構造 (upper structure) である「微分可能構造[10] (differentiable structure)」についてのものである．$\varphi_\alpha(U_\alpha \cap U_\beta)$は$\mathbb{R}^n$の部分集合であるから，その点$\varphi_\alpha(p)$は$\mathbb{R}^n$の通常の直交座標 (orthogonal coordinates) $\{x^i_\alpha\}_{i=1}^n$を用いて

$$\varphi_\alpha(p) = (x^1_\alpha(p), x^2_\alpha(p), \ldots, x^n_\alpha(p)) \in \mathbb{R}^n$$

とあらわされる．項目3で述べていることは，

$$\begin{aligned}&\varphi_\beta \circ {\varphi_\alpha}^{-1}(x^1_\alpha(p), \ldots, x^n_\alpha(p))\\&\quad = (x^1_\beta(x^1_\alpha(p), \ldots, x^n_\alpha(p)), \ldots, x^n_\beta(x^1_\alpha(p), \ldots, x^n_\alpha(p)))\end{aligned}$$

とあらわしたとき，各x^j_β, $j = 1, \ldots, n$が$x^1_\alpha, \ldots, x^n_\alpha$の関数として，微積分の意味で$C^r$級であるということである．

これがC^r級の微分可能構造を次の意味で定めている．「M上の関数fが点pの近くでC^r級である」ということを定義しようと考える．そのためにまずpの周りの局所座標近傍(U, φ)を1つ選ぶ．このとき，$f \circ \varphi^{-1}$はユークリッド空間の部分集合$\varphi(U)$上の関数であるので，C^r級であるということは既に定義されている．これをもってfがU上C^r級であることの定義とするのは自然な考え方であろう．問題は well-defined がどうかであり，言い換えるとこの定義が局所座標近傍のとり方に依存しないこと，すなわちある座標ではC^r級であるが，別の座標ではそうではないという状況が生じないことを示す必要があるわけで

[9] 位相空間$X = (X, \mathcal{O}_X)$から位相空間$Y = (Y, \mathcal{O}_Y)$への写像$f : X \to Y$が連続であるとは，任意の$V \in \mathcal{O}_Y$に対し，$f^{-1}(V) \in \mathcal{O}_X$が成立することであると定義される．これは前ページで述べた，ユークリッド空間$\mathbb{R}^n$上の関数の連続性の特徴付けの1つの一般化である．

[10] 微分構造 (differential structure) ということもある．

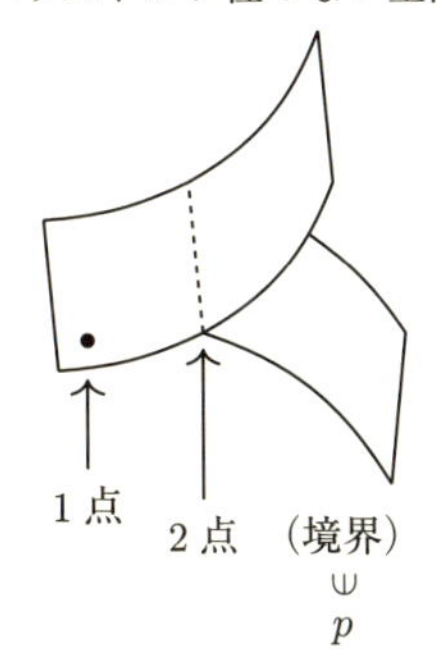

図 2.1 ハウスドルフの分離公理を満たさない空間，2 枚の紙が半分まで貼り合わされている状況，ただし貼り合わせの境界（点線であらわしている）の寸前までは貼り合わされているが境界は張り合わされていない．このとき境界上の上下の 2 点（もし続けて貼り合わせれば同じ点になる 2 点）をハウスドルフの分離公理の定義 2.3 における p, q として選べば，この 2 点は開集合によって分離することができない．

ある．項目 3 はまさにそのことを保証している．同様にして「2 つの微分可能多様体の間の写像が C^r 級である」こともそれぞれの微分可能多様体の局所座標 (local coordinates) を用いればうまく定義できることがわかる．換言すれば「C^r 級微分可能構造」とは，「C^r 級」の概念が定義できるような構造ということである．

この就職講演で述べられている「n 重延長量」とは，現代的定義の項目 2 でいうユークリッド空間内の開集合と同相な M の開集合のことである．項目 3 はそれらを張り合わせて多様体を形成するということを意味している．このことは「紙の上の地図を張り合わせて球面（地球儀）を作る」という具体例の数学的表現である．なお，項目 1 にあらわれるハウスドルフの分離公理を満たすという条件は，例えば，この条件の成立を仮定しないと紙の貼り合わせモデルでは，図 2.1 のような中途半端な貼り合わせをも許容されることにもなり，“直観的な意味での曲面の一般化としての多様体”とは考えがたい[11]．

---

[11] ただし，代数幾何学 (algebraic geometry) においては代数多様体 (algebraic variety) の位相としてザリスキ位相 (Zariski topology) を考えることも多いが，この位相はハウスドルフの分離公理を満たさない．

なお，このハウスドルフ条件は，多様体の現代的定義を（2次元の場合に）はじめて与えたといわれるワイルの著書『リーマン面 (Riemann surface) の概念』[12)]においても初版では言及されず，後の版でつけ加わったものである．

注意 2.4

(1) C^r 級微分可能多様体の定義において $r = 0$ の場合は項目 1, 2 を満たせば自動的に項目 3 も満たすので，項目 1, 2 だけで十分である．この場合，すなわち C^0 級多様体を位相多様体 (topological manifold) ともいう．

(2) 項目 3 について，実は「位相多様体に C^1 級微分可能構造が入れば，一意的に C^∞ 級微分可能構造が入る」ことが知られている．

(3) 一方「C^0 級構造（位相構造)」と「C^r 級微分可能構造」($r \geq 1$) が実際に異なる構造をあらわしていることは，例えばミルナー (Milnor) による著名な結果「7 次元球面 S^7 には位相構造は同じであるが互いに異なる C^∞ 級微分可能構造が入る」([316] 参照）ことからわかる．

これについては，しばらく後に S^7 には，同相であるが，互いに微分同相 (diffeomorphic) でない全部で 28 通りの微分可能構造が入ることが示された．これらのうち 1 つは標準球面 (standard sphere) であり，残りの 27 個の微分可能構造を持つ球面は異種球面 (exotic sphere)[13)] とよばれる．

ただし，ここで 2 つの C^∞ 級多様体 M_1, M_2 の C^∞ 級微分可能構造が異なるとは，M_1 と M_2 の間に C^∞ 級微分同相写像 (diffeomorphism)[14)] が存在しないこととして定義される．

2.2.3　多様体の例

微分可能多様体の簡単な例をいくつか述べる．それらが実際に微分可能多様体であることの証明については省略するので [28], [52], [30], [51], [43] などを参照されたい．

---

12) 日本語版の題名は『リーマン面』[66].

13) 英語版 Wikipedia "Exotic sphere" `https://en.wikipedia.org/wiki/Exotic_sphere` 参照.

14) C^∞ 級微分可能写像で全単射かつ逆写像も C^∞ 級微分可能であるもの.

例 2.5

n 次元ユークリッド空間 $\mathbb{R}^n$ のユークリッド位相に関する開部分集合 U は n 次元 C^∞ 級微分可能多様体である.

以下微分可能多様体であるものについてはそれをいちいち述べないで例示のみとする.

例 2.6

平面内の開集合 U の上の C^∞ 級関数 f のグラフ：

$$S = \{(x^1, x^2, x^3) \in \mathbb{R}^3 \mid x^3 = f(x^1, x^2), (x^1, x^2) \in U\}.$$

例 2.7

双曲面 (hyperboloid) とその極限錐 (limit cone)：実数 a に対し，$\mathbb{R}^3$ の部分集合

$$H_a = \{(x^1, x^2, x^3) \in \mathbb{R}^3 \mid (x^1)^2 + (x^2)^2 - (x^3)^2 = a\}$$

を考えると，$a \neq 0$ の場合は微分可能多様体[15]であるが，$a = 0$ の場合[16]はそうではない.

例 2.8

n 次元球面 (sphere) S^n：

$$\{(x^1, x^2, \ldots, x^{n+1}) \in \mathbb{R}^{n+1} \mid (x^1)^2 + (x^2)^2 + \cdots + (x^{n+1})^2 = 1\}.$$

例 2.9

2 次元トーラス (torus) T^2：これはドーナツの表面をあらわす曲面である

[15] $a > 0$ であれば一葉双曲面 (hyperboloid of one sheet)，$a < 0$ であれば二葉双曲面 (hyperboloid of two sheets) である.

[16] 原点を頂点とする上下 2 つの円錐の和集合である.

が，これについてはこれ以外にもいくつかの表示法がある．代表的なものとしては円周 S^1 の直積 $T^2 = S^1 \times S^1$ としての表示や平面 $\mathbb{R}^2$ の同値関係 (equivalence relation)

$$(x_1, y_1) \sim (x_2, y_2) \Leftrightarrow x_1 - x_2, y_1 - y_2 \in \mathbb{Z}$$

による商位相空間 (quotient topological space) $T^2 = \mathbb{R}^2/\mathbb{Z}^2$ としての表示などが知られている．

例 2.10

2次元コンパクト (compact) 曲面 S：2つの n 次元微分可能多様体 M, N のそれぞれから，n 次元球体と微分同相な開集合をそれぞれ取り去り，それによってできる2つの微分可能多様体の境界である $n-1$ 球面を微分同相写像で同一視することにより得られる位相空間を M と N の連結和 (connected sum) $M \sharp N$ とよぶ．この連結和にも微分可能多様体としての構造を入れることができる．

特にコンパクト2次元多様体（コンパクト曲面）は，向き付け可能 (orientable) であれば球面 S^2 といくつかのトーラス T^2 の連結和であらわされることが知られている[17)]．

例 2.11

2次元実射影空間 (real projective space)[18)] $\mathbb{R}P^2$：まず集合としては3次元実ベクトル空間 (vector space) $\mathbb{R}^3$ の1次元部分空間，すなわち原点 $\mathrm{O} = (0,0,0)$ を通る直線をその点とみなして定義される．この集合は座標関数の比 $(x^1 : x^2 : x^3)$ の集合[19)]や2次元球面 S^2 の対蹠点 (antipodal points) の

---

17) 向き付け可能の定義は省略する．また向き付け不可能 (non-orientable) な曲面は，球面といくつかの実射影平面の連結和であらわされることも知られている．これらの事実の証明はいくつか知られている．例えば [170] の第2章で用いられている方法はモース理論 (Morse theory) によるもので，個人的には興味深い．

18) 実射影平面 (real projective plane) ともよばれる．

19) ただし，$x^1 = x^2 = x^3 = 0$ ではないとする．より正確に述べれば，比 $(x^1 : x^2 : x^3)$ とは，$\mathbb{R}^3 \setminus \{\mathrm{O}\}$ の同値関係 $\sim$ による (x^1, x^2, x^3) を含む同値類 (equivalence class) である．ここで $\mathbb{R}^3 \setminus \{\mathrm{O}\}$ の2点 $\mathrm{P} = (x^1, x^2, x^3)$, $\mathrm{Q} = (y^1, y^2, y^3)$ が同値 (equivalent)，すなわち $\mathrm{P} \sim \mathrm{Q}$

組 $(x, -x)$ を多様体の 1 点とみなしたものとしてもあらわすことができる．

このような構成は，実数の代わりに複素数，四元数 (quaternion) を用いても同様にでき，それぞれ複素射影空間 (complex projective space)，四元数射影空間 (quaternion projective space) とよばれる[20]．

さらに，より一般に n 次元ユークリッド空間 $\mathbb{R}^n$ 内の k 次元部分空間（原点を通る k 次元超平面）全体の集合 $\mathrm{Gr}_k^n(\mathbb{R})$ に微分可能多様体の構造を入れることができる．この多様体はグラスマン多様体 (Grassman manifold) とよばれる重要な対象である．

例 2.12

リー群 (Lie group)：位相空間であってかつ群の構造を持ち，群の演算が連続写像であるものを位相群 (topological group) という．また微分可能多様体であってかつ群の構造を持ち，群の演算が微分可能写像であるものをリー群という．リー群の例は，一般線形群 (general linear group) $GL(k, \mathbb{R})$[21]，特殊線形群 (special linear group) $SL(k, \mathbb{R})$[22]，直交群 (orthogonal group) $O(k)$[23] などがある．

例 2.13

配位空間 (configuration space)：k 次元ユークリッド空間 $\mathbb{R}^k$ あるいはより一般の k 次元微分可能多様体 M 上の相異なる n 点の組（ただし，点の順番は考慮しない）の集合には微分可能多様体の構造が入る．これを M 上の n 点配位空間という．一方，$n \geq 2$ の場合，「相異なる」という条件を仮定せず，かつ $k \neq 2$ である場合，すなわち 2 つ以上の点が重複している場合も含めた集合については特異点が存在するので微分可能多様体ではない[24]．

とは，ある 0 でない実数 α を用いて，$x^i = \alpha y^i$, $i = 1, 2, 3$ とあらわされることである．

[20] この他に八元数 (octonion) を用いた八元数直線 (octonion projective line, Cayley projective line) および八元数射影平面 (octonion projective plane, Cayley projective plane) がある．ただし，後者の構成法は上記のものとは異なるとのことである（岩瀬則夫氏のご教示による，[94] 参照）．

[21] 行列式が 0 でない k 次実正方行列全体のなす群．

[22] 行列式が 1 である k 次実正方行列全体のなす群．

[23] k 次直交行列全体のなす群．

[24] ただし，$k = 2$ ならば，この場合も微分可能多様体になる．

その他，3次元空間内の（原点を通るとは限らない）直線全体集合や平面内の面積が正の三角形の集合全体も微分可能多様体と考えることができる[25]．

2.3　リーマンの教授資格取得講演II

II. 線が位置から独立に長さをもち，したがってどの線も任意の線によって計量されるという前提のもとに，n 次元多様体がもつことのできる計量関係

n 重延長多様体概念が構成され，その中の位置規定が n 個の量規定に還元されるという，その本質的特徴が見出されたので，次に，先ほど提示された課題の第二のものとして，そのような多様体に可能な計量関係について，またこのような計量関係の規定に十分な条件についての研究が登場する．このような計量関係は，抽象的な量概念においてのみ研究され，ひとまとまりの数式によってだけ表示される．それでも，一定の前提のもとに，そのような計量関係を，個別にとれば幾何学的表示が可能であるような関係に分解することができる．これによって，計算の結果を幾何学的に表現することが可能になる．したがって，確実な土台を獲得するためには，数式による抽象的研究が不可避であるのはもちろんであるが，この研究の結果は，幾何学的な衣装に包んで示されるであろう．この抽象的研究と幾何学的表示とのための基礎が，枢密顧問官ガウス先生の曲面についての有名な論文に含まれている．

1.

計量規定は，量の，位置からの独立性を必要とする．この，位置からの独立性というのは，その表現の仕方が一通りではない．ここで私が追跡しようと思う，最初に現れる仮定は，曲線の長さは位置から独立であり，したがって，どの曲線も任意の曲線によって計量可能であるという仮定である．位置の規定がいくつかの量の規定に還元され，したがって，与えられた n 重延長多様体の

[25] これらの例のようなある種の幾何学的な対象全体はモジュライ (moduli) 空間ともよばれるものである．その著名な例はリーマン面のモジュライ空間であり，これについてもリーマンの研究がある．いろいろな興味深い対象のモジュライ空間の構造を調べることは，現代数学の主要な研究課題となっている．

中の点の位置が，n 個の変化する量 $x_1, x_2, x_3, \ldots, x_n$ によって表現されるとき，曲線を規定するというのは，諸量 x がある一つの変数の関数として与えられるということに帰着する．すると，課題というのは，曲線の長さに数学的な表示式を与えることであり，この目的のためには，諸量 x は，単位を用いて表されるとみなされなければならない．私はこの課題を，一定の制限のもとで取り扱うことにする．

まず，諸量 x の互いに関係した諸変化 dx の間の比が連続に変化するような曲線に制限する．このような場合，曲線を［微小な］要素に分解して考えることができ，この要素の内部では，諸量 dx の間の比が一定であるとみなされる．そこで当初の課題は，各点に対して，その点から出る線素（の長さ）ds の一般的表現式をつくることに帰着する．したがって，この表現式には，x と dx が含まれることになる．

さて第二に，線素のすべての点が同一の無限小の位置変化をこうむるとき，2 次の無限小量を無視するのであれば，その線素の長さは不変であると仮定する．この仮定の中には，諸量 dx がすべて同一の比で増加するとき，線素もこの比で変化するということが同時に含まれている．これらの仮定のもとでは，線素の長さは，諸量 dx の任意の 1 次同次関数であるが，諸量 dx がすべてその符号を変えるとき，この 1 次同次関数は変化しない．

また，この同次関数の中の任意定数は，諸量 x の連続関数である．まず最初に，最も簡単な場合を見出すために，線素の始点から等距離にある $n-1$ 次元多様体に対する表現式を求めることにする．すなわち，それらの $n-1$ 次元多様体を互いに区別する，位置の連続関数を求めることにする．この関数は，始点から出発するすべての方向に向かって，［単調に］減少するか，あるいは増加しなければならない．そこで，すべての方向に向かって増加し，したがって始点において，極小値をもつと仮定する．すると，その第 1 次および第 2 次微分商が有限であるとき，その第 1 次の微分は 0 となり，第 2 次の微分は決して負にならない．そこで第 2 次の微分は，つねに正と仮定する．すると，このような 2 次の微分式［微分形式］は，ds が一定であれば一定であり，諸量 dx が，したがってまた ds が同一の比で変化するとき，その 2 乗の比で増加する．したがって，この 2 次の微分式は ds^2 の定数倍に等しく，つ

まり ds は，諸量 dx の，つねに正の，2次の同次整関数の平方根である．ただしその係数は，諸量 x の連続関数である．空間については，点の位置を直交座標で表すとき，$ds = \sqrt{\sum(dx)^2}$ となる．したがって空間は，この最も簡単な場合に含まれる．

その次に簡単な場合は，線素の長さが4次の微分式の4乗根によって表現されるような多様体を包含するであろう．このような，より一般的な類のものの研究が，本質的に異なる原理を必要とすることはないであろうが，かなりの時間を要するものである．ことにその研究結果が幾何学的には表現されないものなので，時間がかかるわりには空間論に新しい光を投げかけるものではない．したがって，線素が2次の微分式の平方根によって表される多様体に限定することにする．

n 個の独立変数に，n 個の新たな独立変数の関数 n 個を代入することによって，2次の微分式を同様なものに変換することができる．しかし，このようにすることによって，任意の2次の微分式を別の任意の2次の微分式に変形することはできないであろう．なぜなら，n 変数の2次の微分式は，独立変数の任意関数であるような $n(n+1)/2$ 個の係数を含んでいるのに，新変数の導入によっては，n 個の関係式しか満たされず，したがって n 個の係数を，与えられた量に等しくすることしかできないからである．そこで，残りの $n(n-1)/2$ 個の係数は，表現されるべき多様体の性質によって完全に決まっている．したがってこの多様体の計量関係の規定には，位置の関数 $n(n-1)/2$ 個が必要なのである．

平面や空間におけるのと同様，線素が $\sqrt{\sum(dx)^2}$ という形に変形される多様体は，ここで研究されるべき多様体の特殊な場合をなすにすぎない．これらの特殊な多様体は，おそらく特別な名称に値するものである．そこで，線素の平方が，独立な微分の平方の和に変形されるような多様体を，平坦と形容しようと思う．さて，まえに前提された形式で［線素の平方が2次の微分式で］表示可能なすべての多様体相互の本質的相違点を見渡すためには，表示法に起因するものを除去する必要がある．しかしこのことは，一定の原則に従い変数を選択することによって達成されるであろう．

2.

この目的のために，はじめにある任意の点をとり，この点から出る最短線［測地線］の集合が構成されたと考える．すると，ある不定な点の位置は，その点がのっている最短線の始点での方向と，その最短線に沿う始点からの距離によって決められることになる．したがって，諸量 dx^0，すなわちこの最短曲線の始点での諸量 dx の比と，この線の長さ s によってあらわされる．

そこで，dx^0 の代わりに，これらからつくった1次式 $d\alpha$ を導入し，線素の平方の始点での値が，$d\alpha$ の（各成分の）平方和に等しくなるようにする．したがって，独立変数は諸量 $d\alpha$ の比と量 s である．そこで最後に，$d\alpha$ の代わりに，これらに比例した諸量 $x_1, x_2, \ldots, x_n$ をとり，これらの平方和が s^2 に等しくなるようにする．これらの諸量を導入するとき，x の無限小値に対しては，（第1の近似では）線素の平方 $= \sum dx^2$ となり，その次の位の無限小の項は $n(n-1)/2$ 個の量 $(x_1dx_2 - x_2dx_1), (x_1dx_3 - x_3dx_1), \ldots$ の2次の同次式に等しく，したがって4次の無限小量になる．

そこで，この量を，頂点での変数の値が $(0, 0, 0, \ldots)$，$(x_1, x_2, x_3, \ldots)$，$(dx_1, dx_2, dx_3, \ldots)$ である無限小三角形の面積の平方で割り算するとき，ある有限量を得ることになる．この量は，諸量 x と dx がそれぞれ同一の2元1次形式に含まれる限り［線素の表示式の中の係数が同一である限り］，すなわち，0から x への最短線と0から dx への最短線が同一の面素の上にある限り，同一の値をもつ．したがってこの量は，面素の位置と方向にだけ依存する．この量は，表現された多様体が平坦なとき，すなわち，線素の平方が $\sum dx^2$ に還元されるとき，明らかに0になるであろう．したがってこの多様体が，この点でこの面素の方向に，平坦からどの程度偏向しているかの尺度とみなされる．これに $-3/4$ をかけると，枢密顧問官ガウス先生が，面の曲率と名づけた量に等しくなる．

仮定された形式で表現可能な n 重延長多様体の計量関係の決定のためには，先ほど，$n(n-1)/2$ 個の位置関数が必要であることが見出された．このことから，各点で $n(n-1)/2$ 個の面素の方向で曲率が与えられるとき，この多様体の計量関係は決定されることになる．ただしそれは，これらの曲率の値の間に，恒等的な関係が成立しない限りにおいてのことであるが，一般的に言って実際，そのような恒等的関係は成立しない．

線素が2次の微分式の平方根で表示される，このような多様体の計量関係は，変数の選択からまったく独立な仕方で，以上のように表現される．多様体の計量関係を変数の選択から独立に表現するために，線素がもっと複雑な式で表現されるような，例えば4次の微分式の4乗根で表現されるような多様体の場合でも，まったく同様な方法が選択される．ただしその際，一般的に言って，線素は微分の平方和の平方根の形には変形されない．したがってまた，線素の平方を表す式で，平坦からの偏向は先ほどの多様体では4次の無限小量であったのに対して，この場合は2次の無限小量である．つまり，先ほどのような多様体のこのような特性は，微小部分での平坦さと呼ぶことができる．

当面の目的のために最も重要な多様体の特性は——これらの特性のために，このような多様体がここでもっぱら研究されたのであるが——，2重延長のものの諸関係が幾何学的に曲面によって表現され，多重延長のものの諸関係がその中に含まれるいくつかの曲面に還元されるということである．ただし，この点については，なお若干の説明を必要とする．

3.

曲面の理解の中には，曲面内の経路の長さだけが考慮されるという内的な計量関係のほかに，外部の点に対する曲面の位置関係というものが，つねに混入している．しかし曲面の中の曲線の長さが不変であるような変形を曲面にほどこし，すなわち，曲面が伸縮なしに任意に曲げられたと考え，そして，そのような変形で生じる各々の曲面をすべて同種とみなすことによって，曲面の外的諸関係を捨象することができる．

したがって，例えば任意の円柱側面や円錐側面は平面と同じものとして通用する．なぜなら，それらは単なる屈曲によって平面からつくられるからである．この場合，内的な計量関係はそのままであり，この計量関係についての全命題，つまり平面幾何学全体は，その妥当性を保つ．これに対し，これらの曲面は，球面とは本質的に異なるものである．球面は，伸縮なしに平面には変形されないのである．

前節までの研究に従えば，線素が2次の微分式の平方根によって表現される場合，例えば曲面がそうであるが，2重延長量の内的計量関係は，各点で，曲率によって特徴づけられる．曲率という量は，曲面の場合，直観的意味を与えられる．すなわち曲率は，この点におけるある2方向の曲線の曲率の積である，あるいはまた，この積を最短線で囲まれた無限小三角形にかけたものは，弧度法ではかって，その三角形の内角の和が2直角から超過した分量にの半分に等しい，といった直観的意味を与えられるのである．最初の定義は，2個の曲率半径の積は曲面の屈曲だけでは変化しないという命題を前提することになるであろう．第二のものは，同じ場所では，無限小三角形の内角の和の二直角から超過した分量は，この三角形の面積に比例するという命題を前提するであろう．

n 重延長多様体の，与えられた点とそこを通っておかれた面素の方向における曲率に，具体的なものとして理解可能な意味を与えるために，我々は，1点から出る最短線は，その最初の方向が与えられたとき完全に決定されるということから出発しなければならない．したがって，与えられた点から出発し与えられた面素の中にある最初の方向を，すべて最短線に沿って延長するとき，一定の面が得られる．そして，この面は，与えられた点で一定の曲率をもつ．この曲率は同時に，この n 重延長多様体が，この与えられた点と与えられた面の方向についてもつ曲率でもある．

4.

さて，空間への応用を行う前に，平坦な多様体一般についての，すなわち，線素の平方が完全微分式の平方和である多様体についての若干の考察が，なお必要である．

平坦な n 重延長多様体の中では，各点でどの方向においても，曲率は0である．しかし，先ほどの研究に従えば，計量関係を規定するためには，各点において，その曲率が互いに独立であるような $n(n-1)/2$ 個の面の方向において曲率が0であることを示せば十分である．

曲率がいたるところ0であるような多様体は，曲率がいたるところ一定であるような多様体の特別な場合とみなされる．曲率が一定の多様体の共通の性質は，その中の図形が伸縮なしに動かされることとも言いあらわすことができる．なぜなら，各点においてすべての方向について曲率が同一のものでなければ，多様体の中の図形を，任意に平行移動したり回転移動したりするのは明らかに不可能だからである．

しかし他方で，多様体の計量関係は，曲率によって完全に決定されている．したがってその計量関係は，ある点の周囲ですべての方向に向かって，他のある点の周囲のそれと精密に同じものである．つまり，どちらの点から出発しても，同じ構成［作図］が実行可能である．その結果，定曲率の多様体では，図形に任意の位置を与えることができる．この多様体の計量関係は，曲率の値にしか依存しない．解析的な式表示については，この曲率の値を α としたとき，線素の表示式は

$$\frac{1}{1+\frac{\alpha}{4}\sum x^2}\sqrt{\sum dx^2}$$

で与えられることを指摘してもよいであろう．

5.

幾何学的な説明のためには，定曲率の曲面の考察が役立つかもしれない．曲率が正の曲面は，曲率の平方根の逆数に等しい半径をもつ球面に，つねに巻きつけることができることを理解するのは容易である．しかし，このような曲面の多様性の全体を概観するためには，これら曲面の一つに球の形態を与え，他のものには，この球に赤道で接する回転面の形態を与える．すると，この球より大きな曲率の曲面は，この球に内側から接し，円環面の，軸の外側を向いた部分と同様の形であろう．これは，より小さい半径の球面上の帯状領域に巻きつけられるが，1回以上取り巻くことになるであろう．

また，与えられた球より大きな半径の球面から，大円の半分2個で区切られた切片を切りとり，切りとり線を貼り合わせることで，もとの球面より小さい正の曲率の曲面が得られる．曲率0の曲面は，赤道で球面に接する円柱側面であろう．しかし，負の曲率の曲面は，この円柱側面に外側から接し，円環面の内側の，軸に向いた部分の形をしているであろう．

> 空間が立体の存在する場所とみなされるように，これらの曲面を，その中で運動する面の切片の存在する場所とみなすとき，これらすべての曲面において，その中の曲面の切片は，伸縮なしに運動できる．正の定曲率の曲面は，その中の曲面の切片が屈曲もしないで任意に運動できるように，つねに変形されるのである．すなわち，球面へと変形されるのである．しかし，負の定曲率の曲面の場合，そのようなことはできない．曲率 0 の曲面では，面の切片が位置から独立であることのほかに，方向も位置から独立である．このような独立性は，曲率が 0 でない曲面では成り立たない．
>
> （[64, pp.298–304] より許可を得て転載）

2.4 解説 2：リーマン幾何学

リーマンはこの節で多様体の上部構造としてリーマン構造を定義し，議論を展開させている．ここではその内容について，現代のリーマン幾何学の標準的記述方法による解説を行う．以下，記述を簡単にするため考える対象はすべて C^∞ 級とし，この接頭辞は省略する．すなわち例えば多様体といえば C^∞ 級微分可能多様体を意味するものとする．

2.4.1 接ベクトルと写像の微分

まず，リーマン計量であるが，これは古典的曲面論では第一基本形式に相当し，それは接平面の内積であった．これと同様のことを多様体においても考えたいのであるが，まず「多様体において曲面の接平面の高次元版に相当する接空間 (tangent space) および接空間の元である接ベクトルとは何か？」が問題になる．空間内の曲面に対しては，その接平面とは文字通り曲面に接する平面として図形的にも明らかなものとして考えられるが，一般的にはこの平面は曲面の外側の空間内の図形であった．今，リーマンによる内在的定義に基づいた多様体においては，その外側の空間の存在を仮定していないので，どのように接空間あるいは接ベクトルを考えればよいかはただちにはわからない．現代の多様体論では，この問題の解決法として，以下のような 2 通りの接ベクトルの定義が与えられている．

接ベクトルの2種類の定義

定義1（曲線の同値類としての接ベクトル）：第1の定義は曲面の接ベクトルが曲面内の曲線の接ベクトルであることに基づくものである．

多様体 M の点 p における接ベクトルとは以下の曲線の同値類である．M 上の点 p を通る2つの曲線 c_i, $i=1,2$, すなわち閉区間 $[a,b]$ から M への写像 c_i で $c_i(0)=p$, $a<0<b$ を満たすものを考え，さらに c_1 と c_2 の間に同値関係 $\sim$ を，p の周りの局所座標近傍 (U,φ) を選んで

$$c_1 \sim c_2 \iff \left.\frac{d}{dt}\right|_{t=0} \varphi(c_1(t)) = \left.\frac{d}{dt}\right|_{t=0} \varphi(c_2(t))$$

と定義する．この定義が局所座標近傍の選び方によらないことおよびこの関係が同値関係であることは容易に確かめられる．この曲線の同値類 $v=[c]$ を M の点 p における接ベクトルという．

定義2（微分作用素としての接ベクトル）：第2の定義は曲面上の関数に対し，「接ベクトル方向の（偏）微分」が定義されるが，接ベクトルとその方向の微分作用素 (differential operator) の同一視に基づくものである．

M 上の C^∞ 級関数全体を $C^\infty(M)$ とおく．M の点 p における接ベクトル v とは，線形写像 $v: C^\infty(M) \to \mathbb{R}$ で次のライプニッツ則 (Leibniz rule) とよばれる条件 $v(fg)=f(p)v(g)+v(f)g(p)$ を満たすものである[26]．

上の2つの定義は，多様体が C^∞ 級[27]という条件下では同等である（命題2.14参照）．M の点 p での接ベクトル全体 T_pM を M の p での接空間とよぶが，これはこの集合にベクトル空間の構造が入ることによる．さらに p を M 全体に動かしたときの接空間の全体をを接束 (tangent bundle) TM という（第3章参

[26] この定義より，例えば $v(f)$ は f の点 p の近くの値のみで決まる局所作用素 (local operator) であることなどが示される．

[27] C^∞ 級でなく C^r 級 $(1 \leq r < \infty)$ とすると，以下命題2.14の証明の議論においては，例えば定義1に基づく接ベクトルを定義2でのものと見なし，さらにそれをもう一度定義1でのものと見なしたとき，はじめの定義1による接ベクトルが C^r 級であっても，上の手順で再び定義1での接ベクトルと見なしたものは，一般には C^{r-1} 級にしかならないと思われる．C^∞ 級であれば $\infty-1=\infty$ であるのでこの点は問題ない．一般の C^r 級接ベクトルに関する2つの定義の同等性は注意2.4で述べた事実「位相多様体に C^1 級微分可能構造が入れば，一意的に C^∞ 級微分可能構造が入る」ということにより保証されていると考えられる．

照)．p の周りの局所座標近傍 (U, φ) を $\varphi(p) = 0$ を満たすように選び，また

$$\varphi(q) = (x^1(q), \ldots, x^n(q)) \in \mathbb{R}^n$$

とおく．この局所座標系 (local coordinates system)$\{x^i\}_{i=1}^n$ に付随する T_pM の基底 $\left\{ \left(\frac{\partial}{\partial x^i} \right)_p \right\}_{i=1}^n$ を接ベクトルの 2 つの定義それぞれに応じて

定義 1：$\left(\frac{\partial}{\partial x^i} \right)_p = [\varphi^{-1}(0, \ldots, t, \ldots, 0)]$ (第 i 座標が t，他の座標は 0)，

定義 2：$\left(\frac{\partial}{\partial x^i} \right)_p (f) = \left. \frac{\partial f \circ \varphi^{-1}(x^1, \ldots, x^n)}{\partial x^i} \right|_{(x^1, \ldots, x^n) = (0, \ldots, 0)}$

と定義する．この 2 つの定義は 1 つの接ベクトルの 2 通りの表示であるとみなせる．

接ベクトルの 2 種類の定義に関して，次が成立する．

命題 2.14

上の 2 つの定義は，多様体が C^∞ 級という条件下では同等である．

この定理の証明に関して詳しくは [52] を見られたい．ここでは定義 1 と定義 2 の対応のみ説明する．まず定義 1 での接ベクトル $v = [c]$ を定義 2 での接ベクトルと見るには，$f \in C^\infty(M)$ に対し

$$v(f) := \left. \frac{df(c(t))}{dt} \right|_{t=0}$$

と定義すれば，これが $v = [c]$ の代表元 (representative) である曲線 c の選び方によらないことおよびライプニッツ則を満たすことが確認できる．

逆に，定義 2 での接ベクトル v に対しては定義 1 での接ベクトル $v = [c]$ の代表元である曲線 c を次のように選べばよい．まず，点 $p \in M$ の周りの局所座標近傍 $(U, \varphi, \{x^i\}_{i=1}^n)$ を $x^1(p) = \cdots = x^n(p) = 0$ を満たすように選ぶ．このとき $f \in C^\infty(M)$ に対し，$\tilde{f} = f \circ \varphi^{-1}$ のテーラー展開 (Taylor expansion) を

$$\tilde{f}(x) = \tilde{f}(0) + \sum_{i=1}^{n} \frac{\partial \tilde{f}}{\partial x^i}(0)x^i + \sum_{i,j=1}^{n} \frac{\partial^2 \tilde{f}}{\partial x^i \partial x^j}(\theta x)x^i x^j \quad (0 < \theta < 1)$$

とし，また f と $\tilde{f}$ を φ を通して同一視し，$v(f) = v(\tilde{f})$ などと書く．座標関数 x^i に対し，$v(x^i) = a^i$ とおく．ライプニッツ則より

$$v(1) = v(1 \cdot 1) = 1v(1) + v(1)1 = 2v(1)$$

が成立するので，これより $v(1) = 0$ がわかる．また，再びライプニッツ則より，

$$\begin{aligned} v\left(\frac{\partial^2 \tilde{f}}{\partial x^i \partial x^j}(\theta x)x^i x^j\right) &= \frac{\partial^2 \tilde{f}}{\partial x^i \partial x^j}(0)x^i(0)v(x^j) + \frac{\partial^2 \tilde{f}}{\partial x^i \partial x^j}(0)v(x^i)x^j(0) \\ &\quad + v\left(\frac{\partial^2 \tilde{f}}{\partial x^i \partial x^j}(\theta x)\right)x^i(0)x^j(0) = 0 \end{aligned}$$

である．したがって

$$\begin{aligned} v(f) = v(\tilde{f}) &= v\left(\tilde{f}(0) + \sum_{i=1}^{n} \frac{\partial \tilde{f}}{\partial x^i}(0)x^i + \sum_{i,j=1}^{n} \frac{\partial^2 \tilde{f}}{\partial x^i \partial x^j}(\theta x)x^i x^j\right) \\ &= \sum_{i=0}^{n} \frac{\partial \tilde{f}}{\partial x^i}(0)v(x^i) = \sum_{i=0}^{n} \frac{\partial \tilde{f}}{\partial x^i}(0)a^i \end{aligned}$$

より

$$c(t) = \varphi^{-1}(a^1 t, \ldots, a^n t)$$

と定義すれば，この曲線の同値類 $[c]$ が，定義2での v に対応する定義1による接ベクトルとなる．実際

$$v(f) = \sum_{i=0}^{n} \frac{\partial \tilde{f}}{\partial x^i}(0)a^i = \left.\frac{df(c(t))}{dt}\right|_{t=0}$$

となるので，このことは確認できる．

次に M 上のベクトル場 (vector field) X[28]を，M の各点 p に，その点におけ

[28]接ベクトル場 (tangential vector field) という方が正確であるが通常このようによばれる．

る接ベクトル X_p[29)] を対応させる写像として定義する．これは，第 3 章で説明するベクトル束の用語では接束の切断 (section) のことである．さらにベクトル場 X が C^∞ 級であるとは，M 上の任意の C^∞ 級関数 f に対し，関数 $Xf : M \ni p \mapsto X_p(f) \in \mathbb{R}$ が C^∞ 級であることと定義する．これは X の局所座標表示 (local coordinates expression)

$$X_p = \sum_{i=1}^{n} X^i(p) \left(\frac{\partial}{\partial x^i} \right)_p$$

において，各係数 X^i が C^∞ 級関数ということと同値である．

微分可能写像とその微分

2 つの多様体 M, N の間の写像 $f : M \to N$ が C^∞ 級微分可能写像 (differentiable map) であるとは，M の各点 p の周りの局所座標近傍 (U, φ) および $f(p)$ の周りの局所座標近傍 (V, ψ) に対し，$\psi \circ f \circ \varphi^{-1}$ がユークリッド空間の間の写像として C^∞ 級であることと定義する．この概念が well-defined であること，すなわち局所座標近傍の選び方によらないことは微分可能多様体の定義の項目 3，すなわち局所座標変換 (local coordinates transformation) が微分同相であることによる．この写像 f に対し，M の点 p におけるその微分 (differential) とよばれる写像

$$d_p f : T_p M \to T_{f(p)} N$$

を，接ベクトル $v \in T_p M$ の 2 通りの定義に応じてそれぞれ次のように定義する．

定義 1：点 $p \in M$ における接ベクトル v をあらわす同値類 $[c]$ の代表元である p を通る曲線 c を選べば，その像 $f \circ c$ は $f(p)$ を通る N の曲線であるので，その同値類 $[f \circ c]$ を $f(p) \in N$ における接ベクトル $d_p f(v)$ として定義する．

---

29) $X(p)$ と書くこともある．

定義 2：点 $p \in M$ における接ベクトルである微分作用素 $v : C^\infty(M) \to \mathbb{R}$ に対し，$f(p) \in N$ における接ベクトルである微分作用素 $d_p f(v) : C^\infty(N) \to \mathbb{R}$ を定義すればよい．関数 $h \in C^\infty(N)$ に対し，$h \circ f \in C^\infty(M)$ であるから，

$$(d_p f(v))(h) = v(h \circ f)$$

として定義する．

これらの定義が well-defined であり，また $d_p f : T_pM \to T_{f(p)}N$ が線形写像であることも確かめられる．

さらに p を M 上で動かして，接束の間の写像

$$df = (d_p f)_{p \in M} : TM \to TN$$

が定義されるが，これも f の微分とよぶ．

2.4.2　リーマン計量

次にリーマン計量 g を定義する．M の各点 p における接空間 T_pM が定義されていれば，曲面論と同様にその上の内積 g_p を考えることができる．多様体 M 上のリーマン計量 g とは，M の各点 p に対し T_pM の内積 g_p を対応させたもの，あるいは g_p の集まりといえる[30]．これは，局所座標系 $\{x^i\}_{i=1}^n$ を用いて

$$g = \sum_{i,j=1}^{n} g_{ij}(p)\,(dx^i)_p(dx^j)_p = (ds)^2 \tag{2.1}$$

とあらわせる．ここで $g_{ij}(p) = g_p\left(\left(\frac{\partial}{\partial x^i}\right)_p, \left(\frac{\partial}{\partial x^j}\right)_p\right)$ であり，リーマン計量 g の局所座標系 $\{x^i\}_{i=1}^n$ に関する成分 (component) とよばれる．この $g_{ij}(p)$ が p に関して C^∞ 級関数であるとき，リーマン計量 g は C^∞ 級であるという．また $(dx^i)_p$ は T_pM の双対空間 (dual space)[31]である余接空間 (cotangent space)

---

[30] 少し曖昧さが残る述べ方であるが，第 3 章で定義するベクトル束の用語を用いれば，M の点 p に対し，T_pM 上の対称双 1 次形式 (symmetric bilinear form) のなすベクトル空間を p でのファイバーとするベクトル束の切断であり，さらに各ファイバー上で正定値であるものと表現できる．

[31] ベクトル空間 V の双対空間 V^* とは，V 上の線形関数 $v^* : V \to \mathbb{R}$ をその元とするベクトル空間のことである．

T_p^*M の元，すなわち余接ベクトル (cotangent vector) である．ここで余接ベクトルとは T_pM 上の線形関数である．ここで $\{(dx^i)_p\}_{i=1}^n$ は $\left\{\left(\dfrac{\partial}{\partial x^i}\right)_p\right\}_{i=1}^n$ の双対基底である．すなわち

$$(dx^i)_p\left(\left(\frac{\partial}{\partial x^j}\right)_p\right) = \delta_{ij} = \begin{cases} 1 & (i = j) \\ 0 & (i \neq j) \end{cases}$$

を満たす．また，式 (2.1) の最右辺の ds は線素とよばれる量で“無限小”の長さをあらわす．これは M 上の曲線 $c : [a,b] \to M$ の $c(a)$ から $c(t)$ までの弧長 $s(t)$ が

$$s(t) = \int_a^t \sqrt{g_{c(u)}(c'(u), c'(u))}\, du$$

とあらわされることに由来する．ここで $c'(t)$ は曲線の接ベクトルである．なお，この表示 (2.1) は空間内の曲面の第一基本形式と同じ形であり，リーマンの言う「線素が 2 次の微分式の平方根によってあらわされる」に当たる．特に $g_{ij}(p) = \delta_{ij}$ の場合がユークリッド空間の標準計量（ユークリッド計量，Euclidean metric）であり，この場合はリーマンが述べているように $ds = \sqrt{\sum (dx^i)^2}$ とかける．

2.4.3　接続，平行移動，共変微分

リーマン計量から，“曲率”[32)]が定義される．曲率はリーマン幾何学において最も基本的な量であり，現代の大域リーマン幾何学 (global Riemannian geometry) における基本的課題の 1 つは

「多様体において，曲率などの局所的量 (local quantity) とトポロジー，解析的不変量 (analytic invariant)[33)]などの大域的情報 (global information) との関連を調べる」

というものである．

---

32) 以下で定義される曲率テンソル，断面曲率および第 4 章で定義されるリッチ曲率，スカラー曲率などのことを指している．

33) 第 5 章で説明されるラプラシアンの固有値や熱核は解析的不変量の例である．

リーマンは「一般の計量とユークリッド計量の差（$n(n-1)/2$ 個の量 $(x_1dx_2-x_2dx_1)$, $(x_1dx_3 - x_3dx_1)$, ... の2次の同次式）は4次の無限小量で，これを頂点での変数の値が $(0,0,0,\ldots)$, $(x_1,x_2,x_3,\ldots)$, $(dx_1,dx_2,dx_3,\ldots)$ である無限小三角形の面積の平方で割り算することによって得られる有限量に $-3/4$ をかけると，枢密顧問官ガウス先生が，面の曲率と名づけた量に等しくなる」と述べている．この“面の曲率”は，現在のリーマン幾何学では断面曲率とよばれるものである．ただし，現代のリーマン幾何学においては，断面曲率は，まず接続 (connection) という概念を導入し，それを用いて定義される．この接続を用いると，もう一つの重要な概念である測地線 (geodesic) も自然に定義される[34)]．なお，接続を用いて定義された断面曲率がリーマンの定義したものと本質的に同等の概念であることは，例えばガウス・ボンネ (Bonnet) の定理 (Gauss-Bonnet theorem) を用いて示すことができる[35)]．

曲線に沿う平行移動

さて，その“接続”であるが，著者がはじめてその定義を学んだとき「何だかよくわからない」という第一印象であった．このような理由もあり，ここでは「なぜそのようなものが必要か？」ということから説明する．

1.3 節で説明した曲面論においては，曲面上の点 p を

$$p = p(u,v) = (x(u,v), y(u,v), z(u,v))$$

とパラメーター表示し，接ベクトル $\mathbf{p}_u$, $\mathbf{p}_v$ をもう1回微分して得られるベクトル $\mathbf{p}_{uu}$, $\mathbf{p}_{uv}$, $\mathbf{p}_{vu}$, $\mathbf{p}_{vv}$ および単位法線ベクトル $\mathbf{e}(p)$ を用いて，第二基本形式，主曲率，平均曲率，ガウス曲率を定義した．また“曲率”の幾何学的意味，すなわち「曲線の曲がり方とは，接ベクトルの変化の割合である」ということから考

---

34) リーマンは現代的な定義の意味での“接続”について少なくとも明示的には述べてはいないが，それに関連する平行移動や測地線などの概念については，ある程度認識していたと考えられる（例えば，注意 2.15 参照）．また，小林 治 氏からは「2.1 節 1 の中頃の“計量というのは，……にその本質がある”という部分が接続を言い当てているように思えるのはワイル (Weyl) 後だからだろうか？」というコメントをいただいた．

35) 少し別の議論による数学的説明がワイルの解説（[62] に含まれている）で与えられている．

えても，「接ベクトルを微分する」ことが必要となる．

このことを，一般の多様体で考えよう．接ベクトルについては既に定義したので，その微分，つまりベクトル場 $X : M \to TM$ の微分を考えたいわけである．ベクトル場 $X : M \to TM$ の接ベクトル方向の微分を素朴に定義してみよう．曲線 $c : [a,b] \to M$, $c(0) = p$ を p における接ベクトル $v = [c]$（定義 1）の代表元とすると，v 方向のベクトル場 X の微分は，

$$\lim_{h \to 0} \frac{X(c(h)) - X(c(0))}{h} \tag{2.2}$$

ということになるであろうか？　しかし，これには以下のような問題点がある．

「$X(c(h)) \in T_{c(h)}M$ である一方 $X(c(0)) \in T_{c(0)}M$ であり，それらが属しているベクトル空間が異なるので，その差が定義できない．」

曲面論においても同様に，点ごとにそこでの接ベクトルが属している接空間は異なるが，この場合は，それらを含む空間 $\mathbb{R}^3$ があり，そこでは，2 つのベクトルの差が定義できるので，このような問題は解消されていた[36]．外側の空間の存在を仮定しない“内在的幾何学”の対象である多様体においては，このようなことはただちにはできない．その代案として，次のような解決策が考えられた．

まず空間内の 2 つのベクトルの差は一方のベクトルを空間内で平行移動 (parallel transport) してそれらのベクトルの始点を一致させてから定義されていたことを鑑みると，何らかの意味の接ベクトルを“平行移動”することが可能であれば，その差は定義できるのではないかと思われる．ここでは，「曲線に沿う平行移動 (parallel transport along a curve)」という概念を考える．もし仮に，M 上の曲線 $c : [a,b] \to M$ に対し，曲線 c 上の点 $c(s)$ から $c(t)$ までの c に沿う平行移動 $P^{(c)}\big|_{c(s)}^{c(t)}$ が定義されていたとする．このとき，ベクトル場の微分として，上記 (2.2) の代わりに

$$\lim_{h \to 0} \frac{\left(P^{(c)}\big|_{c(0)}^{c(h)}\right)^{-1} X(c(h)) - X(c(0))}{h}$$

[36] ただし，この場合でも，微分した結果得られたベクトルは一般には接平面に属するとは限らないので，それの接平面への直交射影を考える必要がある（例 2.18 参照）．

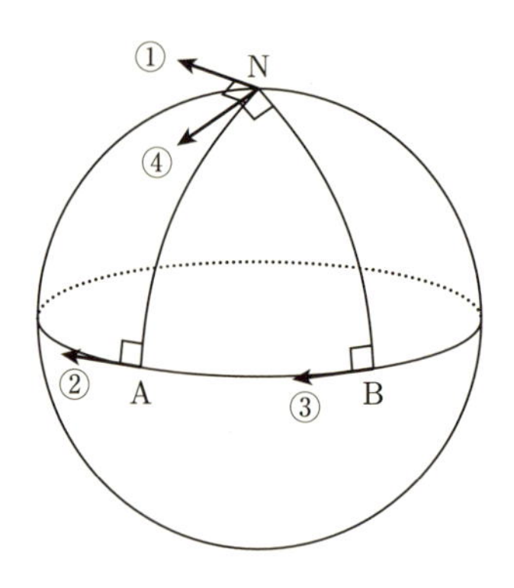

図 2.2　単位球面 $S^2(1)$ における平行移動

を考えれば，$\left(P^{(c)}\Big|_{c(0)}^{c(h)}\right)^{-1}X(c(h))$ も $X(c(0))$ も同じベクトル空間 $T_{c(0)}M$ の元であるので，その差が定義され，さらにこの極限値も定義される．これを X の v 方向の共変微分 (covariant derivative) $\nabla_v X$[37]という．なお，平行移動にわざわざ“曲線に沿う”という接頭辞をつけた理由は，例えば図 2.2 のような状況が存在するからである．詳述すると，単位球面 $S^2 = S^2(1) = \{(x,y,z) \in \mathbb{R}^3 \mid x^2+y^2+z^2=1\}$ の北極点 $\mathrm{N} = (0,0,1)$ における単位接ベクトル v ①に対し，v と直交する経線 NA を考える．ただし，A は赤道上の点とする．v を NA に沿って A まで平行移動する v ②．すると移動後の球面の接ベクトルも，NA と直交しているので，赤道に接している．次に，その状態を保ったまま，その接ベクトルを赤道に沿って B まで平行移動すると，移動後のベクトル v ③は B を通る経線 BN に直交している．それを最後に BN に沿って平行移動して N に戻る．すると図のように戻ってきた接ベクトル v ④は，出発時の接ベクトル v ①とは一般には異なっている．言い換えると B における接ベクトル v ③を直接，経線 BN に沿って N まで平行移動したベクトル v ④と，逆回りに赤道に沿って A まで平行移動し，そこから経線 AN に沿って N まで平行移動したベクトル v ①が異なるということである[38]．

[37] ∇ はナブラ (nabla) とよばれる．

[38] 後述のリーマン接続 (Riemannian connection) およびそれから定義される平行移動を考えると，経線，赤道はともに測地線であり，また一般に，その接ベクトルは測地線に沿って平行である．さらに平行移動は内積（リーマン計量）を保つ．これらの事実により，図 2.2 における平行移動とリーマン接続から定義される平行移動は一致することがわかり，ここでの直観的説明が数学的に正当化される．

注意 2.15

ユークリッド空間 $\mathbb{R}^n$ の場合は，平行移動は曲線の選び方によらずに定義できるが，これはユークリッド空間が平坦，すなわち（断面）曲率が 0 ということと，$\mathbb{R}^n$ が単連結 (simply connected) である[39]ということによる．実際，リーマン多様体 (Riemannian manifold) が平坦な場合では，同じ（始点と終点を固定した）ホモトピー類 (homotopy class) に属する[40] 2 つの曲線 c_1, c_2 それぞれに沿う始点からの平行移動は終点において一致することが知られている．

この事実に関するおおよその説明は「曲率は 2 つの方向の共変微分の順序交換による差をあらわす量であり，また平坦とは曲率が消えていることであった．さらに平行移動は共変微分の積分と考えられるから，平坦であれば，平行移動は曲線の連続変形で不変である」ということである．リーマン自身どの程度“曲線に沿う平行移動”という概念を認識していたかは微妙であるが，この事実は，リーマンの講演の第 2 章の終わりにある「曲率 0 の曲面では，面の切片が位置から独立であることのほかに，方向も位置から独立である．このような独立性は，曲率が 0 でない曲面では成り立たない」という言明にほぼ対応しているのではないかと考えられる．

共変微分

これまでは“曲線に沿う平行移動”を用いて共変微分を定義したが，逆に共変微分が先に定義されていれば，それから曲線に沿う平行移動を定義することも可能である．実際，まず X_c を曲線 c に沿って定義されたベクトル場とする[41]．このとき，X_c が c に沿う平行ベクトル場 (parallel vector field) であることを，その共変微分 $\nabla_{c'} X_c \equiv 0$ で定義する．さらに，その局所座標表示である，後述の式 (2.6) より，この式は X_c に関する 1 階線形常微分方程式 (linear ordinary differential equation of first order) であることがわかる．ここで常微分方程式の

[39] 任意の閉曲線が 1 点に連続変形 (continuous deformation) できることを意味する．

[40] 以下の c_1，c_2 の始点および終点を固定したまま，c_1 から c_2 まで連続変形可能ということを意味する．

[41] X_c は M 上のベクトル場 X の曲線 c への制限と考えてよい．

初期値に対する解の存在と一意性に関する定理を用いれば，$v = X_c(0)$ を初期値とする解の t での値 $X_c(t)$ はただ1つに定まるので，$X_c(t)$ を v の c に沿う平行移動 $P^{(c)}\big|_{c(0)}^{c(t)}(v)$ と定義すればよい．

接続 ∇ とは，共変微分や平行移動を導くものであり．その導入の仕方も大きく分けると以下の2通りあると思われる．

(1) 共変微分を先に定義してそれを用いて平行移動を定義する．

(2) 平行移動を先に定義してそれを用いて共変微分を定義する．

通常のリーマン幾何学の教科書の多くは (1) の方法を採用しているが，接続に関する理論の基本文献とされる Kobayashi-Nomizu の教科書 [284] は (2) の方法をとっている．接束などに対しては (1) の方法の方が手軽にできるため，ここではこちらの方法で説明する[42)]．しかし，(2) の方法もより一般的に接続を定義する場合に関しては利点があり，本書でも第5章で少し説明する[43)]．

接続の考え方は，リーマン以降，リッチ (Ricci)，レビ＝チビタ (Levi-Civita)，ワイル，エリー・カルタン (Elie Cartan) に代表される研究者によって発展した．さらに，これらを現代的観点から整備したのがエーレスマン (Ehresmann)，（上記の [284] の著者でもある）野水克己，小林昭七である．

2.4.4　線形接続

ここでは上記 (1) の方法で接続を導入する．接束 TM 上の線形接続 (linear connection) ∇ を定義することから話をはじめる．これは M 上のベクトル場全体を $\mathfrak{X}(M)$ とし，以下の条件を満たす写像

$$\nabla : \mathfrak{X}(M) \times \mathfrak{X}(M) \to \mathfrak{X}(M), \qquad \nabla : (X, Y) \mapsto \nabla_X Y$$

として定義される．

---

42) ただし，方法論的にはこちらの方が簡便ではあるが，∇ をなぜ接続あるいは英語で connection とよぶかという理由はわかりにくいかもしれない．実際，筆者もそうであった．平行移動は多様体の異なる点での接ベクトルを対応させる写像であり，これによって，それぞれの点における接空間のつながり方，言い換えれば接続の仕方を与えていると考えれば多少，しっくりとくるかもしれない．あるいは第5章で説明する (2) の方法の方が接続という用語が用いられる理由がより理解できるかもしれない．

43) 例えば，ヤン (Yang)・ミルズ (Mills) 接続 (Yang-Mills connection) などのゲージ理論 (gauge theory) の教科書ではこちらの方法を用いることが多いようである．

(1) ∇ は変数 (X, Y) に関して $\mathbb{R}$-双線形写像である．

(2) $C^\infty(M)$ を M 上の C^∞ 級関数全体とする．$f \in C^\infty(M)$, $X, Y \in \mathfrak{X}(M)$ に対し，以下の条件を満たす．

$$\nabla_{fX} Y = f \nabla_X Y, \tag{2.3}$$

$$\nabla_X (fY) = X(f) Y + f \nabla_X Y. \tag{2.4}$$

ここで $X(f)$ は関数 f のベクトル場 X による微分をあらわす．

注意 2.16

これらの条件を用いて少し議論すれば，以下が示される．

1. $p \in M$, $v \in T_pM$ に対し，$X_1, X_2 \in \mathfrak{X}(M)$ が $X_1(p) = X_2(p) = v$ を満たせば，$(\nabla_{X_1} Y)(p) = (\nabla_{X_2} Y)(p)$ が成り立つ．この値を $\nabla_v Y$ と書き，Y の p での v 方向の共変微分という．
2. M 内の曲線 c が $c(0) = p$, $c'(0) = v$ を満たすとき，$Y_1, Y_2 \in \mathfrak{X}(M)$ の c への制限が p の近傍で一致すれば $(\nabla_v Y_1)(p) = (\nabla_v Y_2)(p)$ が成り立つ．

クリストッフェルの記号　注意 2.16 より，M の局所座標近傍 $(U, \varphi, \{x^i\}_{i=1}^n)$ に対して，U 上のベクトル場 $\left(\dfrac{\partial}{\partial x^i}\right)$, $\left(\dfrac{\partial}{\partial x^j}\right)$ を M 全体上のベクトル場 X_i, X_j へ拡張したとき，$\nabla_{X_i} X_j$ の U への制限 $\nabla_{X_i} X_j|_U$ はその拡張の仕方によらないことがわかる．この事実に基づき，

$$\nabla_{\partial_i} \partial_j := \nabla_{X_i} X_j|_U = \sum_{k=1}^n \Gamma_{ij}^k \partial_k \tag{2.5}$$

とあらわす．ただし，ここでは $\partial_i = \left(\dfrac{\partial}{\partial x^i}\right)$ と略記している．また右辺の係数 Γ_{ij}^k はクリストッフェルの記号 (Christoffel's symbol) とよばれる M 上の関数である．

これを用いると曲線 c に沿う平行ベクトル場 X_c の満たす条件，$c'(t)$ 方向の共変微分 $\nabla_{c'(t)} X_c(t) \equiv 0$ は，次のように局所座標表示される．まず，$c^i(t) = x^i(c(t))$, $c'(t) = \displaystyle\sum_{i=1}^n c^{i\prime}(t) (\partial_i)_{c(t)}$, $X_{c(t)} = \displaystyle\sum_{i=1}^n X^i(t) (\partial_i)_{c(t)}$ と局所座標表示す

る．このとき線形接続の定義の条件 (1), (2) より，$\nabla_{c'(t)}X_c(t) \equiv 0$ は次の式

$$\frac{dX^k(t)}{dt} + \sum_{i,j=1}^{n} \Gamma_{ij}^k {c^i}'(t) X^j(t) = 0 \tag{2.6}$$

であらわされる．この式は先に述べたように X_c に関する1階線形常微分方程式である．

リーマン接続

線形接続のうち，リーマン計量に適合したリーマン接続 (Riemannian connection)[44]は，次の2つの追加条件を満たすものとして定義される．なお，リーマン接続はリーマン計量から，一意的に決定されることが知られている．

(3) 零捩率条件 (torsion free condition)：この条件は

$$T(X,Y) = \nabla_X Y - \nabla_Y X - [X,Y] = 0 \tag{2.7}$$

である．ここで $T(X,Y)$ は捩率 (torsion) とよばれる量である．また $[X,Y]$ はベクトル場 X,Y のリー括弧積 (Lie bracket) とよばれるもので

$$[X,Y](f) = X(Y(f)) - Y(X(f)) \tag{2.8}$$

により定義される．この式は2回の微分があらわれるが，2階微分の項はキャンセルするので，$[X,Y]$ は1階の微分作用素である．したがって $[X,Y]$ はベクトル場と見なせる．特に定義より $[\partial_i, \partial_j] = 0$ を満たすので零捩率条件から $\nabla_{\partial_i}\partial_j = \nabla_{\partial_j}\partial_i$ であり，このことから

$$\Gamma_{ij}^k = \Gamma_{ji}^k \tag{2.9}$$

であることが導かれる．

(4) 計量接続 (metric connection)：リーマン計量 g に対し，$g(X,Y) = \langle X,Y \rangle$ と書くと，計量接続であるための条件は

---

[44] レビ・チビタ接続 (Levi-Civita connection) ともよばれる．

$$Z\langle X, Y\rangle = \langle \nabla_Z X, Y\rangle + \langle X, \nabla_Z Y\rangle \tag{2.10}$$

を満たすことである．

計量接続に対しては，それから定義される曲線に沿う平行移動が内積（リーマン計量）を保つことが示される．実際，曲線 c に沿う 2 つの平行なベクトル場 X_c, Y_c は $\nabla_{c'(t)}X_c(t) = \nabla_{c'(t)}Y_c(t) \equiv 0$ を満たすので

$$\begin{aligned}\frac{d}{dt}\langle X_c(t), Y_c(t)\rangle &= c'(t)\langle X_c(t), Y_c(t)\rangle \\ &= \langle \nabla_{c'(t)}X_c(t), Y_c(t)\rangle + \langle X_c(t), \nabla_{c'(t)}Y_c(t)\rangle = 0\end{aligned}$$

であるから，$\langle X_c(t), Y_c(t)\rangle$ が t に依存しないことがわかる．さらに，定義条件 (2.8), (2.10) を用いて少し計算する[45]と，クリストッフェルの記号 Γ^k_{ij} が

$$\Gamma^k_{ij} = \frac{1}{2}\sum_{\ell=1}^{n} g^{k\ell}\left(\frac{\partial g_{\ell j}}{\partial x^i} + \frac{\partial g_{i\ell}}{\partial x^j} - \frac{\partial g_{ij}}{\partial x^\ell}\right) \tag{2.11}$$

とあらわされることを示すことができる．ここで，g^{ij} は g_{ij} を成分とする行列 (g_{ij}) の逆行列 (g^{ij}) の成分である．

リーマン接続の例

例 2.17

n 次元ユークリッド空間 $(\mathbb{R}^n, g_0)$：この場合のリーマン計量は $g_0 = ds^2 = dx^1dx^1 + \cdots + dx^ndx^n$ であるからその成分 $(g_0)_{ij}$ は

$$(g_0)_{ij} = \delta_{ij} = \begin{cases} 1 & (i = j) \\ 0 & (i \neq j)\end{cases}$$

であり，上の公式 (2.11) より $\Gamma^k_{ij} = 0$ である．特にベクトル場 $X =$

[45] 式 (2.11) の導出の方針は以下の通りである．式 (2.10) より得られる次の式

$$\frac{\partial g_{ij}}{\partial x^\ell} = \partial_\ell\langle\partial_i, \partial_j\rangle = \langle\nabla_{\partial_\ell}\partial_i, \partial_j\rangle + \langle\partial_i, \nabla_{\partial_\ell}\partial_j\rangle$$

に Γ^k_{ij} の定義式 (2.5) を代入すれば，

$$\frac{\partial g_{ij}}{\partial x^\ell} = \sum_{k=1}^{n}\left(\Gamma^k_{\ell i}g_{kj} + \Gamma^k_{\ell j}g_{ki}\right)$$

が導かれるが，この式を未知数 Γ^k_{ij} に関する連立 1 次方程式とみて解けばよい．ただし，計算途中で式 (2.9) を用いる．

$\sum_{i=1}^{n} X^i \partial_i$ が平行であるための条件の局所座標表示 (2.6) は $\dfrac{dX^i}{dt} = 0$ となるから，ベクトル場 X が平行であれば X^i は定数，すなわち X は定ベクトル場 (constant vector field) ということになる．このとき線形接続を $\nabla = D$ と書くことにすると，それに関する共変微分 $\nabla_{\partial_i} X = D_{\partial_i} X$ は，ベクトル場の通常の偏微分 $\dfrac{\partial X}{\partial x^i} = \left(\dfrac{\partial X^1}{\partial x^i}, \ldots, \dfrac{\partial X^n}{\partial x^i} \right)$ に一致する．

例 2.18

3 次元ユークリッド空間 $\mathbb{R}^3$ 内の曲面 M：M の接平面の内積（リーマン計量）は $\mathbb{R}^3$ の標準内積の制限であり，その意味でユークリッド計量からの誘導計量 (induced metric) とよばれるが，これは第一基本形式に他ならない．M 上の曲線 c に沿うベクトル場 X_c の共変微分は，c および X_c をそれぞれ $\mathbb{R}^3$ 内の曲線，3 次元ベクトルと見なして，$D_{c'(t)} X_c(t)$ を計算し，その接平面への直交により定義される．これは，誘導計量による定まるリーマン接続 ∇ による共変微分 $\nabla_{c'(t)} X_c(t)$ に一致する．

2.4.5　曲率テンソル，断面曲率

曲率テンソル

リーマン接続から曲率[46)]が定義される．はじめに曲率テンソル (curvature tensor) $R : \mathfrak{X}(M) \times \mathfrak{X}(M) \times \mathfrak{X}(M) \to \mathfrak{X}(M)$ を

$$(X, Y, Z) \mapsto R(X, Y)Z = \nabla_X \nabla_Y Z - \nabla_Y \nabla_X Z - \nabla_{[X,Y]} Z \tag{2.12}$$

と定義する．この定義式の右辺は，おおよそ共変微分の順序の入れ替えに関するずれ[47)]をあらわしている．先の例で述べたことの繰り返しだが，共変微分は，曲線に沿う平行移動と関連している．例えば，曲率テンソルが 0，つまり平坦な

[46)] p.43，脚注 31) でも述べたように，曲率には主なものでも，曲率テンソル，断面曲率，リッチ曲率，スカラー曲率がある．

[47)] 第 1 項と第 2 項の差を指す．また第 3 項はテンソル (tensor) になるための調整項と思ってよい．なお，テンソルについては少し後で説明する．

場合は，平行移動が可換になるので，「平坦ならば平行移動が曲線のホモトピー類にしかよらない」ということの直観的説明が得られる．

R は次の性質を満たす．$f \in C^\infty(M)$, $X, Y, Z \in \mathfrak{X}(M)$ に対し

$$R(fX, Y)Z = R(X, fY)Z = R(X, Y)fZ = fR(X, Y)Z$$

を満たす．これより，$R(X, Y)Z$ の点 p での値 $R(X, Y)Z(p)$ はそれぞれのベクトル場の点 p での値 X_p，Y_p，Z_p のみで決定されることがわかる．この値を，$R(X_p, Y_p)Z_p$ とおく．一般に，このような性質を持つようなものを，テンソルという[48]．例えば，リーマン計量はテンソルである．一方，線形接続はテンソルではないが，2 つの線形接続の差はテンソルである．

R は次のようないくつかの性質を持つ．それらを述べるため，$x, y, z, w \in T_pM$ に対し，$R(x, y, z, w) = \langle R(x, y)z, w\rangle$ とおく．

(1) $R(x, y, z, w) = -R(y, x, z, w) = -R(x, y, w, z) = R(z, w, x, y)$.

(2) $R(x, y)z + R(y, z)x + R(z, x)y = 0$. これは第一ビアンキ恒等式 (the first Bianchi identity) とよばれる．

が成り立つ．これらの他にも第二ビアンキ恒等式 (the second Bianchi identity) とよばれるものもある．

断面曲率

次に曲率テンソル R を用いて断面曲率 K[49]が以下のように定義される．K は接空間の 2 次元部分空間，すなわち原点を通る平面 P に対して定まる実数値関数であり，P の基底の 1 つを $\{u, v\}$ とすると

$$K = K(P) = K(u, v) = \frac{R(u, v, v, u)}{\langle u, u\rangle\langle v, v\rangle - \langle u, v\rangle^2}$$

で定義される．この値 $K(u, v)$ は，基底 $\{u, v\}$ の選び方によらないことが容易にわかる．

[48] p.96 ではテンソルの別の定義を紹介する．

[49] 断面曲率についてはリーマンの講演 II，2.3 節の項目 2 および 3 で説明されている．

注意 2.19

断面曲率は，リーマン多様体に関するもっとも詳しい情報を与えるものとされており，実際，すべての2次元部分空間 P に関する断面曲率 $K(P)$ がわかれば，それらを用いて曲率テンソル[50]をあらわす公式が知られている([133, (1.12)], [84, Proposition 1.49]).

定曲率空間 (space of constant curvature) とは断面曲率が一定のリーマン多様体を意味する．単連結かつ完備 (complete)[51]である n 次元定曲率空間は，しばしばモデル (model) ともよばれる標準的リーマン多様体で，その断面曲率 k が正ならば半径 $1/\sqrt{k}$ の n 次元球面 $S^n(1/\sqrt{k})$ であり，$k = 0$ ならば n 次元ユークリッド空間 $\mathbb{R}^n$ である．また，k が負ならば $\mathbb{R}^n$ と微分同相であり，$H^n(-1/\sqrt{k})$ と書く．特に $k = 1$ のとき，すなわち $H^n(-1)$ は双曲空間 (hyperbolic space) とよばれる．双曲空間については，2次元の場合について第5章で説明する.

次に，曲率テンソルの局所座標表示について考える．局所座標近傍 $(U, \varphi, \{x^i\}_{i=1}^n)$ に対し，$(\partial_i)_p = \left(\dfrac{\partial}{\partial x^i}\right)_p$ は接空間 T_pM の基底の元であった．以下，M の点 p の表示は省略する.

$$R(\partial_i, \partial_j)\partial_k = \sum_{\ell=1}^{n} R_{ijk}^{\ell}\partial_\ell$$

とおく．右辺の係数 R_{ijk}^{ℓ}[52]は，定義式 (2.12) に基づく計算により，クリストッフェルの記号 Γ_{ij}^k を用いて

$$R_{ijk}^{\ell} = \Gamma_{jk,i}^{\ell} - \Gamma_{ik,j}^{\ell} + \sum_{m=1}^{n}(\Gamma_{im}^{\ell}\Gamma_{jk}^{m} - \Gamma_{jm}^{\ell}\Gamma_{ik}^{m}) \tag{2.13}$$

とあらわされる．ここで $\Gamma_{jk,i}^{\ell} = \dfrac{\partial\Gamma_{jk}^{\ell}}{\partial x^i}$ である．この式と先に述べた Γ_{ij}^k の g_{ij} による表示 (2.11) と合わせると，R_{ijk}^{ℓ} は g_{ij} の2階微分までを用いてあらわさ

[50] 正確には，正規直交基底に関する曲率テンソルの成分である.
[51] p.61，「完備性」参照.
[52] これも曲率テンソルとよばれる.

れる非線形な量であることがわかる.

特に2次元の場合に上の式を用いて断面曲率 K_M を計算すると $R_{ijk\ell} = \sum_{m=1}^{n} g_{m\ell} R^m_{ijk}$ で定義すれば

$$K_M = \frac{R_{1221}}{g_{11}g_{22} - g_{12}^2} \tag{2.14}$$

となる. これはガウス驚愕の定理でのガウス曲率の表示式 (1.5) と一致する. ただし, $E = g_{11}$, $F = g_{12}$, $G = g_{22}$, $u = x^1$, $v = x^2$ である.

ガウス曲率の内在的表示 (1.5) とリーマン幾何学　(古典的) 曲面論と (現代的) リーマン幾何学を結びつける意味で重要と思われるので, ガウス曲率の定義式 $K = \dfrac{LN - M^2}{EG - F^2}$ と式 (2.14) の右辺が一致することについて, その概略を説明する.

まず, 例 2.17 で定義した3次元ユークリッド空間 $\mathbb{R}^3$ の接続 D と例 2.18 での曲面にそれから誘導されたリーマン接続 ∇ を思い出しておく. このとき曲面 M の点 $\mathbf{p}$ のパラメーター表示

$$\mathbf{p} = \mathbf{p}(u, v) = \mathbf{p}(x^1, x^2)$$

に対し, パラメーター $(u, v) = (x^1, x^2)$ は M の局所座標と見なすことができる. すなわち, 曲面論での接ベクトル (左辺) と多様体論での接ベクトル (右辺) のそれぞれの表示を用いると

$$\mathbf{p}_i := \mathbf{p}_{x^i} = \frac{\partial}{\partial x^i} = \partial_i \quad (i = 1, 2)$$

とかける. さらに2階微分も

$$\mathbf{p}_{ij} = D_{\partial_j}\partial_i = \nabla_{\partial_j}\partial_i + h_{ij}\mathbf{e}$$

とあらわされる. ただし, h_{ij} は第二基本形式の係数である. 第1章の曲面論の用語では

$$L = h_{11}, \quad M = h_{12} = h_{21}, \quad N = h_{22}$$

である. また2番目の等号は例 2.18 で説明したように $\nabla_{\partial_j}\partial_i$ は $\mathbf{p}_{ij} = D_{\partial_j}\partial_i$ の

接平面への直交射影の像であることによる．

次に

$$0 = \mathbf{p}_{221} - \mathbf{p}_{212} = \partial_1(\nabla_{\partial_2}\partial_2 + h_{22}\mathbf{e}) - \partial_2(\nabla_{\partial_1}\partial_2 + h_{12}\mathbf{e})$$

であるが，$\displaystyle\sum_{k=1}^{2} R^k_{122}\partial_k = \nabla_{\partial_1}\nabla_{\partial_2}\partial_2 - \nabla_{\partial_2}\nabla_{\partial_1}\partial_2$ より，上の式を接平面成分に制限すると

$$\begin{aligned} 0 &= \nabla_{\partial_1}\nabla_{\partial_2}\partial_2 - \nabla_{\partial_2}\nabla_{\partial_1}\partial_2 + h_{22}\mathbf{e}_1 - h_{12}\mathbf{e}_2 \\ &= \sum_{k=1}^{2} R^k_{122}\partial_k + h_{22}\mathbf{e}_1 - h_{12}\mathbf{e}_2 \end{aligned}$$

を得る．ここで $\mathbf{e}_i \cdot \mathbf{e} = 0$ を用いた．さらにこの式の両辺と ∂_1 との内積をとれば，$h_{ij} = -\mathbf{e}_i \cdot \partial_j$[53)] であるから

$$0 = \sum_{k=1}^{2} R^k_{122} g_{k1} - h_{22}h_{11} + h_{12}^2 = R_{1221} - (LN - M^2)$$

が得られる．これより $K_M = K$ が示され，ガウス曲率の内在的表示式として式(2.14)の左辺が選べた．さらにこれはクリストッフェルの記号の表示式(2.11)と曲率テンソルの局所座標表示(2.13)により計算できる．以上の計算は，記号は異なるが実質的に式(1.5)の証明を与えている．すなわち，第1章の終わりで述べたようにガウスが「長い暗闇をさまよった後，ようやく導いた」と述べている計算が現代的観点から整備できたことになる．

2.4.6　測　地　線

本項は，朝倉書店発行の幾何学入門事典[35]の筆者担当部分と重複している部分も多いことをお断りしておく．

53) まず $\mathbf{e}_i = \dfrac{\partial \mathbf{e}}{\partial x^i}$ である．また $\mathbf{p}_j \cdot \mathbf{e} = 0$ の両辺を x^i で偏微分すれば，$\mathbf{p}_{ij} \cdot \mathbf{e} + \mathbf{p}_j \cdot \mathbf{e}_i = 0$ となるが，左辺第1項は h_{ij} であるから，$h_{ij} = -\mathbf{p}_j \cdot \mathbf{e}_i = -\mathbf{e}_i \cdot \partial_j$ を得る．

測地線の定義

リーマンの講演では，重要な概念として測地線についても述べられている．測地線はユークリッド幾何学における直線，線分のリーマン幾何における対応物である．M 上の曲線 $c : [a, b] \to M$ の接ベクトル $c'(t)$ が測地線であるとは条件

$$\nabla_{c'(t)} c'(t) = 0$$

で定義される．この条件は「曲線に沿って接ベクトルが平行である」ということであり，ユークリッド幾何学で直線が“真っ直ぐに進む”ことの一般化である．この式は M の局所座標系 $\{x^i\}_{i=1}^n$ を用いて，次の常微分方程式

$$\frac{d^2 c^i(t)}{dt^2} + \sum_{i,j} \Gamma^i_{jk}(c(t)) \frac{dc^j(t)}{dt} \frac{dc^k(t)}{dt} = 0 \quad (i = 1, \ldots, n) \tag{2.15}$$

であらわされる．この式は平行条件をあらわす常微分方程式 (2.6) において $X^i = \dfrac{dc^i}{dt} = c^{i\,\prime}$ で置き換えたものであり，$c^i(t)$ に関する 2 階非線形常微分方程式 (nonlinear ordinary differential equation of second order)[54)]である．常微分方程式の基本定理 (fundamental theorem of ordinary differential equations) より，与えられた M の点 p および接ベクトル $v \in T_pM$ に対し，それらを初期値とする測地線 $c_v(t)$ が唯一つ（局所的に）存在することがわかる．このことを用いて指数写像 (exponential map) $\exp_p : T_pM \to M$ を $\exp_p(v) = c_v(1)$ により定義する．常微分方程式の解の一意性より $c_{av}(t) = c_v(at)$ が成立するので，$\exp_p(tv) = c_v(t)$ が成立することに注意する．

曲線の長さとエネルギー

次に，測地線と曲線の長さ (length)，エネルギー (energy) との関連について説明する．曲線のエネルギーについてはリーマンの講演ではまったく登場しないが，長さとセットにして考察できるので，ここで一緒に紹介する．長さとエネル

54) $\dfrac{dc^i}{dt}$ に関する 2 次の項が含まれるため非線形である．

ギーを比較するとエネルギーの方が解析的に扱いやすい部分がある[55].

M 上の C^∞ 級曲線 $c\colon [a,b] \to M$ の接ベクトルのノルム

$$|c'(t)| = \sqrt{g_{c(t)}(c'(t), c'(t))}$$

を用いて，c の長さ $L(c)$ およびエネルギー $E(c)$ が

$$L(c) = \int_a^b |c'(t)|\,dt, \quad E(c) = \frac{1}{2}\int_a^b |c'(t)|^2\,dt$$

で定義される．さらに，これらに伴い，曲線の弧長 $s(t)$ も定義される．もし $c'(t) = 0$ となるような t が存在しなければ，$c(t) = c(t(s)) = c(s)$ とあらためて弧長でパラメーター表示することができる．

今，$p = c(a)$ と $q = c(b)$ を結ぶ曲線 $c(t)$ が測地線であれば，エネルギー E を p と q を結ぶ曲線全体 $\Lambda_{p,q}$ 上の関数と見れば $c(t)$ がその臨界点 (critical point) を与えることがわかる．実際，$c(t)$ の両端点を固定した任意の変分 (variation)

$$\alpha(t,s) = c_s(t) : [a,b] \times (-\varepsilon, \varepsilon) \to M,$$

$$\alpha(t,0) = c_0(t) = c(t), \quad \alpha(a,s) = p, \quad \alpha(b,s) = q$$

に対し，

$$\left.\frac{d}{ds}\right|_{s=0} E(c_s) = 0$$

が成立する．逆に，エネルギー関数の臨界点を与える曲線は測地線である．以下，これらについて説明しよう．

まず曲線 c に沿う変分 c_s の変分ベクトル場 (variational vector field) $X(t)$ を $X(t) = \left.\frac{\partial}{\partial s}\right|_{s=0} c_s(t)$ で定義すると，第一変分公式 (the first variational formula)

$$\left.\frac{d}{ds}\right|_{s=0} E(c_s) = -\int_a^b \langle \nabla_{c'(t)} c'(t), X(t)\rangle\,dt$$

[55] 例えば閉測地線 (closed geodesic) の存在問題を議論する際，変分法 (variational method) やモース理論 (Morse theory) が使われるが，そこにあらわれる汎関数 (functional) としてはエネルギーが用いられることが多い．その理由の 1 つとして，長さ最小の曲線，エネルギー最小の曲線の軌跡は一致するが，前者の場合，曲線のパラメーターがその弧長に比例する場合のみが測地線であり，長さは曲線のパラメーターづけには依存しないのでその分の不定性が残る一方，後者においてはパラメーターも込めて決まることが挙げられる．

が成立する．この式の証明は以下の計算から得られる．まず式 (2.7), (2.10) より

$$\begin{aligned}\frac{d}{ds}E(c_s) &= \frac{1}{2}\int_a^b \frac{d}{ds}\left\langle \frac{\partial\alpha}{\partial t}, \frac{\partial\alpha}{\partial t}\right\rangle dt \\ &= \int_a^b \left\langle \nabla_{\frac{\partial\alpha}{\partial s}}\frac{\partial\alpha}{\partial t}, \frac{\partial\alpha}{\partial t}\right\rangle dt = \int_a^b \left\langle \nabla_{\frac{\partial\alpha}{\partial t}}\frac{\partial\alpha}{\partial s}, \frac{\partial\alpha}{\partial t}\right\rangle dt \\ &= \int_a^b \left\{\frac{d}{dt}\left\langle \frac{\partial\alpha}{\partial s}, \frac{\partial\alpha}{\partial t}\right\rangle - \left\langle \frac{\partial\alpha}{\partial s}, \nabla_{\frac{\partial\alpha}{\partial t}}\frac{\partial\alpha}{\partial t}\right\rangle\right\} dt \\ &= -\int_a^b \langle \nabla_{c'(t)}c'(t), X(t)\rangle\, dt + \langle c'(b), X(b)\rangle - \langle c'(a), X(a)\rangle\end{aligned}$$

が得られる．さらに，今考えているのは両端を固定する変分であり，したがって $X(a) = X(b) = 0$ が成立するので，右辺の第 2 項，第 3 項は 0 である[56)].

次に，c_s を p と q を結ぶ曲線全体の空間の中での変分で $c = c_0$ が測地線となるものとすれば，$\nabla_{c'(t)}c'(t) = 0$ であるから，第一変分公式から c は E のこの空間内での臨界点となる．

逆に c がこの空間での E の臨界点とする．曲線 c に沿うベクトル場 $X(t) = f(t)\nabla_{c'(t)}c'(t)$[57)]に対し，$\alpha(t,s) = c_s(t) = \exp_{c(t)}(sX(t))$ とすれば，これは $c_0 = c$ を満たす両端を固定する変分であり，$X(t)$ はその変分ベクトル場である．第一変分公式にこの $X(t)$ を代入すれば，右辺の被積分関数は非負なので $f(t)\nabla_{c'(t)}c'(t) = 0$ が得られ，$\nabla_{c'(t)}c'(t) = 0$ が導かれる．

長さ関数 L に関する両端を固定した場合での第一変分公式は以下のものであり，測地線は端点 p, q を結ぶ，弧長に比例するパラメーターを持つ C^∞ 級曲線全体の空間内の L の臨界点として特徴づけられることも知られている．

$$\left.\frac{d}{ds}\right|_{s=0} L(c_s) = -\int_a^b \left\langle \nabla_{c'(t)}\left(\frac{c'(t)}{|c'(t)|}\right), X(t)\right\rangle dt.$$

測地線の局所最短性 (local minimality)

測地線は局所的に最短線であること，すなわち，「$v \in T_pM$ が十分小さいとき測地線 $c_v(t) = \exp_p(tv)$, $t \in [0,1]$ は p と $q = c_v(1) = \exp_p(v)$ を結ぶ曲線

56) より一般の第一変分公式は，この 2 つの項を含む形となる．

57) $f(t)$ として $f(a) = f(b) = 0$ を満たす $[a,b]$ 上の非負 C^∞ 級関数を 1 つ選ぶ．

のうち，最も長さが短い唯一の曲線である」ことについての証明の概略を述べる[58]．

まず準備として「p の十分小さな近傍 U の中で $c_v(t)$ は超曲面 $\{\exp_p(v) \mid |v|$ は十分小さな正の定数$\}$ と直交する」ことを示そう．そのためには，$s \mapsto v(s)$ を $|v(s)| = |v|$ を満たす T_pM 内の曲線とし，$f(t,s) = \exp_p(tv(s))$ とおくとき，$|v|$ が十分小さければ，$\dfrac{\partial f}{\partial t}$ と $\dfrac{\partial f}{\partial s}$ が直交することを示せばよい．さて，式 (2.10) より

$$\frac{\partial}{\partial t}\left\langle \frac{\partial f}{\partial t}, \frac{\partial f}{\partial s}\right\rangle = \left\langle \nabla_{\frac{\partial f}{\partial t}} \frac{\partial f}{\partial t}, \frac{\partial f}{\partial s}\right\rangle + \left\langle \frac{\partial f}{\partial t}, \nabla_{\frac{\partial f}{\partial t}} \frac{\partial f}{\partial s}\right\rangle$$

が成り立つ．次に，$t \mapsto f(t,s)$ は測地線であるから右辺第1項は0であり，また第2項は，$\left|\dfrac{\partial f}{\partial t}\right| = |v(s)| = |v|$ より

$$\text{右辺第 2 項} = \left\langle \frac{\partial f}{\partial t}, \nabla_{\frac{\partial f}{\partial s}} \frac{\partial f}{\partial t}\right\rangle = \frac{1}{2}\frac{\partial}{\partial s}\left\langle \frac{\partial f}{\partial t}, \frac{\partial f}{\partial t}\right\rangle = 0$$

となる．したがって $\left\langle \dfrac{\partial f}{\partial t}, \dfrac{\partial f}{\partial s}\right\rangle$ は t によらず，また $f(0,s) = p$ より $\dfrac{\partial f}{\partial s}(0,s) = 0$ であるから，$\left\langle \dfrac{\partial f}{\partial t}, \dfrac{\partial f}{\partial s}\right\rangle$ は恒等的に0である．

次に，U 内の p と $c_v(1) = \exp_p(v) = q$ を結ぶ曲線 $c(s)$, $s \in [a,b]$ は，$c(s) = f(t(s),s) = \exp_p(t(s)v(s))$, $t(a) = 0$, $t(b) = 1$ と書けることに注意する．$\dfrac{dc}{ds} = \dfrac{\partial f}{\partial t}t'(s) + \dfrac{\partial f}{\partial s}$ の右辺第1項と第2項は直交する[59]ので，$\left|\dfrac{dc}{ds}\right| \geq \left|\dfrac{\partial f}{\partial t}\right| |t'(s)| = |v(s)|\,|t'(s)| = |v|\,|t'(s)|$ が得られる．あとはこれを積分すれば $L(c) \geq |v|\,|t(b) - t(a)| = L(c_v)$，つまり $c_v(s) = \exp_p(t(s)v)$ は p と q を結ぶ U 内の曲線の中では最短線であることがわかる．U 内に c が含まれない場合についても，もう少し議論をすれば同様の結論を得られることがわかる．最短線の一意性は指数写像 $\exp_p$ の原点における微分写像が恒等写像であることと逆関数定理より導かれる．

---

[58] ここでの議論は [53] による．

[59] この事実はガウスの補題（Gauss lemma，あるいは Gauss' lemma）とよばれることもある．ただし，ガウスの補題とよばれる命題は，多項式の既約性に関するものなど他にも複数ある．

測地線の例

(1) ユークリッド空間 $(\mathbb{R}^n, g = (dx^1)^2 + \cdots + (dx^n)^2)$：例 2.17 より $g_{ij} = \delta_{ij}$ および $\Gamma_{ij}^k = 0$ であるので，測地線に関する微分方程式 (2.15) は $\dfrac{d^2c^i(t)}{dt^2} = 0$ となる．この解は 1 次関数であるから，測地線は線分となる．

(2) 2 次元標準球面 (standard sphere) (S^2, g_0)[60)]：測地線は大円 (great circle) の一部である．このことは，式 (2.11) を用いて Γ_{ij}^k を計算し，常微分方程式 (2.15) の解を求めてもわかるが，ここでは別の方法で直観的に示そう．S^2 上の 2 点 p, q が十分近いとし，これら 2 点と S^2 の中心を通る平面での折り返し変換 I を考える．I は距離を保つ変換であり，したがってリーマン計量も保つので測地線を測地線にうつす．$I(p) = p$, $I(q) = q$ であり，これらを結ぶ測地線 γ がもし I の不動点の集合に含まれないとすれば，これは $I(\gamma)$ と異なるはずであるが，これは十分短い測地線の局所一意性に反する．したがって測地線は I の不動点集合，すなわち大円に含まれる．長い測地線も短い測地線をつなげてできるので，大円に含まれることがわかる．p, q が対蹠点（S^2 の直径の両端の点）でない場合，これらを結ぶ最短線はただ 1 つであることが知られているが，最短線でない測地線は無限個ある（p から出発して大円を何周か回った後 q に到達すればよい）．

(3) 双曲平面 (hyperbolic plane)：この場合は 5.5.2 項参照．

完備性

上で述べたように常微分方程式の解の存在定理より，与えられた点 $p \in M$ と接ベクトル $v \in T_pM$ を初期値とする測地線が局所的に存在することはわかるが，一般には測地線はどこまででも延長できるとは限らない．実際ユークリッド空間内の半径 1 の球体（球の内部）B をリーマン多様体と考えればその中心を出発点とする半直線は測地線であるが，この測地線はそのうち B から飛び出すので，B 内の曲線としては $\mathbb{R}$ 全体では定義できない．以下での議論では，測

[60)] 3 次元ユークリッド空間内の半径 1 の球面．

地線が $\mathbb{R}$ 上定義できる場合について考察する．リーマン多様体 $M = (M, g)$ が（測地的に）完備 ((geodesically) complete) であるとは，「すべての測地線が $\mathbb{R}$ 全体で定義される，つまり限りなく延長できることである」と定義される．これに関しては次のホップ・リノウ (Hopf-Rinow) の定理が知られている．

定理 2.20

連結リーマン多様体 M に対し，次の5条件は互いに同値である．

(i) M は完備である．

(ii) M の1つの点 p を通るすべての測地線は $\mathbb{R}$ 全体で定義される．

(iii) M に2点間の距離（リーマン距離 (Riemannian distance)）をその点を結ぶ曲線の長さの下限で定義するとき，M の1つの点 p に対し，p を中心とする閉球体，すなわち p からの距離がある定数以下である点の集合はすべてコンパクトである．

(iv) M のすべての閉球体はコンパクトである．

(v) M はリーマン距離に関して完備距離空間 (metric space)[61)]である．

この定理の系として，M がコンパクトならば完備であることが得られる．さらに，M が完備であれば，M の任意の2点を結ぶ最短測地線 (shortest geodesic) が存在することが知られている．

第二変分公式

第一変分公式はエネルギー関数 E の1階微分であるが2階微分にあたる第二変分公式 (the second variational formula) も知られている．両端が固定された曲線の変分 c_s の場合，c_s の臨界点 $c_0 = c$ におけるエネルギー関数 E の第二変分公式は次で与えられる．曲線 $c = c_0$ が E の臨界点であるとき

---

61) 距離空間およびリーマン距離については定義 4.1 およびその直後の段落の説明参照．また「距離空間 (X, d) が完備である」とは，「距離 d に関する任意のコーシー点列 $\{p_n\}_{n=1}^{\infty} \subset X$ が収束する，すなわち $\lim_{n,m\to\infty} d(p_n, p_m) = 0$ を満たせば，$\lim_{n\to\infty} d(p_n, p) = 0$ を満たす点 $p \in X$ が存在する」こととして定義される．

$$
\begin{aligned}
&\left.\frac{d^2}{ds^2}\right|_{s=0} E(c_s) \\
&\quad = \int_a^b \left(\left\langle \nabla_{c'(t)} X(t), \nabla_{c'(t)} X(t) \right\rangle - \langle R(X(t), c'(t))c'(t), X(t) \rangle \right) dt
\end{aligned}
$$

が成立する．ここで R は曲率テンソルである．両端を固定しない，より一般の変分の場合は，両端の動く範囲である部分多様体の第二基本形式に関する項が現れる．さらに長さ関数 L の第二変分公式も知られている．

2.4.7 多様体の計量関係は，曲率によって決まるか？

最後にリーマンの重要な言明「多様体の計量関係は，曲率によって完全に決定されている[62)]」に関して説明する．

この解釈が問題であるが，まず「断面曲率を保つ C^∞ 写像はリーマン計量を保つ写像（等長写像 (isometry)）であるか？」と解釈する．C^∞ 級写像 $f : M \to N$ が断面曲率を保つとは，各点 p において T_pM の任意の 2 次元部分空間 P での断面曲率 $K(P)$ が，P の d_pf の像での断面曲率 $K(d_pf(P))$ と一致することであり，また f が等長 (isometric) であるとは，M のリーマン計量 g と N のリーマン計量 h の f による引き戻し計量 f^*h が一致することと定義する．ここで $(f^*h)_p(u,v) = h_{f(p)}(d_p(u), d_p(v))$, $u, v \in T_pM$ である．この問題は，定曲率空間においてはすべての微分同相写像は断面曲率を保つので明らかに否定的であるが，そうでない場合はほとんど正しいが反例もある．すなわち，4 以上の次元のリーマン多様体が定曲率ではない場合は，等長性がクルカルニ (Kulkarni) [292] によって示されている．他方 2, 3 次元では反例が知られている．

もう 1 つの解釈は「曲率テンソルを保つ C^∞ 級写像は，等長写像か？」という形の問いであるが，これについては，ベルジェ (Berger) のリーマン幾何学に関する総合報告 [102] によれば現在でも完全には解明されていない未解決問題とのことである[63)]．

62) リーマンの講演 2.3.1 節の項目 4 参照．

63) 注意 2.19 には，断面曲率から曲率テンソルが決まると書かれているので，上の 2 つの問題が同値に見えるかもしれない．しかし，例えば 2 つの多様体の間に断面曲率を保つ写像が存在すれば，注意 2.19 により，それぞれの正規直交基底に関する曲率テンソルの成分の間には対応があるが，この写像が正規直交基底を正規直交基底に移すとは限らないので，この写像が曲率テンソルを保つことは直ち

では,「リーマンの言明は,正しくないか?」ということにもなるが,次のように考えれば正しいことがわかる.同じ次元の2つのリーマン多様体 M, N のそれぞれの点 $p \in M$ の近傍 U と, $q \in N$ の近傍 V の間の標準的写像として, p における指数写像 $\exp_p^M$ の逆写像,接空間 T_pM と T_qN の間の内積を保つ線形同型写像 I, q における指数写像 $\exp_q^N$ の合成写像 $\Phi = \exp_q^N \circ I \circ (\exp_p^M)^{-1} : U \to V$ が考えられる.この写像 Φ が断面曲率を保つことと等長であることは,ヤコビ場 (Jacobi field) を用いた議論により示すことができる[64].

なお,リーマンの講演中に「計量関係を規定するためには,各点において,その曲率が互いに独立であるような $n(n-1)/2$ 個の面の方向において曲率が0であることを示せば十分である」という言明もあるが,この部分はリーマンの些細なミス[65]で,ディ・スカラ (Di Scala) [169] により上の条件を満たしていても平坦でない例が構成されている.

2.5　リーマンの教授資格取得講演 III

III. 空間への応用

1.

n 重延長量の計量関係の決定についてのこれらの研究に従うとき,線の長さが位置から独立であることと,2次の微分式の平方根によって線素の長さが表現可能であることが前提される場合,したがって,微小部分での平坦性が前提される場合,空間の計量関係の決定のために十分かつ必要な諸条件があげられる.

これらの条件は,まず第一に,各点において三つの方向で曲率が0に等しいと表現される.つまり,三角形の内角の和がいたるところ2直角に等しい場合,空間の計量関係は決定されてしまうことになる.

には結論できない.

64) 本章の冒頭で引用したワイルの解説ではこのことと実質的に同じことをリーマンは述べている(リーマンの講演 II,4節の終わりの段落参照)とし,その解説をしている.また,この事実の現代的証明は例えば [133] にある.そこではこの事実の大域版であるカルタン・アムブローズ (Ambrose)・ヒックス (Hicks) の定理についても言及されており,その証明中でこの事実は示されている.

65) 例えば注意 2.19 で述べたことを用いれば少なくとも1つの修正案は得られる.

しかし第二に，位置から独立に線が存在することだけでなく，エウクレイデスのように，位置から独立に立体が存在することを前提するとき，曲率はいたるところ一定で，一つの三角形の内角の和が決められた場合，すべての三角形の内角の和が決定されることになる．

そして第三に，線の長さが位置と方向から独立と前提するかわりに，線の長さと方向が位置から独立と前提することができるであろう．このような解釈に従えば，位置変化あるいは位置の相違は，3 個の独立な単位で表現可能な複合量である．

2.

これまでの考察で，まず延長関係，つまり領域関係が計量関係から区別され，同じ延長関係のものに異なる計量関係が想定されうることが見出された．次いで，空間の計量関係を完全に決定し，そのような計量関係についてすべての命題がそこからの必然的結論であるような，単純な計量規定の様々なシステムが探求された．

しかし，これら諸前提が，どのようにして，どの程度，どのような範囲で経験によって保証されるのか，といった問題を解明することが残っている．この問題との関連で，単なる延長関係と計量関係の間には本質的な差がある．すなわち，その可能な場合が離散的多様体をなす延長関係というものについては，経験の言明であるから完全に確実ということは決してないのであるが，それでも不正確でない．

他方，その可能な場合が連続な多様体をなす計量関係というものについては，経験からおこなうどのような規定も正確ではありえない．そのような規定がほぼ正しいという蓋然性は大きいとしても，つねに不正確なのである．

この事情は，観測の限界を超えて計測不能なほど大きいものや小さいものへと経験的規定を拡張する際，重要になる．というのも，計量関係は，観測の限界の彼岸ではますます不正確になるかもしれないが，単なる延長関係はそうではないからである．

空間の構成を計測不能なほど大きいものへと拡張する場合，無限界性［境界がないこと］と無限性［体積が無限であること］とは区別されるべきである．無限界性は延長関係に属し，無限性は計量関係に属する．空間が無限界の3重延長多様体であるということは，外界を把握する際，つねに用いられる前提である．この前提に従って，現実の知覚の領域は各瞬間に補われるし，求められた対象の可能な位置も構成される．

そして，このように適用されることで，この前提はたえまなく確認される．したがって，空間の無限界性は，他のどのような外的経験よりも大きな経験的確実性をもつのである．しかしこのことから，空間の無限性は決して出てこない．むしろ，位置から独立に物体が存在するということを前提する場合，したがって，空間が定曲率をもつ場合，この曲率がどんなに小さくても正の値ならば，この空間は必然的に有限になるであろう．一つの面素の中にある始点から出るすべての最初の方向を，最短線に沿って延長するとき，正の定曲率を備えた，ある無限界の曲面を得ることになる．それゆえ，ある平坦な三重延長多様体の中で，球面の形をとり，したがって有限な一つの曲面を得ることになる．

3.

計測不能なほど大きなものについての諸問題は，自然の解明にとって無意味なものである．計測不能なほど小さいものについての問題に関しては，事情が異なる．現象の因果連関の認識は，我々が現象を無限小まで追跡する際の精度に，本質的に依存するのである．この何世紀かの機械的自然の認識における進歩は，ほとんどもっぱら，無限小解析の発見と，アルキメデス，ガリレオ，ニュートンによって発見され今日の物理学が用いている単純な根本的諸概念とによって可能となった構成の精度によるものである．しかし，このような構成のための根本的諸概念をいまにいたるまで欠如させている自然諸科学では，因果連関を認識するために，顕微鏡が許す範囲で，空間的に微小な領域へと現象を追跡する．したがって，計量不能なほど小さい空間領域の計量関係についての問題は，無意味ではないのである．

位置から独立に物体が存在すると前提するなら，曲率はいたるところ一定で，天文学の測定から，それは0とはそれほど異ならないということになる．いずれにせよ，この曲率の逆数を曲率半径とする曲面に比べれば，我々の望遠鏡で見られる範囲は無に等しいほどになるはずである．しかし，そのような，物体の位置からの独立性が前提できない場合，大域的なところでの計量関係から，無限小の世界での計量関係を導きだすことはできない．このとき，計量可能な空間の各部分の曲率の総体がそれほど 0 と異ならないというだけの場合，曲率は各点で 3 方向に任意の値をもつことができる．線素が 2 次の微分式の平方根によって表現されるという前提が成り立たない場合，いっそう複雑な諸関係が出てくるかもしれない．ところで，空間の計量規定の基礎になっている経験的概念の，剛体概念や光線概念は，無限小においてその妥当性を失うように思われる．そうだとすると，無限小における空間の計量関係が幾何学の諸前提に従っていないということも十分考えられる．そして，そう考えることによって，現象がより単純に説明されるならば，実際に，幾何学の諸前提に従っていない，そのようなことを仮定しなくてはならない．

無限小における幾何学の諸前提の妥当性についての問題は，空間の計量関係の内的根拠を求める問題と関係する．後者の問題はおそらくなお空間論のうちに入れてもよいのであろうが，ともかくこのような問題では，計量の原理は，離散的多様体ではこの多様体の概念のうちにすでに含まれており，連続的多様体では多様体の他のどこかから付け加えられなければならないという先ほどの注意が適用される．そこで，空間の基礎にある現実のものが離散的多様体をなすか，あるいは，計量関係の根拠が外側に，すなわち空間の基礎にある現実のものに作用してこれらを結合させる諸力のうちに求められねばならぬかのいずれかなのである．

いずれであるかという，この問題の解決は，ニュートンが基礎をおいたような，経験によって検証された，これまでの現象解釈から出発し，これから説明されない諸事実に駆り立てられて，これを徐々に修正することによってのみ可能なのである．ここでおこなわれたような一般的諸概念から出発する研究というのはただ，研究が諸概念の制約によって妨げられず，事物の連関の認識における進歩が伝統的先入観によって阻まれないという点で役立つものである．

これは，もう一つ別の学問，すなわち物理学の領域へと越境するよういざなう．しかしそれは，本日のこの講演の性質上，許されない．

［山本敦之　訳］

([64, pp.304-307] より許可を得て転載)

2.6 解　説　3

ここでは，現実の空間に対するリーマンの考えを述べているように思われるが，あくまで可能性への言及であり，ここでの言明のその後の自然科学への影響については計りかねるように思われるので，数学的部分についてのみ言及する（もちろんリーマン幾何学がその後，一般相対性理論において重要な役割を果たすことはよく知られているわけであるが…）．

第1節は「線の長さが位置から独立であることと，2次の微分式の平方根によって線素の長さが表現可能であることが前提される場合」と述べているが，この条件は，「線の長さが位置から独立」を「任意の2点に対し，それぞれの点の近傍で互いに等長なものが存在する」と解釈すれば，「2次の微分式の平方根によって線素の長さが表現可能であること」は線素がリーマン計量より決まるという条件に他ならないので，これは現在では局所等質空間 (locally homogeneous space) とよばれるリーマン多様体であることを意味する．さらにその中で平坦性（断面曲率が0）を持つ場合の条件について述べている．

(1) 三角形の内角の和が180度であること．これは例えばガウス・ボンネの定理から平坦性の必要十分条件であることが導かれる．
(2) ここでの条件は可動性の公理 (axiom of mobility) とよばれ，また互いの同じ距離（辺の長さ）を持つ3点同士が互いに等長写像により移りあうという意味で3点等質性 (three points homogeneity) ともよばれる条件である．これも定曲率空間（断面曲率が一定のリーマン多様体）の特徴づけの1つとして知られている．
(3) ここで述べられた条件「線の長さが位置と方向から独立」，あるいは「線の長さと方向が位置から独立」が，定曲率空間の特徴づけを与えるものであることは比較的容易に示される．

第2節においては「空間の構成を計測不能なほど大きいものへと拡張する場合，無限界性［境界がないこと］と無限性［体積が無限であること］とは区別されるべきである」と述べられているが，その中でも例示されている正の定曲率空間は単連結ならば球面であり，両者の違いは明らかといえる．

以上により「計測不能なほど大きなものについての諸問題は，自然の解明にとって無意味」とする一方,「計測不能なほど小さいものについての問題については事情が異なる」とし,実際の空間が離散空間である可能性についても指摘している.一方,連続である場合そのリーマン計量がどのように決まるかについては「物理学の領域へと越境するよういざなう」としているが,どちらかであるかを含めその先については言及していない.

2.7 リーマン幾何学のその後

リーマン幾何学および微分幾何学 (differential geometry) のその後の発展については,非常に多くの発見が多岐にわたってなされているが,ここではこれらについてほとんど述べることはできない.しかし,最近,関連する大変興味深いオンライン講演が,微分幾何学の著名な研究者の一人であるヤウ (Yau) [427] によって行われているので紹介する.なお,第4章では大域リーマン幾何学の現状について解説するが,以下の講演とはほぼ重複していない.

Shing-Tung Yau: Shing Shen Chern as a Great Geometer of 20th Century

この内容は,20 世紀の幾何学の巨人であるチャーン (Chern) の業績の紹介であるが,前半は微分幾何学の発展の歴史に関するサーベイ（survey,概説ともいう）であり,大変興味深い.

なお,この講演は,現代数学の基本的な様々な業績を紹介するセミナーシリーズ

Math-Science Literature Lecture Series

`https://cmsa.fas.harvard.edu/event_category/math-science-literature-lecture-series/`

の第1回のもので,その後も著名な数学者,物理学者によりすばらしい講義が行われており,そのビデオやスライドを見ることができる.

Georg Friedrich Bernhard Riemann

第3章 リーマン多様体の埋め込み

前章で見たように古来の“空間”とはユークリッド空間であり，幾何学の対象はユークリッド空間およびその中の曲線，曲面であった．その後，ガウスおよびリーマンにより，ユークリッド空間という“入れ物”の存在を仮定しない，内在的対象として“多様体”あるいは計量構造も含めた“リーマン多様体”という新しい立場からの幾何学が創出された．

すると，今度は逆にそれらの対象と，ユークリッド空間内の曲面およびその一般化である部分多様体との相違が自然な問題として浮かび上がる．この問題は“多様体の実現の問題”ともよばれ，様々な形で考察されている．

ここでは，次の3つの問題について概説する．1つ目の問題は，「与えられた多様体が，位相的[1]にどの程度の次元のユークリッド空間内の部分多様体として実現できるか」を問うもの（位相的埋め込みの問題）であり，2つ目は，「与えられた多様体がリーマン計量を持っている場合，すなわちリーマン多様体がどの程度の次元のユークリッド空間のリーマン部分多様体として埋め込めるか」を問うもの（等長埋め込みの問題）である．以上は基本的には埋め込みに関する存在定理であり，具体的にどのように埋め込むかについては別の考察を要する．そこで3つ目の問題として「多様体をユークリッド空間に“きれい”に埋め込む（標準的埋め込み (canonical embedding)）方法としてどのようなものが考えられるか」，あるいは「距離空間としての等距離埋め込みとは何か」などについて考える．

[1] 定義 3.1 でのはめ込みには写像の微分が用いられているので，より正確には微分位相的というべきであるが，慣用上位相的と言われる．

3.1 基礎概念：はめ込みと埋め込み

はじめに，いくつかの基本的概念について説明する．後の説明ではより高度な概念も登場する．紙幅の都合もあり，詳しい説明はしないこともあるが，それらについては専門書やWikipediaなど[2)]を参照していただきたい．なお，前章同様，本章でも基本的には考える対象は，特に断らなければ無限階微分可能すなわち C^∞ 級とし，この接頭辞は省略する．

定義 3.1

写像 $f : M \to N$ に対し，次の定義をする．

(1) f がはめ込み (immersion) とは，M の各点 p における f の微分 $d_pf : T_pM \to T_{f(p)}N$ がすべての点で単射であることである．

(2) f が埋め込み (embedding) とは，はめ込みであり，かつ単射であることである．

注意 3.2

場合によっては埋め込みの定義として，(2) に加えて M と $f(M)$ が同相という条件を付加する場合もある．ただし，ここで $f(M)$ の位相としては，N の位相からの誘導位相（部分位相）を考える．例えば，数直線 $\mathbb{R}$ から2次元トーラス $T^2 = \mathbb{R}^2/\mathbb{Z}^2$ への写像 $f : \mathbb{R} \to T^2$, $f(t) = [(t, \sqrt{2}\,t)]$ は (2) の定義では埋め込みであるが，$\mathbb{R}$ と $f(\mathbb{R})$ は同相でない．ここで $[(t, \sqrt{2}\,t)]$ は $(t, \sqrt{2}\,t)$ を含む同値類である．

例えば，曲線 $c : (a, b) \to \mathbb{R}^3, t \mapsto c(t)$ がはめ込みとは，c の接ベクトル $c'(t)$ がすべての $t \in (a, b)$ で 0 でないことである．ただし，c は自分自身との交わり，つまり自己交差があってもよい．c が埋め込みならば自己交差は許さない．図3.1 を参照されたい．

[2)] 各用語，項目ごとにURLなどは明記しないが，例えばインターネットではWikipediaの他に，Scholarpedia（専門家が執筆されている），nLab，あるいは脚注 22) で紹介する玉木 大 氏のウェブサイトなどがある．

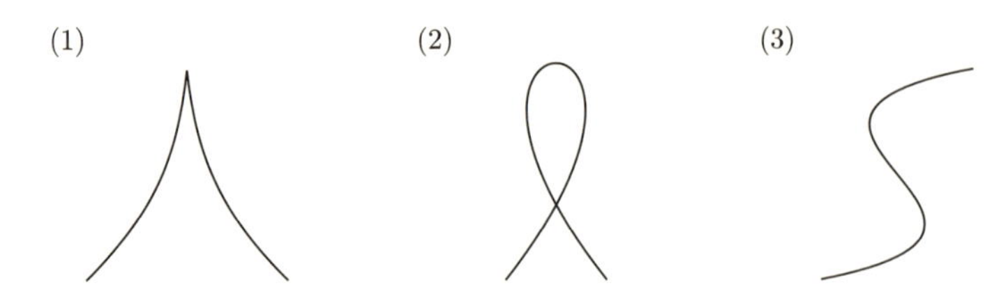

図 3.1　(1) はめ込みではない，(2) はめ込みではあるが埋め込みではない，(3) 埋め込み．

念のための注意であるが，(1) の例は角があるので，微分可能ではないのではないかと思われれた読者がいらっしゃるかもしれないが，落ち着いて考えていただければ (1) の曲線のような像を持つ C^∞ 級曲線は存在することがわかる．ただし，その場合，角の点 p において，この曲線の接ベクトルは必然的に 0 になる．そうでないと，p まで到達する曲線の接ベクトルとその後 p から出発する曲線の接ベクトルは異なるため C^∞ 級にはなりえないことになる．したがってこの曲線ははめ込みではない．

3.2　ベクトル束，ファイバー束，主束

次に今後の説明においても必要な概念であるベクトル束，ファイバー束，主束などについて説明する．

ベクトル束

定義 3.3

$(n+k)$ 次元多様体 E，n 次元多様体 M および C^∞ 級の全射 $\pi : E \to M$ が次の条件を満たすとき，$E = (E, M, \pi)$ を M 上の階数 (rank) k の (C^∞ 級) ベクトル束 (vector bundle) という．π は射影 (projection) とよばれる．

(1) M の各点 p の逆像 $\pi^{-1}(p) =: E_p$ は k 次元の実ベクトル空間 $\mathbb{R}^k$ である．このとき E_p を E の p におけるファイバー (fiber) という．また M を底空間 (base space)，E を全空間 (total space) という．

(2) （局所自明性 (local triviality)）M の各点 p に対し，それを含む開集合 U で，$\pi^{-1}(U)$ から直積位相空間 $U \times \mathbb{R}^k$ への微分同相写像 φ で，各点 $q \in U$ に対し，その点でのファイバー E_q を $\{q\} \times \mathbb{R}^k$ にうつし，かつファイバー E_q への制限 $\varphi|_{E_q}$ が線形同型写像であるようなものが存在する．

直観的にはベクトル束 E とは M でパラメーターづけされたベクトル空間の族と考えることもできる．また，上の定義において，C^∞ 級写像を連続写像，微分同相写像を同相写像で置き換えれば，位相多様体に対しても位相的な範疇でベクトル束を考えることができる．

また M の開集合 U からの写像 $s : U \to E$ で $\pi \circ s$ が U 上の恒等写像となるものを E の（U 上の）切断といい，切断 s の全体を $\Gamma(U, E)$ であらわす．ただし，$U = M$ の場合は $\Gamma(M, E) = \Gamma(E)$ と書くこともある．

多様体がユークリッド空間の開集合の局所座標変換を用いた貼り合わせと見なすことができたように，ベクトル束も貼り合わせ関数 $g_{\alpha\beta}$ を用いて構成できる．まず，底空間 M の局所座標近傍系による開被覆 (open covering) $\{(U_\alpha, \varphi_\alpha)\}_{\alpha \in A}$ を 1 つ選ぶ．次に和空間 $\bigcup_{\alpha \in \Lambda}(U_\alpha \times \mathbb{R}^k)$ に同値関係を次のように導入する．はじめに写像

$$g_{\alpha\beta} : U_\alpha \cap U_\beta \to GL(k, \mathbb{R})$$

で，各点 $p \in U_\alpha \cap U_\beta \cap U_\gamma$ に対し関係式

$$g_{\alpha\beta}(p) g_{\beta\gamma}(p) = g_{\alpha\gamma}(p)$$

を満たすものをとる．次に，点 $(p, x_\alpha) \in U_\alpha \times \mathbb{R}^k$，点 $(q, x_\beta) \in U_\beta \times \mathbb{R}^k$ の間の同値関係 $\sim$ を

$$(p, x_\alpha) \sim (q, x_\beta) \quad \Leftrightarrow \quad p = q,\ x_\alpha = g_{\alpha\beta}(p)(x_\beta)$$

で定義する．このとき全空間 E をこの同値関係による商空間 (quotient space) $\bigcup_{\alpha \in \Lambda}(U_\alpha \times \mathbb{R}^k)/\sim$ とし，射影 $\pi : E \to M$ を $\pi([(p, x_\alpha)]) = p$ とすると，ベクトル束 $E = (E, M, \pi)$ が得られる．

写像 $g_{\alpha\beta}(p)$ を変換関数とよぶが，これら全体が一般線形群 $GL(k,\mathbb{R})$ の部分群 G をなすとき，G をこのベクトル束 E の構造群 (structure group) という．

ファイバー束，主束，束写像　ファイバー束 (fiber bundle) とはベクトル束の類似物で，ファイバーがベクトル空間とは限らず，より一般の多様体であるものである．また同様に G 主束 (G-principal bundle) P とは，条件

1. ファイバーがリー群 G である，
2. G が P のファイバーを保存し，その上に自由かつ推移的に作用する，

を満たすものである[3)]．

ベクトル束 $E_1 = (E_1, M_1, \pi_1)$, $E_2 = (E_2, M_2, \pi_2)$ の間の写像 $\Phi : E_1 \to E_2$ が束写像 (bundle map) であるとは，$\pi_2 \circ \Phi = \varphi \circ \pi_1$ を満たす写像 $\varphi : M_1 \to M_2$ が存在することと定義し，この写像 Φ が微分同相であるとき，E_1 と E_2 はベクトル束として同型という．直積束 (product bundle) $M \times \mathbb{R}^k$ と同型なベクトル束を自明束 (trivial bundle) という．

引き戻しベクトル束，同伴ベクトル束　さらに，後に用いる以下の概念，写像による引き戻しベクトル束と主束に同伴するベクトル束について説明する．

まず，2つの多様体の間の写像 $f : M \to N$ および N 上のベクトル束 $E = (E, \pi, N)$ に対し，E の f による引き戻しベクトル束 (pull back vector bundle) f^*E は M 上のベクトル束で，その全空間が

$$f^*E = \{(u,p) \in E \times M \mid \pi(u) = f(p)\}$$

であり，射影 $\pi : f^*E \to M$ が $\pi(u,p) = p$ であるものとして定義される．特に，$p \in M$ 上のファイバー $(f^*E)_p$ は $E_{f(p)}$ に等しい．さらに，同様の構成を用いてファイバー束や主束の引き戻しも定義できる．

次に主束に同伴するベクトル束の定義のため群の表現 (representation) について復習する．群 G の表現 $\rho = (\rho, V)$ とは準同型写像 $\rho : G \to GL(V)$ であった．ただし，ここで V はベクトル空間，$GL(V)$ は V の線形同型変換の群であ

---

3) 条件 (1) のみ成立する場合は主束とは限らない．例えば，以下のメビウス束 (Möbius bundle) は $\mathbb{R}$ 主束ではない（…と書いているが，実はしばらく前まで筆者は誤解していた）．

る．さらに G が位相群あるいはリー群の場合は，ρ に連続性や微分可能性などの条件を付加することも多い．

G 主束 $P = (P, \pi, M)$ および G の表現 (ρ, V) に対し，P の（ρ に関する）同伴ベクトル束 (adjoint vector bundle) とは，その全空間 $E = P \times_{\rho(G)} V$ を直積 $P \times V$ の以下の同値関係 $\sim$ による商空間

$$E = P \times V/\sim, \quad (p, g, v) \sim (p', g', v')$$
$$\Longleftrightarrow p = p',\ gh = g',\ \rho(h^{-1})v = v' \text{ を満たす } h \in G \text{ が存在する}$$

により，またその射影 $\pi : E \to M$ を $\pi([(p, g, v)]) = p$ で定義することにより得られるベクトル束である．ここで $p, p' \in M$，$g, g' \in G$，$(p, g), (p', g') \in P$，$v, v' \in V$ である．特に，ρ が恒等写像のときは $E = P \times_G V$ とあらわし，単に P の同伴ベクトル束とよぶ．

ベクトル束の例　おおよその様子をつかむためベクトル束の例を挙げる．まず円周（1 次元球面）S^1 を閉区間 $[0, 1]$ の端点 0 と 1 を同一視したものと考える．S^1 上の階数 1 のベクトル束（直線束 (line bundle)）は $[0, 1]$ 上の直積束 $(E, M, \pi) = ([0, 1] \times \mathbb{R}, [0, 1], \pi)$[4)]の点 0 でのファイバー $E_0 \cong \mathbb{R}$ と点 1 でのファイバー $E_1 \cong \mathbb{R}$ を 1 次元線形同型写像で貼り合わせたものと考えることができる．このような線形同型写像は次の 2 種類の写像 g_+，g_- のどちらかに（線形同型写像という性質を保ったまま）連続変形できる[5)]．ここで $g_+(x) = x$ および $g_-(x) = -x$ である．前者 g_+ を用いて貼り合わせてできる直線束が自明束であり，後者 g_- を用いて貼り合わせてできる直線束はメビウス束とよばれる[6)]（図 3.2 参照）．

メビウス束には別の表現方法もある．多様体の重要な例として射影空間 (projective space) があるが，これについては例 2.11 で既に説明した．この射影空間上に同語反復束 (tautological bundle) とよばれるベクトル束が次のように定

[4)] ここで $\pi((x, v)) = x$ とする．また $[0, 1]$ は可縮であるので，この上のベクトル束は直積束と同型，すなわち自明束であることがわかる．

[5)] g_+，g_- のどちらかとホモトピック (homotopic) という．

[6)] メビウスの帯を紙テープで作るときと同様な構成である．

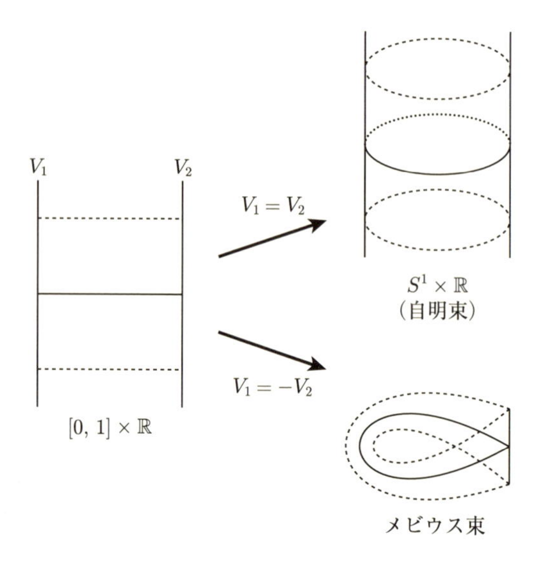

図 3.2　円周上の自明直線束とメビウス束

義される[7)]．n 次元射影空間の点 p は $n+1$ 次元ベクトル空間の原点を通る直線（1 次元部分空間）であったが，この直線を p でのファイバーと見なしたものが同語反復束である．特に $n=1$ の場合，S^1 と実射影直線 $\mathbb{R}P^1$ は微分同相であるので同一視すると，メビウス束と同語反復束は同型になる．ベクトル束の分類は，分類空間 (classifying space) とよばれる空間への写像のホモトピー類の分類に帰着されることが知られている．さらにその分類において，各ベクトル束がどの類に属するかどうかを判定する不変量は特性類 (characteristic class) とよばれる．特性類の定義方法は何通りかあるが，そのうちの 1 つにいくつかの性質を満たす量（コホモロジー類 (cohomology class)）として特徴づけるものがある．同語反復束はその際の具体的な値の基準を決めるものとして用いられる．別の例で例えれば同語反復束は，行列式の 1 つの定義方法である「行列式は正方行列に実数を対応させる関数で，行列の各列に対して多重線形かつ交代的なものとして特徴づけられるが，その値を確定させるために単位行列での値を 1 とす

[7)] 八元数射影平面に対しては同語反復束は存在しないことが知られている（岩瀬則夫氏のご教示による），[94] 参照．ただしこの文献ではホップファイバー束 (Hopf fibration) の非存在として書かれているが，このことと同語反復束の非存在の同値性は比較的簡単にわかる．

る」における単位行列に相当していると言える．

ベクトル束のその他の重要な例としては，接束 TM や各点 $p \in M$ の接空間 T_pM の双対空間である余接空間 T_p^*M をファイバーとする余接束 (cotangent bundle) T^*M，さらに余接空間のいくつかの外積をファイバーとするもの[8)]などがある．TM の切断はベクトル場 (vector field) とよばれ，また残りの 2 つのベクトル束の切断は微分形式 (differential form) とよばれる[9)]．

3.3 位相的埋め込み

多様体を位相的にとらえるということは，直観的に言えば，伸び縮みを許して変形して同じ形にできるときは同一視するということである．例えば，ドーナツの表面とコーヒーカップの表面は，どちらも穴が 1 つの境界のない曲面であるので同一視する．一方，この曲面を伸び縮みで変形しても球面にはできないので，球面とは異なる曲面と見なすということである．リーマンの講演の第 1 章において局所座標近傍を貼り合わせてできる空間という考え方が述べられているが，この構造のみに着目した実現の問題ということもできる．ただし，70 ページの脚注 1) でも言及したように，ここでは位相構造だけでなく微分構造も込めた微分位相構造の問題について考えている．なお本節については，第 2 章の最後に紹介したヤウ [427] の講演と同じシリーズのコーエン (R. Cohen) の講演 [150] が参考になる[10)]．ここでの記述も多くはそれによっている．

この問題に関する進展はホイットニー (Whitney) の 1935 年の論文 [413] に始まる．この論文は現代的な多様体の定義が定まる頃に書かれたもので，多様体という概念の普及の一翼を担っているとも言える．彼はこの論文において，n 次元閉多様体 (closed manifold)[11)]は $2n$ 次元のユークリッド空間 $\mathbb{R}^{2n}$ にはめ込み可能，また $2n+1$ 次元のユークリッド空間 $\mathbb{R}^{2n+1}$ に埋め込み可能であることを示した．

8) 5.4.1 項参照．

9) 本項の参考文献としては [33], [38], [54], [30] などがある．

10) ただし，86 ページの脚注 21) および 231 ページの脚注 4) も参照されたい．

11) コンパクトで境界を持たない多様体．

位相的埋め込み (topological embedding) はどのように構成されるかの様子を眺めるため，以下の定理を証明しよう（[151] 参照）.

定理 3.4

任意の n 次元閉多様体 M に対して，M が $\mathbb{R}^N$ に埋め込み可能であるような自然数 N が存在する.

証明　M はコンパクトなので，有限個の局所座標近傍 $\{(U_i, \varphi_i)\}_{i=1}^m$ で被覆されるが，必要なら φ_i を相似拡大することにより，各座標近傍 (U_i, φ_i) は

$$(1)\quad \overline{B_2(0)} \subset \varphi_i(U_i),$$

$$(2)\quad M = \bigcup_{i=1}^m \varphi_i^{-1}(B_1(0))$$

という条件を満たすとしてよい．ここで，$B_r(0)$ は $\mathbb{R}^n$ 内の原点を中心とする半径 r の球体の内部，つまり原点との距離が r 未満の点の集合をあらわし，また $\overline{B_r(0)}$ は $B_r(0)$ の閉包，すなわち原点との距離が r 以下の点の集合をあらわす.

次にこぶ関数 (bump function) とよばれる $\mathbb{R}^n$ 上の C^∞ 級関数 λ を，$0 \leq \lambda \leq 1$ および $x \in B_1(0)$ ならば $\lambda(x) = 1$，$x \notin B_2(0)$ ならば $\lambda(x) = 0$ を満たすものとして，1つ選び固定する．さらに M 上の C^∞ 級関数 λ_i を，U_i 上では $\lambda \circ \varphi_i$ と一致し，U_i の外では $\lambda_i = 0$ を満たすものとする．また C^∞ 級写像 $\psi_i : M \to \mathbb{R}^n$ を，U_i 上では $\lambda_i \varphi_i$，U_i の外では0という値をとるものとして定義する.

今 $g_i(x) = (\psi_i(x), \lambda_i(x)) \in \mathbb{R}^n \times \mathbb{R} = \mathbb{R}^{n+1}$ とし，写像 Φ を

$$\Phi = (g_1, \ldots, g_m) : M \to \mathbb{R}^{n+1} \times \cdots \times \mathbb{R}^{n+1} = \mathbb{R}^{m(n+1)}$$

と定義すれば，これが所望の埋め込みを与えていることがわかる.

実際，まず $V_i = \lambda_i^{-1}(1)$ とすれば，$V_i \supset \varphi_i^{-1}(B_1(0))$ であるから，$M = \bigcup_{i=1}^m V_i$ が成立することがわかる．このとき ψ_i は V_i からの写像としては微分同相写像であるので，g_i および Φ ははめ込みである．あとは Φ の単射性，すなわち $x \neq x'$ ならば $\Phi(x) \neq \Phi(x')$ を示せばよい．もし x, x' が共通の V_i に含まれれば，ψ_i は V_i からの写像としては微分同相であるので $\Phi(x) \neq \Phi(x')$ である.

また $x \in V_i$, $x' \notin V_i$ ならば，$\lambda_i(x) = 1 \neq \lambda_i(x')$ より $\Phi(x) \neq \Phi(x')$ である． □

注意 3.5

上の証明では埋め込み先のユークリッド空間の次元 N は局所座標近傍の個数 m に依存しているが，もう少し注意深く議論すれば N は各点の周りの局所座標近傍の重なり具合にのみ依存するようにはできる（C^1 級等長埋め込み定理 3.13 の証明 Step 1 参照）．問題は，N をどれだけ小さくとれるかである．

ここで最小はめ込み次元 (minimal immersive dimension) $\phi(n)$ を

(1) $k < \phi(n)$ ならば $\mathbb{R}^{n+k}$ にはめ込み不可能な n 次元閉多様体が存在する，

(2) 任意の n 次元閉多様体は $\mathbb{R}^{n+\phi(n)}$ にはめ込み可能である，

という条件を満たす自然数として定義する．同様にして最小埋め込み次元 (minimal embeddable dimension) $e(n)$ も定義される．

ホイットニーは 1935 年の結果を 1944 年になって，任意の n 次元閉多様体は $\mathbb{R}^{2n-1}$ にはめ込み可能 [416]，すなわち $\phi(n) \leq n-1$ であることを，また $\mathbb{R}^{2n}$ に埋め込み可能 [415]，すなわち $e(n) \leq n$ であることを示した．これらは 1935 年の結果に比べわずか 1 次元分だけの改良であるが，この証明では後にホイットニーのトリック (Whitney's trick) とよばれることになる，トポロジーの研究において重要な技術も含まれている．

3.3.1 位相的はめ込み

ホイットニー以降，位相的はめ込み (topological immersion) についての研究が先行した．以下，その概略を述べるが，その中でいくつか未定義用語があらわれる．必要なら適宜，文献やインターネットなどでお調べいただきたい．

スメール・ハーシュの理論

1950 年代の後半，スメール (Smale) [391] に始まり，後にハーシュ (Hirsch) [244] により改良されたこの理論は M から N へのはめ込み全体の空間の位相構造についての研究で，例えば後述の「球面の裏返し (inversion of spheres)」とよばれる現象の説明を与える．

はじめにいくつか記号を準備する．$\mathrm{Imm}(M,N)$ を多様体 M から多様体 N へのはめ込み全体の集合とし，それにコンパクト開位相 (compact-open topology)[12]を導入する．また $\mathrm{Mono}(E,F)$ をベクトル束 E からベクトル束 F への単射な束写像全体にやはりコンパクト開位相を入れた位相空間とする．このとき，スメール・ハーシュの理論の主定理は以下である．

定理 3.6

はめ込み $f: M \to N$ にその微分 $df: TM \to TN$ を対応させる写像

$$D: \mathrm{Imm}(M,N) \to \mathrm{Mono}(TM,TN)$$

は弱ホモトピー同値 (weak homotopy equivalent) である．

言い換えると，はめ込み f と g がはめ込みという性質を保ったまま連続変形で移りあえば，df と dg が単射束写像という性質を保ったまま連続変形で移りあうということである．

より正確に言えば，弱ホモトピー同値とは「$\mathrm{Imm}(M,N)$ と $\mathrm{Mono}(TM,TN)$ の間にホモトピー群 (homotopy group) の同型を誘導する連続写像が存在する」ということである．$\mathrm{Mono}(TM,TN)$ は $\mathrm{Imm}(M,N)$ の“線形化”と考えることができるが，前者の空間の位相的情報が後者の位相的情報に翻訳できることになったわけである．後者については代数トポロジー (algebraic topology) を用いてある程度解析できることが知られていた．

具体例としては，この結果に先立つスメールによる n 次元球面 S^n から $\mathbb{R}^{n+k}$ へのはめ込みの空間について研究がある．

定理 3.7

(1) $k > 1$ なら，$\mathrm{Imm}(S^n, \mathbb{R}^{n+k})$ の連結成分がなす群である 0 次ホモトピ

[12] この位相は M のコンパクト部分集合 K の像が N の開部分集合 O に入るようなはめ込みの集合を開集合とするものとして定義される．

ー群 $\pi_0(\mathrm{Imm}(S^n, \mathbb{R}^{n+k}))$ は，スティーフェル多様体 (Stiefel manifold) $V_{n,n+k}$ の n 次ホモトピー群 $\pi_n(V_{n,n+k})$ に同型である．

(2) $k = 1$ なら，全射準同型

$$\pi_n(V_{n,n+k}) \to \pi_0(\mathrm{Imm}(S^n, \mathbb{R}^{n+k}))$$

が存在する．

ここでスティーフェル多様体 $V_{n,n+k}$ とは，$\mathbb{R}^n$ から $\mathbb{R}^{n+k}$ への単射線形写像全体のなす集合に微分可能多様体の構造を入れたものである．$V_{n,n+1}$ は $n+1$ 次特殊直交群 (special orthogonal group) $SO(n+1)$ と同相であり，特に $n = 2$, $k = 1$ の場合，つまり $SO(3)$ は 3 次元実射影空間 $\mathbb{R}P^3$ とも同相で，それらの 2 次ホモトピー群 $\pi_2(SO(3)) = \pi_2(\mathbb{R}P^3)$ は $\{0\}$ である．このことと先の全射性より，$\pi_0(\mathrm{Imm}(S^2, \mathbb{R}^3)) = 0$ がわかる．これは，S^2 から $\mathbb{R}^3$ への 2 つのはめ込みが互いにはめ込みという性質を保ったまま連続変形で移りあうことを意味する．特に 2 つのはめ込みとして，恒等はめ込み (identity immersion) $\mathrm{Id} : S^2 \to \mathbb{R}^3$ と裏返しはめ込み (inversion) $\mathrm{Inv} : S^2 \to \mathbb{R}^3$ を考えると，これらがはめ込みという性質を保ったまま変形できることがしたがう．このことを空間内で「球面の裏返し」ができるという．ここで，2 次元球面を 3 次元空間内の単位球面 $S^2 = S^2(1) = \{(x, y, z) \in \mathbb{R}^3 \mid x^2 + y^2 + z^2 = 1\}$ と表示すれば上記の写像はそれぞれ $\mathrm{Id}(x, y, z) = (x, y, z)$, $\mathrm{Inv}(x, y, z) = (-x, -y, -z)$ で定義される．ただし，スメールのこの結果は連続変形の存在を示したのみで，その具体的方法は与えていない．それについては後に，シャピロ (Shapiro)，A. V. フィリップス (A. V. Phillips)，モラン (Morin)，サーストン (Thurston) らにより様々な方法が考案されている．その一部については，インターネットで「球面の裏返し」などのキーワードで検索すれば，その様子を描いた動画を見ることができる．

最小はめ込み次元 $\phi(n)$ の決定

まず，先の最小はめ込み次元 $\phi(n)$ の定義における条件のうち「(1) $k < \phi(n)$ ならば $\mathbb{R}^{n+k}$ にははめ込み不可能な n 次元閉多様体が存在する」について考察

する．ある多様体が別の多様体にはめ込むことができないということを示すためには，はめ込みの存在のための必要条件を見つけ，元の多様体がその必要条件を満たさないことを示せばよい．また，その必要条件はしばしばある量（はめ込みの不変量）が特定の値をとる，あるいはある種の対象あるいは概念が存在するという形で述べられる．このようなものをはめ込みの（ための）invariant という．後者の場合は厳密には量ではないので，「不変量」という用語は invariant の日本語訳として正確とは言えないが，しばしばこのような意味で使われるので，ここでもそれを踏襲する．

はめ込みの不変量として最も重要なものに法束 (normal bundle) νM がある．これは以下のように定義される．はめ込み $f : M^n \to \mathbb{R}^{n+k}$ に対し，$d_pf(T_pM)$ は $T_{f(p)}\mathbb{R}^{n+k}$ の部分空間である．また $T_{f(p)}\mathbb{R}^{n+k}$ は自然に $\mathbb{R}^{n+k}$ と同一視できるから，そのユークリッド内積に関する直交補空間を ν_p とし，これを点 p でのファイバーとするベクトル束 νM が構成できる．このベクトル束をはめ込み $f : M \to \mathbb{R}^{n+k}$ に関する f の法束[13)]という．$T\mathbb{R}^{n+k}$ は自明束であり，その $f(M)$ への制限 $\pi^{-1}(f(M))$[14)]も自明束である．M 上の2つのベクトル束 E, F にはファイバーであるベクトル空間の直和から自然に定まる（ベクトル束の）直和 $E \oplus F$[15)]とよばれる演算が定義されるが，$TM \oplus \nu M$ は $\pi^{-1}(f(M))$ に同型であり，したがって自明束である．この事実により，はめ込み $M \to \mathbb{R}^{n+k}$ の存在のためには，「M 上の階数 k のベクトル束 ν_M で TM との直和が自明束になるものが存在する」という必要条件が得られる．この ν_M[16)]のことを仮想法束 (virtual normal bundle) という．

スメール・ハーシュの理論にはこのことの逆の主張，すなわち仮想法束の存在がはめ込みの存在ための十分条件でもあるという主張も含まれている．

G を位相群，BG をその分類空間 (classifying space) とすると，その上に普遍 G 主束 (universal G-principal bundle) とよばれる G 主束 $\pi : EG \to BG$ で，M 上の任意の G 主束が分類写像 (classifying map) $f : M \to BG$ による引き戻

---

13) より正確には $f(M)$ の法束の f による引き戻しベクトル束である．

14) ここで π は射影 $\pi : T\mathbb{R}^{n+k} \to \mathbb{R}^{n+k}$ である．

15) ホイットニー和 (Whitney sum) ともよばれる．

16) 記号が似ているが，はめ込み f の法束が νM，仮想法束が ν_M である．

し束 f^*EG と同型であるようなものが存在し，さらにその同型類は f のホモトピー類にのみ依存することが知られている．つまり，このような写像のホモトピー類の集合 $[M, BG]$ から M 上の G 主束の同型類の集合 $\mathrm{Prin}_G(M)$ への全単射が存在する．特に G が n 次元直交群 $O(n)$ の場合，M 上の階数 n のベクトル束は，ある $O(n)$ 主束の同伴ベクトル束と同型であるので，$\mathrm{Prin}_{O(n)}(M)$ と M 上の階数 n のベクトル束全体 $\mathrm{Vect}_n(M)$ の間にも 1 対 1 対応が存在する．以上をまとめると，階数 n のベクトル束の分類問題が $[M, BO(n)]$ の研究に帰着されることがわかった[17]．

したがってホイットニーの結果より，M は十分高い次元のユークリッド空間 $\mathbb{R}^{n+L}$ に埋め込み可能なので，埋め込みの法束が存在するが，それに対応する分類写像（のホモトピー類）$\nu_M^L : M \to BO(L)$ を考える．さらに，増大列

$$BO(L) \subset BO(L+1) \subset BO(L+2) \subset \cdots$$

が存在するが，その帰納的極限 (inductive limit) を BO とする．さらに，これに伴い，法束写像 $\nu_M^L : M \to BO(L)$ の帰納的極限として写像 $\nu_M : M \to BO$ も得られる．この写像を安定法束写像 (stable normal bundle map) とよぶ．するとスメール・ハーシュの理論より，M から $\mathbb{R}^{n+k}$ へのはめ込みが存在することは，写像 $\nu_M^k : M \to BO(k)$ で ν_M と $i \circ \nu_M^k$ がホモトピー同値となるものが存在することと同値であることがわかる．ここで $i : BO(k) \to BO$ は自然な埋め込みである．このとき ν_M を ν_M^k のホモトピー持ち上げ (homotopy lifting) という．

はめ込みの非存在を示すための障害類 (obstraction class) について述べる．次の事実が BO および $BO(k)$ のコホモロジー環 (cohomology ring) の構造として知られている．

$$H^*(BO, \mathbb{Z}/2\mathbb{Z}) \simeq \mathbb{Z}/2\mathbb{Z}[w_1, w_2, \ldots],$$
$$H^*(BO(k), \mathbb{Z}/2\mathbb{Z}) \simeq \mathbb{Z}/2\mathbb{Z}[w_1, w_2, \ldots, w_k].$$

ここで，$w_i \in H^i(-, \mathbb{Z}/2\mathbb{Z})$ は i 次スティーフェル・ホイットニー類 (Stiefel-Whitney class) とよばれる特性類である．今，この特性類の安定法束写像によ

[17] これらの事実に関しては例えば [46, 2.2 節] にわかりやすい説明（ただし，複素ベクトル束の場合）がある．

る引き戻し $\overline{w}_i(M) = {\nu_M}^*(w_i)$ を M の正規 (normal) i 次スティーフェル・ホイットニー類とよぶ．このとき，次が成立する．

命題 3.8

$\overline{w}_k(M^n) \neq 0$ ならば，M^n から $\mathbb{R}^{n+k-1}$ へのはめ込みは存在しない．

実際，上のようなはめ込みが存在するとしたら，法束写像 (normal bundle map) ν_M^{k-1} は $BO(k-1)$ で分類される．上記より，この空間のコホモロジー環 (cohomology ring) の生成元には w_k は含まれないので，$\overline{w}_k(M^n) = 0$ であり，矛盾が生じる．例えば，$\overline{w}_{2^k-1}(\mathbb{R}P^{2^k}) \neq 0$ であるので，$\mathbb{R}P^{2^k}$ を $\mathbb{R}^{2^{k+1}-2}$ にはめ込むことができない[18]．

次の進展は，マッセイ (Massay) [312] による以下の結果である．

定理 3.9

n 次元閉多様体に対し，以下で定義される数 $\alpha(n)$ を用いると次が成立する．

$i > n - \alpha(n)$ であれば

$$\overline{w}_i(M^n) = 0.$$

ここで $\alpha(n)$ は n を 2 進法で表示したときあらわれる 1 の個数，すなわち $n = \sum_{k=1}^{\alpha(n)} 2^{i_k}$，$i_k \neq 0$ が成立するような自然数である．なお，この結果が最良 (best possible) であることは，$M^n = \mathbb{R}P^{2^{i_1}} \times \cdots \times \mathbb{R}P^{2^{i_{\alpha(n)}}}$ が条件 $\overline{w}_{n-\alpha(n)}(M^n) \neq 0$ を満たすことよりわかる．したがって，最小はめ込み次元 $\phi(n)$ は，$n - \alpha(n) \leq \phi(n) \leq n-1$ を満たす．ここでの上からの評価に $n-1$ があらわれるのは，ホイットニーのはめ込み定理 [416] による．

これらの結果に基づき，以下の予想が生まれた．

---

[18] コーエンは講演 [150] の中で，ホイットニーは（実質的に）このことを知っていたとコメントしている．

予想 3.10 はめ込み予想

$$\phi(n) = n - \alpha(n).$$

しばらくすると，この予想に対する状況証拠となる次の結果が得られた．

定理 3.11 R. ブラウン (R. Brown) [117]

任意の n 次元閉多様体 M^n に対し，それとコボルダント (cobordant) な閉多様体 N^n で，$\mathbb{R}^{2n-\alpha(n)}$ にはめ込み可能なものが存在する．

ここで M と N がコボルダントであるとは M と N をその境界とする $n+1$ 次元多様体 W^{n+1} が存在することとして定義される．この概念はトム (Thom) によるコボルディズム理論 (cobordism theory) にあらわれるもので，この理論は閉多様体の分類の研究において決定的な役割を果たしている．

これに並行して，E. H. ブラウン (E. H. Brown) とペーターソン (Peterson) によるはめ込み予想解決に向けたプログラム [115] が発表された．この研究は 15 年以上続けられた．その概要は，安定法束写像から導かれるコホモロジー環の間の写像の核 $I_{M^n} = \mathrm{Ker}\,\nu_M^* \in H^*(BO)$ の交わり $I_n = \bigcap_{M^n} I_{M^n}$ の解析を行うもので，仮想的商空間 (virtual quotient space) BO/I_n[19] および写像 $\rho_n : BO/I_n \to BO$ を定義し，すべての n 次元閉多様体に関する予想であったはめ込み予想を，ただ 1 つの空間に対する次の問に帰着させた[20]．

問題 3.12

$\rho_n : BO/I_n \to BO$ に持ち上げ可能な写像 $\tilde{\rho}_n : BO/I_n \to BO(n-\alpha(n))$ は存在するか？

そして，E. H. ブラウンの学生であった R. コーエン [149] によって，1985 年，

19) 本当の商空間ではない．

20) [116] 参照．

この問の解答が与えられ，その結果はめ込み予想も解決した[21]．

以上ではめ込みの理論のホモトピー論的研究は一般論としては一段落がついたが，個別の多様体に対する最小はめ込み次元については未解決の部分が多い．特に実射影空間に対するこの問題は，「理論の試金石」ともよばれている．

3.3.2　位相的埋め込み

はめ込みの研究に比して，埋め込みについてはまだ未解明な部分が多い．例えば，M が円周 S^1 およびその和集合の場合が結び目理論 (knot theory) である．これには膨大な研究の蓄積があり，また，現在も活発に研究されていることからも問題の困難さはわかる．

ここでは，上記のはめ込みのホモトピー論的研究に関連する部分に関して簡単に触れるに留める．はめ込み予想が解決された後の重要な研究としてグットウィリー (Goodwillie)・ヴァイス (Weiss) の埋め込み解析 (embedding calculus) とよばれる理論 [201] が生まれた．グットウィリーはグットウィリー解析 (Goodwillie calculus) とよばれるより一般の"関手の微積分 (calculus of functors)"の理論を開発したことで著名であるが，これはその一端で，おおよそ，次の写像の塔 (Goodwillie-Weiss tower)

$$\mathrm{Emb}(M, N) = \text{“}T_\infty\text{”} \to \cdots \to T_2 \to T_1 := \mathrm{Imm}(M, N)$$

を基にその研究を行うというものである．ここで $\mathrm{Emb}(M, N)$ は M から N への埋め込みの全体の集合にコンパクト開位相を入れた位相空間である．この写像（の塔）は埋め込みをはめ込みとみなすという自然な写像 $\mathrm{Emb}(M, N) \to \mathrm{Imm}(M, N)$ の分解を与えるもので，より詳しくは，$\mathrm{Emb}(M, N)$, $\mathrm{Imm}(M, N)$ をそれぞれ M の開集合 U に $\mathrm{Emb}(U, N)$, $\mathrm{Imm}(U, N)$ を対応させる関手とみなして，グットウィリー解析におけるテーラー展開をしたものである．例えば，$\mathrm{Imm}(U, N)$ は $\mathrm{Emb}(U, N)$ の 1 階微分のなす空間（1 ジェット空間 (1-jet space)）$T_1 = T_1(\mathrm{Emb}(U, N))$ と考えられ，また $T_i = T_i(\mathrm{Emb}(U, N))$ も i 階までの微分

---

[21] ただし，最近，ある方から [149] の証明に関し，疑問を持つ数学者も複数おられるということを伺った．例えば [158], [313] 参照．また後述の「文献案内と今後考えられる方向性」の脚注 4) でも言及している．

のなす空間（i ジェット空間 (i-jet space)）とみなすことができる．その後の埋め込みのホモトピー論的研究は，この理論の影響を多く受けており，それらについては，上で述べたコーエンの講演を参照されたい．そこで述べられていないさらに最近の研究としては，ヴィルワッチャー (Willwacher) らによる [183] などがある[22)].

3.4 等長埋め込み

本章のはじめに述べたように，この問題はもちろんガウス，リーマンに始まるわけであるが，ここでは，最も本質的な貢献をしたと思われるナッシュ (Nash) の結果 [331], [332] について紹介する．

等長埋め込み (isometric embedding) $f:(M,g)\to(N,h)$ とはリーマン計量を保つ埋め込み，すなわち

$$g=f^*h \tag{3.1}$$

を満たすものであった．ここで

$$(f^*h)_p(u,v):=h_{f(p)}(d_pf(u),d_pf(v)),\quad u,v\in T_pM$$

である．あるいは等長埋め込みとは，M 内の任意の曲線 c の長さとその f による像 $f(c)$ の長さが等しいような埋め込みと言い換えることもできる．

まず，ナッシュの業績の前後までのおおまかな歴史を述べる．この問題の研究は位相的埋め込みの場合よりかなり以前から行われていた．1873 年，シュレーフリ (Schlaefli) [372] は局所等長埋め込み (local isometric embedding) の問題「n 次元リーマン多様体の 1 点の十分小さな近傍は何次元のユークリッド空間に等長的に埋め込めるか？」[23)]に対し，$n(n+1)/2$ 次元のユークリッド空間に埋め込めるだろうと予想した．これについては，リーマン計量 g_{ij} が i, j について

---

22) 本節の内容に関連して日本語で読める本として [37] がある．著者の玉木 大 氏が運営されているウェブサイト `http://pantodon.jp/index.rb?body=index` は代数トポロジーに関する情報が満載である．さらに上記のグッドウィリー解析に関する氏の講義録もこのサイトに置かれている．

23) この頃は多様体の概念が確立していたわけではないので，現代的な表現としてこのように述べられるということである．

対称であるから，等長埋め込みの方程式

$$g_{ij} = \sum_{k=1}^{n(n+1)/2} \frac{\partial f^k}{\partial x^i} \frac{\partial f^k}{\partial x^j}$$

の個数と未知関数 f^k の個数が一致するであろうということが予想の理由と思われる．これに関して，1926 年にジャネ (Janet) [258] は，実解析的 n 次元リーマン多様体がシュレーフリの予想と同じ $n(n+1)/2$ 次元ユークリッド空間に局所的に等長埋め込み可能であると発表した．ただし，彼の証明にはギャップがあって，後にバースティン (Burstin) [120] が証明を完成させた．ジャネが論文を発表した翌年，E. カルタン [124] はパッフ形式 (Pfaffian form) に関する彼の理論を用いてジャネと同じ結果を示した．

一方 1954 年，大槻富之助 [342] は，いたるところ負の断面曲率の n 次元リーマン多様体は局所的にも $2n-2$ 次元のユークリッド空間には等長埋め込み不可能という結果を示した．

次に大域的等長埋め込み (global isometric embedding) に関しては，肯定的結果として，以下で詳述するナッシュ [331]・カイパー (Kuiper) [291] の C^1 級の等長埋め込み定理ならびにナッシュ [332] による C^k $(k \geq 3)$ 級等長埋め込み定理が知られている．

一方，否定的結果としては 1901 年，ヒルベルト (Hilbert) [243] が，ポアンカレ上半平面 (Poincaré upper half plane)[24)]が 3 次元ユークリッド空間に（全体としては）等長埋め込み不可能であることを示したことに始まり，その後トンプキンズ (Tompkins) [407]，チャーン・カイパー [146] らによるものがある．例えば n 次元平坦トーラス (flat torus)[25)]は $2n-1$ 次元ユークリッド空間に等長埋め込み不可能であることが知られている．

なお，個別の多様体の等長埋め込みなどより詳しい歴史については，阿賀岡芳夫氏による「リーマン多様体の等長埋め込み論小史，あるいは外史」[1] が参考になる．

---

24) ロバチェフスキー平面 (Lobachevsky plane) とも言われる．詳しくは 5.5.2 項参照．

25) 断面曲率がいたるところ 0 であるリーマン計量を備えたトーラスのこと．

3.4.1 C^1 級等長埋め込み

C^1 級等長埋め込みに関しては，ナッシュおよびカイパーによるもの（n 次元リーマン多様体が局所的に $n+1$ 次元，大域的に $2n$ 次元に等長埋め込み可能）が知られている．後述するように，これは直観に反する結果である．C^1 級では曲率が（少なくとも標準的には）定義されないなど，より滑らかな等長埋め込みとはかなり性質が異なる．なお，本項および次項は [162] に多くをよっている．

まず，n 次元閉リーマン多様体 $M = (M, g)$ から N 次元ユークリッド空間 $(\mathbb{R}^N, e)$ への C^1 級写像 f がショート写像 (short map) であるとは，$f^*e \leq g$，すなわち任意の接ベクトル $v \in T_pM$ に対し $f^*e(v,v) = e(d_pf(v), d_pf(v)) \leq g(v,v)$ が成り立つ写像であることとして定義される．ナッシュの C^1 級等長埋め込み定理 [331] は以下のものである．

定理 3.13

n 次元閉リーマン多様体 $M = (M^n, g)$ およびショートはめ込み (short immersion) $f: M \to \mathbb{R}^N$, $N \geq n+2$ が与えられているとする．このとき，任意の $\varepsilon > 0$ に対して，ある C^1 級等長はめ込み (isometric immersion) $u: M \to \mathbb{R}^N$ で，$\|f-u\|_{C^0} < \varepsilon$ を満たすものが存在する．さらに，f が単射なら上の条件を満たす単射 u が存在する．

この結果とホイットニーの埋め込み定理を合わせると，任意の n 次元閉多様体は，$\mathbb{R}^{2n}$ に C^1 級等長埋め込み可能なことがわかる．また，この定理における等長埋め込み可能な次元 N は $N \geq n+1$ まで下げられることが，カイパー [291] によって，ナッシュの仕事のすぐ後に示された[26)]．このカイパーの結果は例えば，2 次元単位球面 $S^2(1)$ が，3 次元空間 $\mathbb{R}^3$ 内の半径 1/2 の球面 $S^2(1/2)$ の内側の領域に C^1 級等長埋め込み可能であることを導く．このようなことは C^2 級等長はめ込みでは決して生じない．実際そのような C^2 級等長はめ込みが存在したとすると，その像を内部に含む最小の球面 $S^2(a)$（a は球面の半径で

26) ナッシュの論文 [331] にも，この結果は示唆されていた．

あり，1/2 より小さい）を考え，$S^2(a)$ とはめ込みの像との接点を考えると，その点における像のガウス曲率は，$S^2(a)$ のガウス曲率 $1/a^2$ (≥ 4) 以上であり，これは単位球面 $S^2(1)$ の断面曲率 1 とは一致しないので矛盾である．なお，この等長埋め込みが具体的にどのようなものであるか気になるところであるが，例えばヴィラーニ (Villani) の You Tube 動画 “The Extraordinary Theorems of John Nash” [412] の中で，2 次元平坦トーラスの 3 次元ユークリッド空間への等長埋め込みの画像を見ることができる（[109] も参照）．

ここでは簡単のため，アイデアが明確にわかる $N \geq n+2$ の場合，すなわち定理 3.13 の証明の概略を述べる

C^1 級等長埋め込み定理 3.13 の証明の概略

まず C^r 級ノルムを $\|\cdot\|_r$ であらわす．さらに，関数の定義域 U を明示する必要がある場合は $\|\cdot\|_{r,U}$ と書く．

Step 1：M^n の局所座標近傍からなる M の開被覆 $\mathcal{U} = \{U_\alpha\}$ で，以下の (1)〜(3) を満たす部分族 $\mathcal{C}_i = \{U_i^k\}_{k=1}^{m_i}$, $i = 1, 2, \ldots, n+1$ を持つものが存在することを示す．

(1) $\mathcal{U} = \bigcup_{i=1}^{n+1} \mathcal{C}_i$,

(2) $U_i^k \cap U_i^l = \emptyset$ $(k \neq l)$,

(3) M の各点 p および各 $i = 1, 2, \ldots, n+1$ に対し，p を含む U_k^i は高々 1 つである．

Step 2：(a) まず，以下の局所近似定理 (approximation theorem) を示し，(b) それを Step 1 の結果を用いて貼り合わせることにより，大域的な近似定理を得る．

定理 3.14

(M^n, g) および f は定理 3.13 の通りとする．U を M の十分小さい，可縮な局所座標近傍とする．任意の $\eta > 0$, $\delta > 0$ に対し，滑らかなショート埋め込み (short embedding) $z : M^n \to \mathbb{R}^N$ で以下を満たすものが存在す

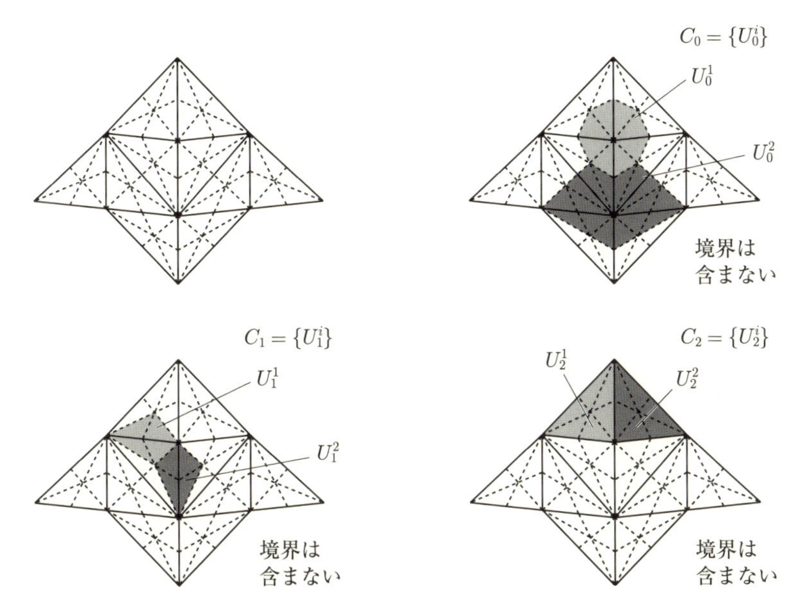

図 3.3 多様体の単体分割，その重心細分と星状近傍，[162, p.413, Fig.3] 参照.

る.

$$\|z - f\|_{0,U} < \eta, \tag{3.2}$$

$$\|g - z^* e\|_{0,U} < \delta, \tag{3.3}$$

$$\|df - dz\|_{0,U} < C\sqrt{\|g - z^* e\|_{0,U}}. \tag{3.4}$$

ここで $C > 0$ は次元にのみ依存する定数である.

Step 3：近似定理を反復的に用いて，その近似誤差が 0 に収束することを観察して定理 3.13 を得る.

以上において，Step 1 は，M を単体分割 (simplicial decomposition) し，さらに得られた各単体を重心細分 (barycentric division) する．次に $\mathcal{C}_i$ の元 U_i^k は i 次元単体の重心成分における星状近傍 (star like neighborhood) と定義すればよい．詳しくは [162] を参照せよ．図 3.3 を見ればある程度想像がつくかもしれない．

また，Step 2(b) および Step 3 も直観的には成立するであろうと推察できるので，最も本質的と思われる Step 2(a) についてのみ説明する．

近似定理の局所版の証明の概略

Substep 1：「M 内の可縮な開集合 U および滑らかな埋め込み $f : U \to \mathbb{R}^N$, $N \geq n+2$ に対し，$f(U)$ 上の 2 つの滑らかな単位法ベクトル場 $\nu, b : B \to \mathbb{R}^N$ で $f(U)$ の各点で互いに直交するものが存在する」ことがわかる．実際このことは，$f(U)$ が可縮なので，その法束が自明束であることからしたがう．

Substep 2：「$h = g - f^*e$ に対し，U 上の関数 a_i, ψ_i, $i = 1, \ldots, \ell$ が存在して，$h = \sum_{i=1}^{\ell} a_i^2\, d\psi_i d\psi_i$ とあらわされる」ことを示す．そのためにまず，n 次対称行列全体のなす線形空間 $S(n)$ は，十分大きな ℓ を選べば，$v_i \otimes v_i$, $v_i \in \mathbb{R}^n$, $i = 1, \ldots, \ell$ を線形生成系として持ち，したがって線形写像 $L_i : S(n) \to \mathbb{R}$, $i = 1, \ldots, \ell$ を用いて，$A \in S(n)$ は

$$A = \sum_{i=1}^{\ell} L_i(A) v_i \otimes v_i$$

とあらわされることが，線形代数の議論によりわかる．次に $A = (h_{ij}(q))$ に対し，上記の v_i を選び，さらに v_i が

$$v_i = (d\psi_i)_q, \quad \psi_i(q) = v_i \cdot x(q) = v_i \cdot (x_1(q), \ldots, x_n(q))$$

とあらわされることを用いれば結論を得る．ここで，$(x_1, \ldots, x_n)$ は $p \in M$ の周りの局所座標であり，右の式の最右辺は v_i と q における座標との内積である．

Substep 3：「$\widetilde{h} = a^2\, d\psi d\psi$ に対して，$\|\widetilde{w}\|_{0,U} < \eta/10$, $\|\widetilde{h} - \widetilde{w}^* e\|_{0,U} < \delta/10$, $\|d\widetilde{w}\| \leq C\sqrt{\|\widetilde{h}\|_{0,U}}$ を満たす $\widetilde{w} : U \to \mathbb{R}^N$ が存在する」ことを示す．

もし，このことが示されれば，この議論を繰り返すことにより，Substep 2 における $h = g - f^*e$ に対して $\|w\|_{0,U} < \eta$, $\|h - w^*e\|_{0,U} < \delta$, $\|dw\| \leq C\sqrt{\|h\|_{0,U}}$ を満たす $w : U \to \mathbb{R}^N$ が存在することがわかる．このとき $z = f + w$ とおけば，

$h = g - f^*e$，すなわち $g = h + f^*e$ であるから

$$\begin{aligned}\|g - z^*e\|_{0,U} &= \|g - (f+w)^*e\|_{0,U} \\ &= \|h + f^*e - (f+w)^*e\|_{0,U} \\ &= \|h - w^*e\|_{0,U} < \delta\end{aligned}$$

が成り立ち，評価式 (3.3) が得られたことになる．残りの評価式 (3.2)，(3.4) も $\widetilde{w}$ における対応する評価式より得られる．

さて所望の $\widetilde{w}$ は，十分大きい $\lambda > 0$ に対し，

$$\widetilde{w}(x) = a(x)\frac{\nu(x)}{\lambda}\cos(\lambda\psi(x)) + a(x)\frac{b(x)}{\lambda}\sin(\lambda\psi(x))$$

と定義すればよい．このことの理由はおおよそ

$$\begin{aligned}d\widetilde{w} &= -a(x)\sin(\lambda\psi(x))\nu(x)\otimes d\psi(x) \\ &\quad + a(x)\cos(\lambda\psi(x))b(x)\otimes d\psi(x) + E(x) \\ &=: A(x) + B(x) + E(x)\end{aligned}$$

とあらわしたとき，$|E(x)| = O(1/\lambda)$ かつ ${}^tAA + {}^tBB = a^2\,d\psi d\psi = \widetilde{h}$ が成り立つことによる．

ここでのポイントは，埋め込みの余次元があれば，上記の $\widetilde{w}$ のような補助的写像を用いて，その C^0 ノルムはほぼ変えないで，微分のノルムをある程度制御できるということである．

3.4.2 C^k 級等長埋め込み：ナッシュの証明

より滑らかな場合，非線形大域解析のハイライトともいえるナッシュの定理 [332] は以下のものである．この定理はその結果のみならず証明手法も画期的であり，その後の研究に対して多大な貢献をしている．

定理 3.15

$k \geq 3$, $n \geq 1$ とし，$N = n(3n+11)/2$ とおく．このとき，n 次元 C^k 級閉リーマン多様体 M は，ユークリッド空間 $\mathbb{R}^N$ に C^k 級に等長埋め込み可

能である.

ナッシュの原論文には M が閉とは限らない一般のリーマン多様体の場合の結果も述べられている[27]. その論文は, "難解" という評判で, 実際, 独特な表現を用いて書かれているように思われる. ただし, グロモフ (Gromov) はこの評判に関して批判的で, 多くの人は真剣に読んでないと書いている [217]. また, ナッシュの伝記 [40] によれば, ナッシュがはじめに投稿した原稿はさらに複雑だったようで, 後に幾何学的測度論の大著 [180] を著すことになるフェデラー (Federer) が数ヶ月かけて整理したものが出版されたとのことである. 現在はデ・レリス (de Lellis) によるナッシュの業績の紹介が, 彼のアーベル賞 (Abel prize) 受賞記念の論説 [162] にあるが, そこにナッシュの原論文の解説が詳細かつわかりやすく書かれている. この解説のダイジェストを以下で述べる. ただし, 途中で筆者なりの解釈を述べている箇所がいくつかあるが, この部分も含めて以下の文章の責は筆者にあることは言うまでもない.

ナッシュの論文は難解であるが, その手法が他の多くの解析学の問題にも適用可能ということもあり, 後に, モーザー (Moser)[323] により, 「ナッシュ・モーザーの陰関数定理 (implicit function theorem)」とよばれる形で整理された. さらに, 少しづつ異なる手法に基づく多くの解説も書かれている. ただし, デ・レリスは「これらの後続の手法はニュートン反復法 (Newton iteration) によるもので, ナッシュの方法と精神としては近いものの, オリジナルの滑らかなフローを用いる方法は, 後の文献では消えてしまっている」とコメントしている.

その証明のおおよそのアイデアは, 等長埋め込みの基礎となる微分方程式に対し, ある種の反復法 (iteration method) を用いて解を構成するというものであるが, その反復の各ステップで生じる微分可能性の損失 (derivative loss) を, 平滑化 (smoothing) により回復しながら繰り返すという方法である[28]. なお,

---

[27] ただし, この部分には間違いがあった. その修正などについては [162] を参照されたい.

[28] ここで述べている微分可能性の損失であるが, 命題 2.14 の証明中で利用した事実「無限から有限を引いても無限」ということから, C^∞ 級の範疇で議論すればこの場合も問題ないようにも思われるかもしれないが, そうではない. ここで述べているのは単に微分可能性という "定性的" な性質だけでなく, 微分ノルムの評価ができなくなるという意味での "定量的" 意味を込めてのものである. つまり, 反復できるためにはノルムの比較がポイントということである.

この等長埋め込み定理自体は，後にギュンター (Günther) [230], [231] により，上のような複雑な議論ではなく通常の楕円型方程式の技法で，等長埋め込みの余次元の改良と併せた別証明が与えられた（3.4.3 項参照）．これについて，デ・レリスは「興味深いことに，偏微分方程式という分野で彼の業績を有名にしたアイデアそのものは，等長埋め込みの問題に関しては必要なかったことになる」と述べている．また，このようなことは，別の状況であるリッチ流 (Ricci flow) に関しても生じている．ハミルトン (Hamilton) はリッチ流の短時間存在の証明に，ナッシュ・モーザーの陰関数定理を用いるため，その解説 [233] を，リッチ流の論文 [234] とほぼ同時に出版していた．しかしその後，その部分については，ドゥターク (De Turck) [168] により，上記の陰関数定理を必要としない簡易化された証明が与えられた．このことを鑑みると，ナッシュ・モーザーの陰関数定理が用いられた他の状況ではどうかということも気になるが，筆者にはよくわからない．

等長埋め込みの余次元を下げることはその後もグロモフ・ロホリン (Rokhlin) [222] や上記のギュンターらによって結果が得られており，現在までのところ，n 次元リーマン多様体は $n(n+5)/2$ 次元のユークリッド空間に C^k 級等長埋め込み可能という結果が最良のようである．また，等長埋め込みの滑らかさについては，特に C^2 級の場合が気になる．$C^{k,\beta}$（β はヘルダー指数 (Hölder index)）級等長埋め込みについて，$k+\beta > 2$ のときは C^3 級と，また $k+\beta < 2$ のときは C^1 級とほぼ同様な結果が成り立つことが知られているが，境目に位置する C^2 級の場合は未解決とのことである．

ナッシュの証明の概略

ナッシュの議論の概略を [162] にしたがって述べる．基本戦略はまず，ほぼ等長な埋め込みになる写像を構成し，それを変形して等長埋め込みを得るというものである．変形可能であることをあらわす次の定理 3.16 が本質的である．

まず，C^2 級写像 $f : M^n \to \mathbb{R}^N$ が自由 (free) とは，任意の局所座標系 x_1,

$\ldots, x_n$[29]に対して，次の $n + \dfrac{n(n+1)}{2}$ 個のベクトル

$$\frac{\partial f}{\partial x_j}, \qquad \frac{\partial^2 f}{\partial x_j \partial x_k}, \qquad 1 \leq j \leq k \leq n$$

が各点で線形独立であることと定義する．なぜこのような概念を考えるかについては後述するが，これを用いて次の定理が記述される．

定理 3.16 変形定理 (deformation theorem)

$w_0 : M^n \to \mathbb{R}^N$ を C^∞ 級自由埋め込みとする．このとき，次を満たす $\varepsilon_0 > 0$ が存在する．

$k \geq 3$ に対して C^k 級 $(0,2)$ テンソル h が $\|h\|_3 < \varepsilon_0$ を満たせば，C^k 級等長埋め込み $\overline{w} : M^n \to \mathbb{R}^N$ で，$\overline{w}^* e = w_0^* e + h$ を満たすものが存在する．

まず $(0,2)$ テンソルについて説明する．一般に (r,s) テンソルとは，M の点 p におけるファイバーが r 個の接空間 T_pM と s 個の余接空間 T_p^*M のテンソル積 (tensor product) $\bigotimes_{i=1}^{r+s} T_i$（ここで $T_i = T_pM$ $(i = 1, \ldots, r)$, $T_i = T_p^*M$ $(i = r+1, \ldots, r+s)$）であるベクトル束の切断[30]のことである．例えば，リーマン計量は $(0,2)$ テンソルである．

この定理において，仮定にあらわれる ε_0 は，はじめに与えられた自由埋め込み w_0 に依存するので，変形のための良い出発点 w_0 を与えるには，例えば定理 3.13 による C^1 級等長埋め込みを考え，それを平滑化した C^∞ 級自由埋め込みを用いるということだけでは不十分であり，非自明である．

変形定理の証明の方針

以下はデ・レリスの論説 [162] のダイジェスト版ではあるが，それでもかなり長い．そこでいくつかの Step に分けて議論する．はじめに各 Step の内容につ

[29] これまで局所座標系に関して $x^1, \ldots, x^n$ のように上付き添字を用いていたが，本項に限り [162] での記号に合わせて下付き添字を用いる．

[30] 念のために注意すれば，ここでのテンソルの定義と 2.4.5 項でのテンソルの定義は同等である．

いて簡単に説明する.

全体の流れ

Step 1：すぐ上で述べたよい出発点 w_0 の構成のあらましを述べる.

Step 2：変形定理 3.16 の証明は，w_0 を連続的に変形して目的の等長埋め込み w を得るという方法で行われるが，その変形を制御する発展方程式 (evolution equation) をはじめに提示し，さらにそれを後の解析に便利な形に変形する．その結果を見ると，「なぜ初期値として自由埋め込みを考えるか？」ということがある程度わかる.

Step 3：この発展方程式は変形のパラメーター t と多様体の局所座標系 $\{x_i\}_{i=1}^n$ に関する偏微分方程式であるが，まずこれが t を変数とする関数値写像に関する常微分方程式に帰着できることを示す．さらに，この方程式のままでは上記の“微分損失”の問題が生じるので，平滑化を取り入れた新たな（関数値）常微分方程式（発展方程式）を導入する.

Step 4：新たな微分方程式の解を求めるための先験評価 (a priori estimate)[31] を行う．この部分が最も本質的部分であり，かつ長い．端的に言えばここでの目的は，ある程度の“大きさ”[32]を持つ関数が，もし微分方程式の解であればよりよい評価を持つ（評価の自己改善）ことを示すことである．その際，上記の新たな微分方程式の構成とノルムの選び方がキーポイントである．前者は Step 3 の後半で，後者については Step 4 の冒頭である程度説明する.

Step 5：Step 4 の結果により，反復法を用いて上記の微分方程式の解が求められることを説明する．ただし，この部分はある程度標準的議論であるので省略した部分もある．必要ならば [162] を参照されたい.

---

31) 先験評価とは，微分方程式の解を求める際に用いる反復法が機能するようにあらかじめしておく評価という意味である．日本語でアプリオリ評価と言われることも多い.

32) つまり，ある種のノルムに関する評価が与えられているということ.

Step 1：変形定理 3.16 の仮定にあらわれる C^∞ 級自由埋め込み w_0 の構成

はじめに，定理 3.13 により存在が保証される C^1 級等長埋め込み $f: M \to \mathbb{R}^N$ を 1 つ選び，これを平滑化して C^∞ 級写像 $\tilde{f}$ に変形する．次に，等長埋め込みからのずれを h として，$\|h\|_3$ を小さくするように $\tilde{f}$ を変形したい．定理 3.13 より，h の C^0 ノルムは f が C^1 級等長はめ込みであり，いくらでも小さくできるとしてよいので，問題は h の（何回かの）微分のノルム評価である．これには，定理 3.13 の証明 Step 2(a) における $\tilde{w}$ と類似の写像を用いて，そこでも述べた「C^0 ノルムはあまり変えずに，微分のノルムはある程度制御できる」ことを利用して微分のノルムを小さくするというのが基本方針である．ただしこのような変形を，滑らかな関数の範疇で行うために注意深く議論する必要がある．

Step 2：変形定理 3.16 を用いるための準備

基本方針「w_0 を変形して $\overline{w}$ を得る」を実行するために，次の方程式を考える．まず，$(0,2)$ テンソルの空間内の曲線

$$[t_0, \infty) \ni t \mapsto h(t), \quad h(t_0) = 0, \quad \lim_{t \to \infty} h(t) = h \tag{3.5}$$

に対し，

$$w(t_0) = w_0, \quad \lim_{t \to \infty} w(t) = \overline{w}$$

をそれぞれ初期値，最終値とする発展方程式

$$w(t)^* e = w_0^* e + h(t) \tag{3.6}$$

を考える．この式を t で微分して，局所座標系 $x_1, \ldots, x_n$ を用いて表示すると，

$$\sum_{\alpha=1}^{N} \frac{\partial w_\alpha}{\partial x_i} \frac{\partial \dot{w}_\alpha}{\partial x_j} + \frac{\partial \dot{w}_\alpha}{\partial x_i} \frac{\partial w_\alpha}{\partial x_j} = \dot{h}_{ij} \tag{3.7}$$

とあらわされる[33].

次にナッシュは付加条件として，この発展方程式の解 $w(t) := w(x,t)$ の速度ベクトル $\dot{w}(t) := \dfrac{\partial}{\partial t}w(x,t)$ とその時間における解のなす曲面 $w(M,t)$ との直交条件，すなわち

$$\sum_{\alpha=1}^{N} \frac{\partial w_\alpha}{\partial x_j}\dot{w}_\alpha = 0, \quad j = 1, \dots, n \tag{3.8}$$

を課した（第 2 のアイデア）．この式をさらに x_i で偏微分して，その結果を用いると，式 (3.7) は

$$-2\sum_{\alpha=1}^{N} \frac{\partial^2 w_\alpha}{\partial x_i \partial x_j}\dot{w}_\alpha = \dot{h}_{ij} \tag{3.9}$$

と同値であることがわかる．

以上により，等長埋め込みの存在問題は，初期条件 $w(t_0) = w_0$ の下で，方程式 (3.8), (3.9) を同時に満たす解 w を求めることに帰着された．これらの方程式を解くために，初期条件に“非退化条件”を仮定するのは自然[34]であり，それが変形定理 3.16 の仮定にあらわれる w_0 が自由埋め込みという条件である．

Step 3：微分損失とその解消

まず，方程式 (3.8), (3.9) を連立させたものを 1 つの方程式にまとめれば，w の 1 階あるいは 2 階微分 Dw, D^2w に依存する $m \times N$ 行列 $A = A(Dw, D^2w)$ を用いて，

$$A\dot{w}(t) = \dot{\tilde{h}}(t) \tag{3.10}$$

という形で書かれる．ここで，$m = n + \dfrac{n(n+1)}{2} \leq N$ であり，また

[33] ここで t に関する微分はドット ˙ であらわしている．

[34] この条件は以下の式 (3.10) にあらわれる行列 A が最大階数 (maximal rank) を持つということである．

$$\tilde{h}(t) = {}^t(0, \ldots, 0, h_{11}(t), h_{12}(t), \ldots, h_{nn}(t))$$

である．また，w_0 が自由埋め込みであるから，少なくとも初期時間からそれほど時間 t が経過していなければ $w(t)$ も自由埋め込みである．よって，その時間までは A は最大階数 m を持つので行列 $(A\ {}^tA)^{-1}$ が存在することに注意されたい．なお，この式の右辺のベクトルの成分にははじめに 0 が n 個ならんでいるが，この部分は (3.8) に対応している．この式を $\dot{w}(t)$ に関する線形連立方程式と見なすと，$\dot{w}(t) = {}^tA(A\ {}^tA)^{-1}\tilde{h}(t)$ という形の解を持つ．この解は，すべての解のうちでそのユークリッドノルムの最小値を与えることも知られている．

以上により，方程式 (3.8), (3.9) の代わりに，次の形の（関数値）常微分方程式を考察すればよいことになる．

$$\begin{cases} \dot{w}(t) = \mathcal{L}(w(t))\dot{h}(t) \\ w(t_0) = w_0 \end{cases} \tag{3.11}$$

ただし，ここで式 (3.10) における $\tilde{h}(t)$ をあらためて $h(t)$ と書いているので，元の $h(t)$ とは一致しないことに注意する．またここで $h(t)$ は $h(t_0) = 0$ と $h(\infty) = h$ を結ぶ曲線としている[35]．

この方程式に関して，以下の点が問題となる．$\mathcal{L}$ は w の M の局所座標による 1 階微分と 2 階微分に関する情報を含んでいるが，上式はこれを用いて速度ベクトル $\dot{w}$ の 0 階微分の情報（のみ）を得ている．つまり，ここに微分損失が起こっている．この場合，解の存在証明の基本的手段であるバナッハ空間 (Banach space) の（通常の形の）陰関数定理，不動点定理 (fixed point theorem)，反復法などが利用できない．この困難を克服するためのナッシュのアイデアは，微分損失が生じたらそれを平滑化すればよいというもので，方程式を平滑化を行うための軟化子 (mollifier) $\mathcal{S}_{t^{-1}}$ を組み込んだ方程式

$$\begin{cases} \dot{w}(t) = \mathcal{L}(\mathcal{S}_{t^{-1}}w(t))\dot{h}(t) \\ w(t_0) = w_0 \end{cases} \tag{3.12}$$

---

[35] この記号の変更に伴い，$h(\infty) = h$ の右辺の h も以前のものとは変更され，これを式 (3.5) にあらわれた h を用いて表記すると ${}^t(0, \ldots, 0, h)$ となる．

に変更する．ここで，軟化子 $\mathcal{S}_\varepsilon$, $\varepsilon = t^{-1}$ は，次の手順で定義される．まず，ホイットニーの埋め込み定理により，M^n を $\mathbb{R}^{2n}$ に埋め込まれた部分多様体と考え，M 上の関数 f の定義域を拡張し，以下の条件を満たす $\mathbb{R}^{2n}$ 上の関数 $\tilde{f}$ を考える．$\tilde{f}$ を，M の近傍において，M に直交する線分上では一定でその値はその線分と交わる M の点での f の値をとり，また M からある程度離れた点での値は 0 であるようにする．この $\tilde{f}$ を $\mathbb{R}^{2n}$ 上の通常の軟化子 $\mathcal{R}_\varepsilon$ を用いて平滑化して関数 $\tilde{f}_\varepsilon = \mathcal{R}_\varepsilon(\tilde{f})$ を得る．最後に，その結果得られた関数 $\tilde{f}_\varepsilon$ の M へ制限として $\mathcal{S}_\varepsilon(f)$ を定義する．ただし

$$\mathcal{R}_\varepsilon(\tilde{f})(x) = \int_{\mathbb{R}^{2n}} \tilde{f}(y)\varphi_\varepsilon(x-y)\,dy$$

および $\varphi_\varepsilon(x) = \varepsilon^{-2n}\varphi(|x|/\varepsilon)$ であり，また $\varphi : \mathbb{R} \to [0,1]$ は $\varphi(t) = 1$ $(t \leq 1)$, $\varphi(t) = 0$ $(t \geq 2)$ を満たす C^∞ 級関数である．

さらに $\mathcal{S}_\varepsilon$ はテンソルに対しても，その局所座標表示での係数となる関数への作用で定義され，C^0 級 (r,s) テンソル T を C^∞ 級 (r,s) テンソル $\mathcal{S}_\varepsilon(T)$ に移す平滑化作用素であり，命題 3.17 で述べる性質を持つ．これらの性質に関し，$\mathcal{R}_\varepsilon$ に関する同様の不等式の成立はよく知られており，$\mathcal{S}_\varepsilon$ の場合の証明もその場合に帰着されるのでここでは省略する[36]．

命題 3.17

$\mathcal{S}_\varepsilon$ は ε に関して滑らかで，$\varepsilon \leq 1$ で (i,j) テンソル T に対し，ある $C = C(r,s,i,j) > 0$ で

$$\|D^r(\mathcal{S}_\varepsilon T)\|_0 \leq C\varepsilon^{s-r}\|T\|_s \qquad (r \geq s), \tag{3.13}$$

$$\|D^r(\mathcal{S}'_\varepsilon T)\|_0 \leq C\varepsilon^{s-r-1}\|T\|_s, \tag{3.14}$$

$$\|D^r(T - \mathcal{S}_\varepsilon T)\|_0 \leq C\varepsilon^{s-r}\|T\|_s \qquad (r \leq s) \tag{3.15}$$

を満たすものが存在する．ここで，$\mathcal{S}'_\varepsilon = \dfrac{d}{d\varepsilon}\mathcal{S}_\varepsilon$ である．

蛇足ではあるが，少しコメントを加える．式 (3.13) においては $r \geq s$ なので，

[36] ただし，式 (3.14) における $r < s$ の場合についてはあまり知られていないかもしれないので，必要なら [162] を参照されたい．

平滑化のおかげでより高階の微分の大きさを低階の微分ノルムで評価できるわけである．ただしその評価は ε が小さいほど悪くなる．一方，式 (3.15) は平滑化によるずれを測っている．こちらは逆に $r \leq s$ なので ε が小さいほど良い．式 (3.14) については，平滑化したものを微分方程式に代入すれば，積の微分公式より当然，平滑化の微分の項もあらわれるはずであるが，それらを近似誤差として処理するためのものである．

方程式 (3.12) の中にあらわれる $h(t)$ は，$w(t)$ に適合するようにうまく選ぶ必要があるが，具体的には次のように定義される．まず，非減少 C^∞ 級関数 ψ : $\mathbb{R} \to [0,1]$ で

$$\psi(s) = 0 \ (s \leq 0), \quad \psi(s) = 1 \ (s \geq 1)$$

を満たすものを選ぶ．このとき $h(t)$ と $w(t)$ との関係は以下の通りである．

$$h(t) = \mathcal{S}_{t^{-1}} \left[\psi(t - t_0)h + \int_{t_0}^{t} [2d(\mathcal{S}_{\tau^{-1}} w(\tau) - w(\tau))] \odot d\dot{w}(\tau)\, \psi(t-\tau)\, d\tau \right] \tag{3.16}$$

ここで，右辺にあらわれる h は $h = h(\infty)$ であり，記号 $\odot$ は対称テンソル積 (symmetric tensor product) の係数をあらわす記号である．具体的に局所座標表示を用いてあらわせば

$$du \odot dv = \frac{1}{2} \sum_{\alpha} \left(\frac{\partial v_\alpha}{\partial x_i} \frac{\partial u_\alpha}{\partial x_j} + \frac{\partial u_\alpha}{\partial x_i} \frac{\partial v_\alpha}{\partial x_j} \right)$$

である．

上の式 (3.16) において，右辺の第2項にあらわれる複雑な積分がどういう意味を持っているかということが気になるが，デ・レリスは次のように説明している．

目的とする方程式 (3.12) が $[t_0, \infty)$ で解を持ち，さらに $t \to \infty$ で解 $w(t)$ がある関数 $\overline{w}$ に収束したとする．このとき式 (3.12) は，

$$2d(\mathcal{S}_{t^{-1}} w(t)) \odot d\dot{w}(t) = \dot{h}(t)$$

と変形される[37]．これを積分すると

$$\int_{t_0}^{\infty} 2d(\mathcal{S}_{\tau^{-1}} w(\tau)) \odot d\dot{w}(\tau)\, d\tau = h(\infty) - h(t_0) \tag{3.17}$$

が得られる．一方，式 (3.16) において，$t \to \infty$ とすれば

$$h(\infty) = h + \int_{t_0}^{\infty} 2d(\mathcal{S}_{\tau^{-1}} w(\tau) - w(\tau)) \odot d\dot{w}(\tau)\, d\tau$$

も得られる．ここで，$h(\infty) = h$ であるので，

$$\int_{t_0}^{\infty} 2d(\mathcal{S}_{\tau^{-1}} w(\tau)) \odot d\dot{w}(\tau)\, d\tau = \int_{t_0}^{\infty} 2dw(\tau) \odot d\dot{w}(\tau)\, d\tau$$

が成り立ち，$h(t_0) = 0$ であるから式 (3.17) とあわせて

$$\int_{t_0}^{\infty} 2dw(\tau) \odot d\dot{w}(\tau)\, d\tau = h$$

が導かれる．さらに式 (3.6) を微分して式 (3.7) を得たことと式 (3.7) の左辺が上の積分の被積分関数であることより，

$$\overline{w}^* e - w_0^* e = w(\infty)^* e - w_0^* e = h$$

を得る．この式は変形定理 3.16 の結論と同値である．

Step 4：先験評価

このステップが最も本質的である．

先験評価の概要

先験評価とは，反復法を用いて解を構成する際，それが進行するためのあらかじめ必要な評価で，ここで実際に示されることは，上記の微分方程式に関連するある関数があらかじめある評価を満たすと仮定すると，それが微分方程式の“解”であることから，実はよりよい評価を持つ．つまり評価の自己改善が行われるわけで，この定理が全体の議論のキーポイントとなっている．

[37] この変形はほぼ，少し前に (3.7) から (3.11) を導いた手順の逆に相当する．

(3.12) および (3.16) が成立しているという仮定の下で，まず，$\varepsilon > 0$ を「$\|u-w_0\|_2 < 4\varepsilon$ が成立すれば，u が自由埋め込み」を満たすように選び，固定しておく．この条件は，元々の方程式 (3.6) を変形して (3.11) を導く過程で線形方程式 (3.10) を解く必要があったが，これが解けるための十分条件が「行列 A が最大階数を持つ」であることに由来する．

定理 3.18 先験評価

（上記 ε に依存する）$\tilde{t}$ が存在し，$t_0 > \tilde{t}$ を満たす任意の t_0 に対して，h が次の評価式

$$\|h\|_3 < \delta = \delta(t_0)$$

を満たせば，以下が成立するような $\delta(t_0) > 0$ が存在する．

t_0 を左端とするある区間 I（その右端は開でも閉でも ∞ でもよい）上で

$$\|w(t) - w_0\|_3 + t^{-1}\|w(t) - w_0\|_4 \le 2\varepsilon, \tag{3.18}$$

$$t^4\|\dot{h}\|_0 + \|\dot{h}\|_4 \le 2 \tag{3.19}$$

が成り立つとする．このとき，評価式の改良

$$\|w(t) - w_0\|_3 + t^{-1}\|w(t) - w_0\|_4 \le \varepsilon, \tag{3.20}$$

$$t^4\|\dot{h}\|_0 + \|\dot{h}\|_4 \le 1 \tag{3.21}$$

が成り立つ．さらに

$$t^4\|\dot{w}(t)\|_0 + \|\dot{w}(t)\|_4 \le C_0 \tag{3.22}$$

が，δ にのみ依存するある定数 $C_0 > 0$ に対して成り立つ．加えて，$I = [t_0, \infty)$ のとき，$\lim_{s\to\infty} \delta(s) = 0$ を満たす関数 $\delta(s)$ が存在して，$t \ge s \ge t_0$ であれば

$$\|w(t) - w(s)\|_3 \le \delta(s) \tag{3.23}$$

が成り立つ．

この定理の証明は [162] に整理されて書かれているので，詳しくはそれを見て

いただければよいが，ここではそのための動機づけとして評価式 (3.21) の証明のみを紹介し，そこで行われる議論のおおよその雰囲気を感じていただくことにする．

評価式 (3.21) の証明の概要

仮定の式 (3.18), (3.19) は，本質的に

$$\|w(t) - w(t_0)\|_\kappa t^{3-\kappa} \quad (\kappa = 3, 4)$$

および

$$\|\dot{h}\|_\kappa t^{4-\kappa} \quad (\kappa = 0, \ldots, 4)$$

というノルムがある定数以下であるということであり，結論はその定数を改善する，つまり，より小さい定数以下で評価できることを示すというものである．その証明は，議論に必要ないくつかの一般不等式の準備 (Substep 1) の後，定数の改善はせず，本質的にはそのままで別の量を評価する部分 (Substep 2, Substep 3) と，それらを用いて定数の改善を行う部分 (Substep 4) からなっている．

ちなみに，$\|w(t) - w(t_0)\|_\kappa t^{3-\kappa}$ において「なぜ，微分ノルムの階数と t の冪を組み合わせた新たなノルムを考えるか？」について，筆者は，式 (3.13) において $\varepsilon = t^{-1}$ とおくと，$r \geq s$ であるとき

$$\|D^r(\mathcal{S}_{t^{-1}}T)\|_0 \leq Ct^{r-s}\|T\|_s \tag{3.24}$$

が得られることがポイントではないかと考えている．この式は，上の新たなノルムに関し，高階微分に関するノルムを低階微分のノルムで上から評価しているということである．一般にこの種の逆向きのノルム評価をすることが，微分方程式に関する解析において肝要であると考えられる．これは，式 (3.11) のすぐ後のコメントにある問題点“微分損失”を修復しているということである．例えば，楕円型微分作用素 (elliptic differential operator) に対しては楕円型評価式 (elliptic estimate) とよばれるものにより，このことが自然に達成される．実際，後述の 3.4.3 項におけるギュンターの結果に基づく議論では，まさにこれが実現されている．一方，ここでの微分方程式 (3.11) における微分作用素 $\mathcal{L}$ は楕円型

(elliptic) とは限らないので，楕円型評価式の代替として (3.24) を用いるためもあって，新たな方程式 (3.12) が考えられたのではないかと思われる[38]．

Substep 1（準備のための一般不等式）

まず，準備として一般的に成立する以下の事実を紹介する．証明はいずれも [162] にあるが，ここでは「感覚的には成り立ちそうだ」ということで省略する[39]．

1. T を滑らかな (i,j) テンソル，$r < \sigma < s$ を3つの自然数とするとき，ある定数 $C = C(r,\sigma,s,i,j) > 0$ が存在して，$\sigma = \lambda r + (1-\lambda)s$ と書くと
$$\|T\|_\sigma \leq C\|T\|_r^\lambda \|T\|_s^{1-\lambda} \tag{3.25}$$
が成立する．
2. $\Gamma \subset \mathbb{R}^k$ をコンパクト集合，r を自然数とし，$\Psi : \Gamma \to \mathbb{R}^k$ を C^∞ 級写像とするとき，ある定数 $C = C(r,\Psi) > 0$ が存在して，$\|v\|_0 \leq 1$ を満たす任意の C^∞ 級写像 $v : M \to \Gamma$ に対して
$$\|\Psi \circ v\|_r \leq C(1 + \|v\|_r) \tag{3.26}$$
が成立する[40]．
3. 任意の $r \geq 0$ に対して，ある定数 $C = C(r) > 0$ が存在して，任意の $\varphi, \psi \in C^r(M)$ に対して，
$$\|\varphi\psi\|_r \leq C(\|\varphi\|_0\|\psi\|_r + \|\varphi\|_r\|\psi\|_0) \tag{3.27}$$
が成り立つ．
4. 式 (3.25) より，$\|T(t)\|_k \leq \lambda t^j$ かつ $\|T(t)\|_{k+i} \leq \lambda t^{j+i}$ ならば，

---

[38] ただし，ここで述べたのはおおよその考え方であり，単純にこの考えのみでうまくいくわけでない．ナッシュはさらなる工夫を行ってこれらを実現している（以下の Substep 4 での議論がうまくいくための工夫と言ってもよい）．

[39] ただし，式 (3.27) が少し標準的ではないかもしれない．

[40] [162] では，上記の「$\|v\|_0 \leq 1$ を満たす」という条件は仮定されていないが，必要ではないかと思われる．ただしこの付加条件は，定理 3.18 で用いる際には，成立するとしても一般性を失わないので問題にはならない．

$$\|T(t)\|_{k+\kappa} \leq \lambda t^{j+\kappa} \tag{3.28}$$

が $1 \leq \kappa \leq i-1$ に対して成立する.

Substep 2：式 (3.22) の証明

概要：おおよそ，仮定の式 (3.18), (3.19) から結論の式 (3.22) を導くわけであるが，とりあえず，逆に式 (3.22) を t について積分すれば式 (3.18) が得られることに注意する[41]．もちろん一般には，積分は“平均”であるので，それに関する不等式から各点ごとの不等式は得られない．ただし，もし被積分関数の値があまり振動しないということがわかっていれば，積分不等式から各点でのある程度の不等式は得られるということに注意する．

以下では，仮定から直接的には，式 (3.18) より式 (3.29), (3.30) が得られ，また式 (3.19) より式 (3.33), (3.34) が得られる．他の部分は，平滑化した関数の高階微分を元の関数の低階微分で評価している．微分の階数を 1 つ上げるために低階微分項は t 倍されるが，この議論にはおおよそ上で述べた「被積分関数の振動の大きさの評価」が用いられている．

まず (3.18), (3.15) より，t_0 を十分大きくとれば

$$\|\mathcal{S}_{t^{-1}} w(t) - w_0\|_2 \leq 4\varepsilon \tag{3.29}$$

とできるので，そうしておく．また式 (3.18) より，w_0 にのみ依存する定数 $C > 0$ を用いて，

$$\|w(t)\|_3 \leq C \tag{3.30}$$

と評価できる．

さらに式 (3.26), (3.13) より，$\kappa \geq 1$ ならば $C = C(\kappa) > 0$ が存在して

$$\|\mathcal{L}(\mathcal{S}_{t^{-1}} w(t))\|_\kappa \leq C\|\mathcal{S}_{t^{-1}} w(t)\|_{\kappa+2} \leq C(\kappa)\|w(t)\|_3 t^{\kappa-1} \tag{3.31}$$

---

[41] 正確には，それぞれの第 2 項のことに関して述べている．第 1 項については式 (3.18) では 3-ノルム，式 (3.22) では 0-ノルムであるので状況は異なるが，この場合についても，先述のように“微分ノルムの階数と t の冪を組み合わせた新たなノルム”の釣り合いとして考えれば，やはり式 (3.22) を積分すれば式 (3.18) が得られると考えられる．

が成り立つ．一方，$\kappa = 0$ の場合も，再び式 (3.13) より

$$\|\mathcal{S}_{t^{-1}} w(t)\|_2 \leq C\|w(t)\|_2$$

が得られる．この式と (3.30), (3.31) をあわせて

$$\|\mathcal{L}(\mathcal{S}_{t^{-1}} w(t))\|_\kappa \leq C(1 + t^{\kappa-1}) \tag{3.32}$$

が得られる．これを方程式 (3.12) に対して用いると，式 (3.19), (3.27) より，

$$\|\dot{w}(t)\|_0 \leq \|\mathcal{L}(\mathcal{S}_{t^{-1}} w(t))\|_0 \|\dot{h}\|_0 \leq Ct^{-4}, \tag{3.33}$$

$$\|\dot{w}(t)\|_4 \leq C(\|\mathcal{L}(\mathcal{S}_{t^{-1}} w(t))\|_4 \|\dot{h}\|_0 + \|\mathcal{L}(\mathcal{S}_{t^{-1}} w(t))\|_0 \|\dot{h}\|_4) \leq C \tag{3.34}$$

が得られる．これから式 (3.22) が導かれる．

Substep 3：$\boldsymbol{h(t)}$ の定義式の第2項の $\boldsymbol{C^3}$ ノルムの評価

概要：この部分は，特徴的議論というようなものはなく，自然に議論を進めているように見える．

まず関数

$$E(t) := 2d(\mathcal{S}_{t^{-1}} w(t) - w(t)) \odot d\dot{w}(t),$$
$$L(t) := \int_{t_0}^{t} E(\tau)\psi(t - \tau)\, d\tau$$

を導入する．ここで，ψ は式 (3.16) で選んだものである．これを用いると式 (3.16) より

$$h(t) = \mathcal{S}_{t^{-1}}[\psi(t - t_0)h + L(t)]$$

と書ける．式 (3.15), (3.30) より

$$\|\mathcal{S}_{t^{-1}} w(t) - w(t)\|_1 \leq Ct^{-2}\|w(t)\|_3 \leq Ct^{-2} \tag{3.35}$$

および式 (3.33), (3.34), (3.28) より $\|\dot{w}(t)\|_1 \leq Ct^{-3}$ が得られる．これと式 (3.27), (3.35) より，$\|E(t)\|_0 \leq Ct^{-5}$ が結論される．他方，式 (3.15), (3.30) より，

$$\|\mathcal{S}_{t^{-1}}w(t) - w(t)\|_4 \le Ct\|w(t)\|_3 \le Ct \tag{3.36}$$

であるから，式 (3.27), (3.34) および $E(t)$ の定義より

$$\begin{aligned}\|E(t)\|_3 &\le C(\|\mathcal{S}_{t^{-1}}w(t) - w(t)\|_4\|\dot{w}(t)\|_1 + \|\mathcal{S}_{t^{-1}}w(t) - w(t)\|_1\|\dot{w}(t)\|_4) \\ &\le Ct^{-2}\end{aligned}$$

が得られ，したがって

$$\|L(t)\|_3 \le C\int_{t_0}^{t} \|E(\tau)\|_3\, d\tau \le Ct_0^{-1} \tag{3.37}$$

も導かれる．

Substep 4：評価の改善

概要：ここでのポイントは，式 (3.38) およびそれに続く式 (3.39), (3.40) であり，積分範囲が $[t_0, t]$ ではなく $[\max(t_0, t-1), t]$ に狭められているので，これらの評価式において t のべき 1 つ分“稼げている”というものである．

目的は，$\dot{h}(t)$ の様々なノルムを

$$\dot{h}(t) = \left(\frac{d}{dt}\mathcal{S}_{t^{-1}}\right)[\psi(t-t_0)h + L(t)] + \mathcal{S}_{t^{-1}}[\psi'(t-t_0)h + \dot{L}(t)]$$

を用いて評価することである．右辺にあらわれる h は $h = h(\infty)$ であることに注意されたい．

まず，定理 3.18 の仮定 $\|h\|_3 < \delta$ と式 (3.13) より，$\|\mathcal{S}_{t^{-1}}h\|_4 \le Ct\|h\|_3 \le Ct\delta$ が成立することに注意する．また $t < t_0$, $t > t_0 + 1$ において $\psi'(t-t_0) \equiv 0$ であるから

$$\|\psi'(t-t_0)\mathcal{S}_{t^{-1}}h\|_4 \le \begin{cases} Ct_0\delta & (t \in [t_0, t_0+1]) \\ 0 & (\text{その他の場合}) \end{cases} \tag{3.38}$$

が得られ，また同じ理由および $\psi(t_0) = 0$ により，

$$\|\dot{L}(t)\|_0 \le C \int_{\max(t_0, t-1)}^{t} \|E(\tau)\|_0 \, d\tau \le Ct^{-5}, \tag{3.39}$$

$$\|\dot{L}(t)\|_3 \le C \int_{\max(t_0, t-1)}^{t} \|E(\tau)\|_3 \, d\tau \le Ct^{-2} \tag{3.40}$$

が得られる．したがって式 (3.13) より，

$$\|\mathcal{S}_{t^{-1}} \dot{L}(t)\|_4 \le Ct\|\dot{L}(t)\|_3 \le Ct^{-1} \tag{3.41}$$

が導かれる．次に $\dfrac{d}{dt}\mathcal{S}_{t^{-1}} = -t^{-2}\mathcal{S}'_{t^{-1}}$ であるから，

$$P(t) := \left(\frac{d}{dt}\mathcal{S}_{t^{-1}}\right)[\psi(t-t_0)h + L(t)]$$

とおけば，式 (3.14) より，

$$t^4\|P(t)\|_0 + \|P(t)\|_4 \le C(\|h(t)\|_3 + \|L(t)\|_3) \le C(\delta + t_0^{-1}) \tag{3.42}$$

が得られる．ここで C は δ には依存しない定数である．さらに式 (3.38), (3.39), (3.40), (3.41), (3.42) を合わせて，不等式

$$t^4\|\dot{h}(t)\|_0 + \|\dot{h}(t)\|_4 \le Ct^{-1} + C\delta(1 + {t_0}^5) + C{t_0}^{-1} \le C{t_0}^{-1} + C\delta {t_0}^5$$

が得られる．この不等式において，はじめに t_0 を十分大きくとって，次に δ を十分小さくとれば，$\delta(t_0) > \delta$ も満たすので，右辺はいくらでも小さくできる．これより目的の不等式 (3.21) が得られた．

残りの不等式 (3.20), (3.23) の証明についてはもう少し議論を要するが，ここでは省略する．[162] を参照されたい．

Step 5：変形定理 3.16 の証明

まず，方程式 (3.12) が $[t_0, \infty)$ 全体で解を持つことを，次の補題を仮定して示す．

補題 3.19

ある閉区間 $I = [t_0, t_1]$（$t_0 = t_1$ でもよい）上で方程式 (3.12), (3.16) の

解が存在し，式 (3.20), (3.21), (3.22), (3.23) を満たすとする．このとき，I を含むある半開区間 $J = [t_0, t_2)$ が存在して，J 上まで上記の解が延長できて，それらは J 上式 (3.18), (3.19) を満たす．

まず，この補題が成立していると仮定する．このとき，方程式 (3.12), (3.16) の解で，式 (3.20), (3.21), (3.22), (3.23) を満たすものが存在するような極大な区間を $[t_0, T)$ とする．命題の仮定は，$t_0 = t_1$ の場合は明らかに満たすので，補題と定理 3.18 より $T > t_0$ である．$T < \infty$ とすると，上の解は連続性により，条件 (3.18), (3.19) を満たすように $[t_0, T]$ まで延長できる．すると，定理 3.18 より元の仮定 (3.20), (3.21), (3.22), (3.23) を満たすとしてよいので，補題により $[t_0, T+\varepsilon)$ まで延長できる．再び定理 3.18 を用いれば，この区間でも同じ条件を満たすことがしたがうので，解が同じ仮定を満たしたまま $[t_0, T+\varepsilon)$ まで延長できる．これは $[t_0, T)$ の極大性が反するため矛盾が生じ，$T = \infty$ が結論される．

補題 3.19 の証明は通常の不動点定理に帰着されるが，ここでは省略する．[162] には，読者の便宜のための不動点定理の略証まで含めて丁寧に証明されている．さらに，解の正則性 (regularity) を示すことが残っているが，これも同じく [162] を参照されたい．

3.4.3 ギュンターによる別証明

参考のため，ナッシュの定理の等長埋め込みの余次元の改良とともに別証明を与えたギュンター ([230]) の議論を，特に微分損失をどのように回復しているかの部分を中心に説明する．ここでの説明は基本的には [73] による．

まずユークリッド空間への等長埋め込み $u : (M, g) \to (\mathbb{R}^N, e)$ に対し，等長埋め込みの定義条件 (3.1) を局所座標表示すれば

$$e(\partial_i u, \partial_j u) = (\partial_i u, \partial_j u) = g_{ij}$$

となる．ここで，$\partial_i = \dfrac{\partial}{\partial x^i}$ である．この方程式をこれまでと同様に摂動を用いて解くために，$u = u_0 + v, g = g_0 + h, g_0 = u_0^* e$ とする．ただし，u_0 は自由埋め込み（変形定理 3.16 と同じ仮定）とする．すると上の方程式は

$$(\partial_i u_0, \partial_j v) + (\partial_i v, \partial_j u_0) + (\partial_i v, \partial_j v) = h_{ij} \tag{3.43}$$

と同値になる．

M 上のラプラシアン（第5章参照）Δ とは，以下のように定義される M 上の微分作用素である．M 上の関数 u に対し，その局所座標表示は

$$\Delta u = -\sum_{i,j=1}^{n} \frac{1}{\sqrt{\det g}} \partial_i (\sqrt{\det g}\, g^{ij} \partial_j u)$$

である．ここで $\partial_i = \dfrac{\partial}{\partial x^i}$ であり，また $\det g$ は局所座標によるリーマン計量 g の表示の係数を成分とする行列 (g_{ij}) の行列式，g^{ij} は行列 (g_{ij}) の逆行列 (g^{ij}) の成分である．特に，$\mathbb{R}^n$ の場合は $\Delta = -(\partial_1^2 + \cdots + \partial_n^2)$ であり，解析学で通常用いられるラプラシアンとは符号が逆になっている．[73] では解析学での符号のラプラシアンが用いられているので，以下にあらわれる式とは一部の符号が異なっている．

ラプラシアンを含む次の恒等式は，少し計算すれば得られる．

$$(1 + \Delta)(\partial_i v, \partial_j v) = \partial_i f_j(v) + \partial_j f_i(v) + r_{ij}(v).$$

ここで，$f_i(v) = (\Delta v, \partial_i)$ であり，また $r_{ij}(v)$ は $\partial^\alpha v$, $|\alpha| \leq 2$ に関する定数係数の2次の多項式である．

この恒等式を用いると式 (3.43) は，次のように書き換えられる．

$$\partial_j(\partial_i u_0, v) + \partial_j F_i(v) + \partial_i(\partial_j u_0, v) + \partial_i F_j(v) - 2(\partial_{ij}^2 u_0, v) = h_{ij} - R_{ij}.$$

ここで $F_i(v) = (1+\Delta)^{-1} f_i(v)$, $R_{ij} = (1+\Delta)^{-1} r_{ij}$ であり，また $(1+\Delta)^{-1}$ は $1+\Delta$ の逆作用素で擬微分作用素 (pseudo differential operator) である．この式の解は以下の連立方程式の解から得られる．

$$\begin{cases} (\partial_i u_0, v) = -F_i(v) \\ (\partial_{ij}^2 u_0, v) = \dfrac{R_{ij} - h_{ij}}{2} \end{cases}$$

この式の左辺は $\partial_i u_0$, $\partial_{ij}^2 u_0$ を行ベクトルとする行列 $M(u_0)$ を用いて $M(u_0)v$ とあらわされ，また u_0 は自由埋め込みであったことに注意すると，式 (3.10) と

同様の議論により，上記連立方程式は

$$v = L(u_0)\begin{pmatrix} F_i(v) \\ \dfrac{R_{ij} - h_{ij}}{2} \end{pmatrix} = G(v) \tag{3.44}$$

とあらわされる．この議論は方程式 (3.8), (3.9) を常微分方程式 (3.11) に帰着した議論とほぼ同様である．

上記の式 (3.11) との違いは，式 (3.11) においては微分損失が生じていたが，今回は擬微分作用素 $(1+\Delta)^{-1}$ を作用している状況であり，この作用素は C^{s-2} 級関数を C^s 級関数に移す有界作用素である[42]ので，この効果で微分損失の分が回復できており，通常のバナッハ空間における陰関数定理および不動点定理が利用できる点にある．これらを用いて方程式 (3.44) の解が得られる．

3.5　その他の埋め込み

本節の内容は，埋め込みの関連事項ではあるが，第 4 章，第 5 章で定義されるリーマン幾何学の用語を用いているので，それらに不慣れな場合はそちらをざっと眺めてから本節に戻られる方がよいと思われる．

3.5.1　具体的埋め込み

ナッシュの等長埋め込み定理は，あくまで等長埋め込みの存在を示すものであって，具体的に等長埋め込み写像を与えているわけではない．そこで，等長埋め込みをできるだけ性質の良い写像を用いて具体的に構成するという問題は残る．

この問題に関して，ベラール (Bérard)・ベッソン (Besson)・ギャロ (Gallot) [98] はコンパクトリーマン多様体 $M = (M, g)$ に対し，その熱核 $k(t, p, q)$[43]を用いて以下のような定数倍を除き，ほぼ等長な埋め込みを構成した．

---

[42] 念のためにコメントすると，このことはラプラシアンが楕円型微分作用素であることから得られるものである．

[43] 5.4.1 項参照．

$$\Phi_t : M \to L^2(M, d\mathrm{vol}), \quad M \ni p \mapsto k_{t,p} \in L^2(M, d\mathrm{vol}_g)$$

ここで $k_{t,p}(q) := k(t,p,q)$ であり，また $L^2(M, d\mathrm{vol}_g)$ は，リーマン測度 $d\mathrm{vol}_g$[44] に関する，M 上の2乗可積分関数全体のなすヒルベルト空間である．この写像 Φ_t が定数倍を除きほぼ等長な埋め込みを与えることは，次の熱核の短時間漸近展開 (short time asymptotic expansion)，すなわち $t \to 0$ において，$u, v \in T_pM$ に対し，成立する漸近公式

$$\begin{aligned}\Phi_t^{\star} g_{L^2}(u,v) &= \int_M \langle d_q k_{t,p}(u), d_q k_{t,p}(v) \rangle \, d\mathrm{vol}_g(q) \\ &= \frac{1}{\omega_n t^{(n/2)+1}} \left(c_n g(u,v) - \frac{2}{3} \left(\mathrm{Ric}(u,v) - \frac{1}{2} R g(u,v) \right) + O(t^2) \right)\end{aligned}$$

により示される．ここで

$$c_n = \frac{\omega_n}{(4\pi)^n} \int_{\mathbb{R}^n} |\partial_{x_1}(e^{-|x^2|/4})| \, dx$$

であり，また ω_n は n 次元単位球面の体積をあらわす．また Ric，R はそれぞれリッチ曲率，スカラー曲率[45]である．

この結果は，近年盛んに研究されている機械学習 (machine learning) の1つである「多様体学習 (manifold learning)」において，有益な手段を与えている．さらに最近，アムブロシオ (Ambrosio)・本多正平・ポルトギース (Portegies)・テウォドローズ (Tewodrose) はこの結果を，滑らかさを仮定しない特異空間である RCD 空間に拡張している．これは，その結果自体がリーマン幾何学の観点から興味深いだけでなく，現実のデータ構造がより複雑であることを考えると，今後，応用面からも重要性が増してくると思われる．これについては [76], [49] を参照されたい．さらに，関連するサーベイ [300] も最近アップロードされた．

3.5.2　補項：リーマン幾何学にあらわれる種々の平滑化に関するいくつかの注意

本項は，より一般のリーマン幾何学において，技術的観点から重要なリーマン

---

[44] 5.4.1 項参照.

[45] 4.2.4 項参照.

計量の滑らかさおよび平滑化に関する事項をまとめる．上記の等長埋め込みのナッシュおよびギュンターの存在証明，熱核を用いた埋め込み，次項のグロモフの埋め込みなどにも密接に関連しているのでここで述べるが，話題としては本章の主題とは幾分離れ，さらにかなりテクニカルな内容でもあるので補項としている．

注意 3.20

以下のヴァラダン (Varadhan) の公式 [411] を考慮に入れると上記の熱核を用いた埋め込みは，次項および次章 4.2.5 項で述べるグロモフの埋め込み i_G と対比できる．

定理 3.21

コンパクトリーマン多様体上の熱核 $k(t,p,q)$ およびリーマン距離 $d_g(p,q)$ に対し，

$$\lim_{t\to 0} -4t\log k(t,p,q) = d_g(p,q)^2$$

が成立する[46]．

ただし，これら 2 つの埋め込みは滑らかさ（微分可能性のこと，regularity）の点で相違もある．これに関し，いくつかの関連事項を列挙する．

注意 3.22

準備として，まず，「なぜ，リーマン多様体 M 上の熱流 $e^{-t\Delta}$ が平滑化を与えるか」について直観的な説明を試みる．ここで熱流 $e^{-t\Delta}$ とは $L^2(M)$ 上の線形作用素で $e^{-t\Delta}f$ が初期値 $f\in L^2(M)$ とする熱方程式[47]の解を与えるものであり，熱核 $k_{t,p}(q) := k(t,p,q)$ を用いると

[46] この等式は，ユークリッド空間 $\mathbb{R}^d$ における熱核 $k_{\mathbb{R}^d}(t,x,y) = \frac{1}{(4\pi t)^{d/2}} e^{-\frac{d(x,y)^2}{4t}}$ においては，明らかに成立している．

[47] (5.7) 参照．

$$(e^{-t\Delta}f)(p) = \int_M k(t,p,q)f(q)\,dv(q)$$

とあらわされることが知られている．さらにその平滑化効果は，熱核 $k(t,p,q)$ が $t > 0$ のとき変数 $p \in M$ に関して滑らかであることから導かれる．以下，熱核がこの性質を持つことの直観的説明を与える．

はじめに2種類の作用素，球面平均作用素 (spherical mean operator) L_r，球体平均作用素 (spherical body's mean operator) A_r[48]を，関数 $f \in C^\infty(M)$ に対し，以下で定義する．

$$(L_r f)(p) = \int_{S_pM} f(\exp_p(rv))\,dS_p(v),$$

$$(A_r f)(p) = \int_{B_pM} f(\exp_p(rv))\,dB_p(v).$$

ここで，S_pM，B_pM はそれぞれ接空間 T_pM 内の単位球面およびその内部をあらわし，dS_p，dB_p はその上の自然に定まる単位測度とする．このとき以下の漸近展開公式が知られている[49]．

$$L_r = I - (r^2/2n)\Delta + (r^4/8n(n+2))\Delta^2 + \cdots,$$

$$A_r = I - (r^2/6)\Delta + (r^4/40(n+2))\Delta^2 + \cdots.$$

次に，熱核 $k(t,p,q)$ の満たす方程式（熱方程式）：

$$\left(\frac{\partial}{\partial t} + \Delta\right) k(t,p,q) = 0,$$

$$k(0,p,q) = \delta_q(p)$$

を形式的に（超）関数値の常微分方程式と見なすと，以下の積分方程式

$$k(t,p,q) = \delta_q(p) + \int_0^t (-\Delta)k(u,p,q)\,du$$

と同値である．このとき $t > 0$ が十分小さければ，上記の漸近展開式より，以下の近似式

---

48) 適当な英訳がよくわからなかったのでとりあえずこのように訳しておく．

49) L_r については [400] 参照，A_r については L_r に関する公式を積分すれば得られる．

$$\delta_q(p) + \int_0^t (-\Delta)k(u,p,q)\,du \fallingdotseq \delta_q(p) + t(-\Delta)k(0,p,q)$$
$$\fallingdotseq \delta_q(p) + (A_r - I)k(0,p,q) = A_r(\delta_q)$$

を得る．ここで r は $t = r^2/6$ を満たす正の数である．この式の最右辺は“平均”であるから滑らかな関数と言えよう[50)].

注意 3.23

リーマン幾何学における種々の議論においても，そこにあらわれる関数の滑らかさが本質的な問題となることがよく生じる．以下では，そのことの影響や困難を克服するためにこれまでとられてきた方法のいくつかを例示する．

(1) 典型的な例である安定性定理 (stability theorem) の場合について説明する[51)]．その証明方法として局所同相写像 (local diffeomorphism) の貼り合わせで安定性定理を証明する方法が考えられるが，測地正規座標 (geodesic normal coordinates) を用いると，通常の方法では曲率テンソルの共変微分のノルム評価が必要となる[52)].

測地正規座標の代わりに調和座標 (harmonic coordinates) を用いれば，曲率テンソルのノルムあるいは断面曲率のみの両側評価のみで十分であり，さらにグロモフ・ハウスドルフ極限（Gromov-Hausdorff limit, 4.2.1 項参照）となる多様体のリーマン計量の滑らかさも $C^{1,\alpha}$ 級（1 階微分が α 次 $(0 < \alpha < 1)$ のヘルダー連続 (Hölder continuous)）に改良される（[203], [351] 参照).

ただし，元々のグロモフの埋め込みに基づく証明 [211][53)]では距離関数しか用いてないにもかかわらず，曲率の評価だけでその共変微分の評

50) ナッシュの議論も軟化子による積分に用いた平滑化を基礎にしており，ここでの直観的説明と似ていなくもないので，楕円型作用素による議論と本質的には同様の原理に基づいているといえるかもしれない.

51) 安定性定理自体は後の 4.2.5 項で登場する基本定理であるが，その証明の一部を少し紹介する.

52) [420] 参照.

53) 次項および後述 4.2.5 項参照.

価は必要ない．このことの本質的理由について筆者は理解できていない．

(2) 距離関数をそれに近い，より滑らかな関数で置き換える．
   (a) 深谷賢治は崩壊理論に関する論文 [186] の中で，グロモフの埋め込みをその定義における1点からの距離関数ではなく，その点の近傍での距離関数の平均で置き換えたものを用いた．このようにすると最小跡 (cut locus) での微分不可能性の問題等がある程度解消される．
   (b) 前項でも述べたが距離関数から決まる測地正規座標を調和座標に置き換えると，楕円型微分作用素の平滑化効果により滑らかさが改善される．これはチーガー (Cheeger)・コールディング (Colding) [129], [130], [131] でも用いられている．
   (c) コールディング・ネーバー (Naber) [152] は任意の2点に対し，それに対応する適当な初期値をおいて熱方程式を解き，その解を用いる．任意の2点という意味で大域解析を用いている点が前項とは異なる[54]．
   (d) 最近，モーガン (Morgan) によるハミルトンへのインタビュー

   And Quiet Goes the Ricci Flow: A Conversation with Richard Hamilton. Interview by John Morgan
   `https://scgp.stonybrook.edu/archives/38013`

   の中で，ハミルトンは放物型 (parabolic) 方程式の楕円型方程式

[54] 本多正平氏にこのことのより詳細な説明を伺った．「これがブレークスルーだったのは，チーガー・コールディングによる極限空間の正則性の結果はすべて分裂定理による“局所的な”ものであったのに対して，熱方程式を使って，任意の2点の周りの情報をその測地線に沿って（より正確にはその測地線の内点の部分で）比べることがリーマン多様体上で量的 (quantitative) にできるようにしたことです．量的にできたことでそれは極限空間にまで情報が伸びて，特にほとんどの2点の間でその2点の周りの情報をリーマン多様体の測地線の極限として現れる測地線にそって比べることができるようになったことです．これで正則集合の一意性などが示されます．」さらに最近のデン (Deng) の測地線の不分岐に関する最近の重要な結果 [165] についても以下のようにご説明いただいた．「一方でこの方法だと，極限空間で調べることができるのは多様体の極限としてあらわれる測地線だけになりますが，コールディング・ネーバーでやったことをそのまま RCD 空間に拡張できると，すべての測地線に対してそのような比較定理が成り立つことになり，結果として測地線の不分岐 (non-branching) がでる，というシナリオです．」

に対する利点に関し，「前者には “a beautiful short-time existence theorem” があるので，そのシンボル (symbol) の正値性 (positivity) さえチェックすれば短時間は滑らかな解が得られる．すなわち，好きなだけ微分できるようになり，楕円型では，時に必要な分数階の L^p 微分 (fractional L^p derivative) のような面倒なテクニックにわずらわされることもない」と語っており，より深い技術的な点へのコメントとして紹介しておく．

(3) 元の多様体のリーマン計量を変形する．リッチ流を使う ([96], [92])．

(4) 境界つきリーマン多様体においては，一般的にヴァラダンの漸近公式の成立は知られていないように思われる．それが困難である理由の 1 つは，特に境界が凸でない場合，多様体の 2 点を結ぶ最短線が境界に接する場合やさらにその一部が境界に含まれる場合があり，これらの取り扱いが難しいということが考えられる．以前，スペクトル逆問題の研究でこの公式を利用することを考えたが，結局上の理由により断念し，別の方法を用いたことがある [83]．なお，同論文では，調和座標などの正則性条件をできる限り弱めるということも行っている．ここに出てくるジグムント空間 (Zygmund space) とよばれる関数空間は，常微分方程式の解の一意性の成立するような正則性条件 (regularity condition) としては最も一般的と思われる関数からなる空間と考えられている．

3.5.3 距離空間としての等距離埋め込み

ナッシュの定理をはじめとする等長埋め込みの問題は，元の多様体のリーマン計量 g と埋め込まれた多様体におけるユークリッド計量から誘導されたリーマン計量 f^*e が等しいという条件であり，もちろん元の多様体の 2 点 p, q のリーマン距離 $d_g(p,q)$ と埋め込まれた多様体の 2 点 $f(p)$, $f(q)$ のユークリッド距離 (Euclidean distance) $d_e(f(p),f(q)) = |f(p) - f(q)|$ は一致しない．つまり，距離空間としての等距離埋め込みを与えているわけではない．少し考察すれば，次元が 1 以上の閉リーマン多様体から有限次元ユークリッド空間への，距離空間としての等距離埋め込みは存在しないことがわかる．

一方，クラトウスキ (Kuratowski) の埋め込みとは，閉リーマン多様体 M に

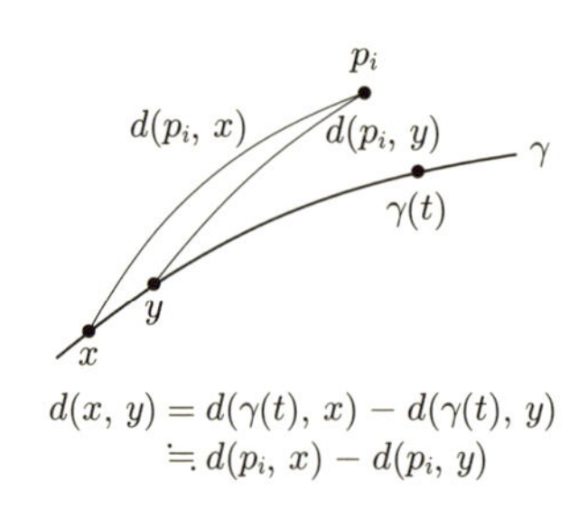

図 3.4　グロモフの埋め込み i_G の単射性

対し，$M \ni p \mapsto d_p(\cdot) = d_g(p, \cdot) \in L^\infty(M)$ で定義されるものであるが，これは後者の意味での等距離埋め込みとなっている．グロモフは Filling Riemannian Manifolds [212] において，この埋め込みを有効に利用している．

また，M の ε-ネット $N_\varepsilon = \{p_i\}_{i=1}^{N_\varepsilon}$（4.2.1 項参照）を用いて，$M$ のユークリッド空間 $\mathbb{R}^{N_\varepsilon}$ への埋め込み[55)]（グロモフの埋め込み）$i_G : M \to \mathbb{R}^{N_\varepsilon}$,

$$i_G(x) = (\rho_a(d_g(p_1, x)), \ldots, \rho_a(d_g(p_{N_\varepsilon}, x)))$$

を構成し，4.2.5 項で述べる安定性定理 4.7 の証明に活用している．ここで $\rho_a : [0, \infty) \to [0, \infty)$ は，$x \in [0, a/2]$ ならば $\rho_a(x) = 1$，$x \in [a, \infty)$ ならば $\rho_a(x) = 0$ を満たす C^∞ 級の広義減少関数である．この写像が実際に埋め込みであることの証明[56)]に関し，単射性については次のような議論で示される．

まず写像 i_G の定義において，カットオフ関数 ρ_a が用いられていることより，ある程度離れた M の 2 点の i_G による像は一致しないことは容易にわかるので，十分近い異なる 2 点 x, y に対し $i_G(x) \neq i_G(y)$ を示せばよい．

まず x から y への最短測地線 γ をそのまま y を超えて延長する．このとき，延長先の測地線上の点 $\gamma(t)$ に対し，

$$d_g(x, y) = d_g(\gamma(t), x) - d_g(\gamma(t), y)$$

が成り立つ（図 3.4 参照）．ここで，この式の右辺にあらわれる $\gamma(t)$ をそれに十

55) この埋め込みはクラトウスキ (Kuratowski) の埋め込みの有限次元類似とも考えられる．

56) ここでの以下の説明は，4.2.5 項の定理 4.7 の証明と対照しつつ読んでいただくとより理解しやすいと思われる．

分近い N_ε の点 p_i で置き換えても，右辺に相当する式が正となることは推測できる[57]．

すると $i_G(x)$, $i_G(y)$ それぞれの第 i 座標 $\rho_a(d_g(p_i,x))$, $\rho_a(d_g(p_i,y))$ は一致しないことより，$i_G(x) \neq i_G(y)$ がわかる．はめ込みであることもほぼ同じ考え方で示される．

また $\varepsilon \to 0$ のとき $N_\varepsilon \to \infty$ であるが，さらに計算により，$i_G(M)$ の第二基本形式のノルムが 0 に収束することがわかる．このことより，$i_G(M)$ のその管状近傍 (tubular neighborhood) の大きさの評価およびそこから $i_G(M)$ への直交射影 (orthogonal projection) がうまく定義できることがわかる．これらは安定性定理 4.7 の証明で用いられる．これらの議論の詳細については，[270], [368, Appendix] を参照されたい．

さらに，大津幸男は，塩濱勝博，山口孝男との共著論文 [339] の中で，リーマン多様体の十分小さな近傍が，同じ次元のユークリッド空間とほぼ等長であることより，上のような測地線がおおよそ各座標軸の方向にさえあれば十分であることを見出し，それを利用した埋め込みを構成した．この考え方は，その後，アレクサンドロフ空間 (Alexandrov space) の研究 [119] において，ストレーナー (strainer) とよばれる概念として導入され，基本的な道具となった．

3.5.4　ホモトピー原理

グロモフは，その研究の初期に，スメール・ハーシュの位相はめ込みの研究やナッシュ・カイパーの C^1 級等長埋め込みの研究が，ホモトピー原理 (homotopy principle) あるいは h 原理 (h-principle) とよばれる，文字通りホモトピー論の観点から統一できるという考え方に到達した．他にも，ホイットニー・グラウステン (Graustein) の定理 [414] とよばれる平面の閉曲線の正則ホモトピー (regular homotopy) に関する結果なども先駆的な例といえる．

この理論は，微分方程式，あるいはより一般に微分関係 (differential relation) の解空間を調べるための理論であって，微分関係をあらわす定義式（ホロノミック関係式 (holonomic relations)）のジェット (jet) の部分（関数の微分で書か

[57] このことは，曲率などの仮定の下で，比較定理などにより，実際に正しいことを示すことができる．

れている項）を新たな変数で置き換えてできる関係式（非ホロノミック関係式 (non holonomic relations)）との関係を調べるものである．一般に非ホロノミック関係式の方は変数に関する（代数）関係式であるため，元のホロノミック関係式に比べ解空間の構造は調べやすくなっていて，これの解の存在がホロノミック関係式の解の存在のための必要条件になっている．これが十分条件でもあるとき，この関係式はホモトピー原理を満たすと定義される．つまり，ホモトピー原理とは「微分方程式や微分関係式などの解析，あるいは微分トポロジー (differential topology) の問題が，代数あるいは代数トポロジーの問題に帰着されるかどうかを判定する原理」である．この原理は，その成否が判定できれば，それぞれどちらの場合も興味深い成果といえる．

1960 年代後半から本格的に理論が発展した．グロモフの他，エリアシュバーグ (Eliashberg)，A. V. フィリップスが初期からの研究者である．この理論は，グロモフの *Partial differential relation* [214] が基本文献であるが，グロモフの数多くの理論のうちでも，あまり一般に浸透していないものであるともいわれており，この文献以外でもいくつかの入門書や解説書（例えば [3], [175]）が出版されている．

この理論は，現在も微分トポロジー，シンプレクティック幾何学 (symplectic geometry)，葉層構造 (foliation)，流体力学 (fluid dynamics) [163] などの研究に用いられているが，上記のグロモフの基本文献 [214] の中には，まだよく理解されていない部分などもあり，研究の進展が望まれている．この理論の簡単な解説として英語版 Wikipedia, “Homotopy Principle” `https://en.wikipedia.org/wiki/Homotopy_principle` もまとまっているように思われる．さらに最近，デ・レリスによる動画 [164] も公開された．

第4章
連続と離散：グロモフ・ハウスドルフ距離とリーマン幾何学

第2章で見たように，リーマンはその教授資格取得講演の中で，考えられる現実の空間の候補として離散多様体 (discrete manifold) の可能性も取り上げている．ただし，そこでは点同士の距離について少しコメントがあるだけで詳しい説明はなく，リーマンの頭の中にどのようなものが想定されていたかはわからない面もある．離散的な対象は非常に広範なもので，“空間”の候補だけでも，現代でいえば有限体 (finite field) や p 進幾何学 (p-adic geometry) をはじめとする代数幾何学および数論の対象，あるいは情報理論 (information theory) などの広範な分野にあらわれるグラフなどが代表的なものである．さらに，リーマン幾何学関連として，最近離散幾何解析 (discrete geometric analysis) なる言葉も提唱され，特に材料科学 (material science) などの応用も視野に入れつつ発展している．

ここでは，対象をしぼって，リーマン幾何学と関連するものとして，グロモフ・ハウスドルフ距離 (Gromov-Hausdorff distance) に関する幾何学について説明する．グロモフ・ハウスドルフ距離は，2つのリーマン多様体の間の距離であり，その中の離散的な対象である，それぞれの多様体のネットを用いて定義される．これは，連続的な対象を離散的な対象で粗く近似していると言える．リーマンは，先にも述べたように「現実の空間」の可能性の1つとして離散多様体について考察したのであって，このような近似について述べているわけではない．しかし，連続と離散の両方の可能性を考えていたわけであるから，両者の関連について議論することも意味があるのではないか？と考える．

4.1 大域リーマン幾何学の歴史

リーマン幾何学は，ガウス，リーマンにより創始され，その後多くの数学者により発展してきているが，いくつかの概念整備という面もあり，初期の研究の多くは局所的考察に関するものであった．もちろん，このような考察が，その対比としてトポロジーという大域的観点からの考察に役立ったという面もあるし，また一般次元におけるガウス・ボンネの定理の研究などの大域的研究の萌芽はあったが，いわゆる大域リーマン幾何学は1950年代に本格的に研究が始まったと言える．

第2章でも述べたように，大域リーマン幾何学の主たる目標は「曲率などの局所的量とトポロジー，解析的不変量などの大域的構造の関連を調べる」というものである．

1950年代から1970年代までの研究は，球面定理 (sphere theorem) とよばれる標準球面をモデルとするピンチング問題 (pinching problem) に代表されるように個別の多様体に対する研究が主であった．また，その手法は測地線論とよばれるように，測地線やその変分の線形近似であるヤコビ場の比較定理，およびそれより得られるアレクサンドロフ (Alexandrov) やトポノゴフ (Toponogov) の三角形比較定理 (triangle comparison theorem) などであった．これらは測地線の長さに関する第二変分公式を基礎としているので，その頃には「第二変分公式からすべてのリーマン幾何学に関する結果が導かれるだろう」という少し大胆な考え方もあったように聞いている．

ただし，その中で適当な条件を満たすような多様体全体の構造に関する考察も，四方義啓 [381] やチーガーによる先駆的研究 [128] の中にあった．

しかし，この観点は1970年代後半からのグロモフの参入により強調され，分野全体の考え方に強く影響が及ぶようになった．とりわけ，グロモフ・ハウスドルフ距離（[211] 参照）は中心的概念といえる．一見するとこのような粗い不変量が本質的に重要とは，それまで誰も気がつかなかったわけである[1]．ここでは，グロモフ・ハウスドルフ距離の紹介および上記のように考え方を一変させた

[1] ただし，グロモフより前に，エドワーズ (Edwards) によりグロモフ・ハウスドルフ距離は定義されていた（[410] 参照）．グロモフはその重要性を認識し，広めた人であるといえよう．

その観点について説明し，その後はリーマン幾何学の現状の一部分を紹介する．なお，リーマン幾何学の最近の状況についてのサーベイは，ベルジェ [102]，深谷賢治 [189], [190]，本多正平 [48], [49] および複数の著者による共著である数学会メモアール [9], [19] などがある．さらに最近，本多正平氏の著書 [50] も出版された．

4.2 グロモフ・ハウスドルフ距離

4.2.1 グロモフ・ハウスドルフ距離の定義

はじめに距離空間（metric space あるいは distance space，2 点間の距離を測ることができる集合）の定義を思い出そう．

定義 4.1

(X, d) が距離空間とは集合 X および次を満たす写像（距離）$d : X \times X \to \mathbb{R}$ の組である．

(1)（正値性 (positivity)）$d(p,q) \geq 0$ であり，かつ $d(p,q) = 0 \Leftrightarrow p = q$ が成り立つ．

(2)（対称性 (symmetry)）$d(p,q) = d(q,p)$ が成り立つ．

(3)（三角不等式 (triangle inequality)）$d(p,q) \leq d(p,x) + d(x,q)$ が成り立つ．

具体例としては，リーマン多様体 $M = (M, g)$ に対し，そのリーマン計量 g から導かれるリーマン距離（d_M あるいは d_g と表記される）がある．この距離は 2 点 $p, q \in M$ に対し，その間の距離 $d_M(p,q) = d_g(p,q)$ としてそれらを結ぶ曲線の長さの下限として定義される．

おおよそグロモフ・ハウスドルフ距離 d_{GH} とは，2 つの距離空間 X, Y の間の“距離”である．

注意 4.2

以下 3 通りの定義を紹介するが，単に距離空間の間のグロモフ・ハウスドルフ距離という設定では，上記の条件のうち「$d_{\mathrm{GH}}(X,Y) \Leftrightarrow X = Y$」が成立しない場合や三角不等式 $d_{\mathrm{GH}}(X,Z) \leq d_{\mathrm{GH}}(X,Y) + d_{\mathrm{GH}}(Y,Z)$ が成立しない場合[2)]など，厳密には距離ではない場合もあるが，慣用でこの場合も含めてグロモフ・ハウスドルフ距離とよばれている．また，3通りの定義の同値性に関しても，完全にその値が一致するわけではなく“定数倍の違いを除いて一致する”というような状況である．

このような状態はいい加減なように思われるかもしれないが，以下の議論ではおおよそ“グロモフ・ハウスドルフ距離が十分に小さければ，これこれの結論がいえる”というような議論が主であるため，本質的には問題は生じていない．もちろん，その正確な値が問題となるような限界的（critical ともいう）状況[3)]においては，どのような定義を用いているかを確定する必要がある．ただし，このような場合において，グロモフ・ハウスドルフ距離を用いる議論は，少なくとも現在までのところではほぼ存在しないように思われる．

グロモフ・ハウスドルフ距離の第1の定義は ε-ネットを用いるもので，“離散的定義”ともいえよう．

定義 4.3

距離空間 $X = (X,d)$ の部分集合 $N(\varepsilon,X) = \{p_i\}_{i=1}^{N_\varepsilon}$ が ε-ネット[4)]であるとは，

(1) X の任意の点 x に対して，$N(\varepsilon,X)$ のある点 p_i で

$$d(x,p_i) < \varepsilon$$

[2)] ただし，限定された仮定の下では成立する場合や，少し弱い不等式，例えば「ある定数 $C > 0$ が存在して $d_{\mathrm{GH}}(X,Z) \leq C(d_{\mathrm{GH}}(X,Y) + d_{\mathrm{GH}}(Y,Z))$ が成り立つ」であれば成立する場合も多い．

[3)] 典型例として，クリンゲンバーグ (Klingenberg)・ベルジェの球面定理がある．この定理は「連結 (connected) かつ単連結なリーマン多様体が，その断面曲率 K_M が条件 $1/4 < K_M \leq 1$ を満たせば球面に同相である」という主張であるが，曲率条件を $1/4 \leq K_M \leq 1$ に弱めると反例がある．

[4)] $N_\varepsilon = \infty$ のこともある．

となるものが存在する[5)],
(2) $N(\varepsilon, X)$ の相異なる 2 点 p_i, p_j が $d(p_i, p_j) \geq \varepsilon$ を満たす[6)],
の 2 条件を満たすこととして定義される.

この定義の下で 2 つの距離空間 $X_1 = (X_1, d_1)$, $X_2 = (X_2, d_2)$ の間のグロモフ・ハウスドルフ距離 $d_{\mathrm{GH}}(X_1, X_2)$ は次の条件を満たす $\varepsilon > 0$ の下限として定義される.「X_1, X_2 それぞれの ε-ネット $N(\varepsilon, X_1) = \{p_i\}_{i=1}^{N_\varepsilon}$, $N(\varepsilon, X_2) = \{q_i\}_{i=1}^{N_\varepsilon}$ が存在して, 対応する ε-ネットの点同士の距離が, 不等式

$$|d_1(p_i, p_j) - d_2(q_i, q_j)| < \varepsilon \quad (1 \leq i, j \leq N_\varepsilon)$$

を満たす.」

次に, グロモフ・ハウスドルフ距離の第 2 の定義について説明する. これは古典的なハウスドルフ距離 (Hausdorff distance) を用いるものであり, 例えばその定義域をコンパクト距離空間全体に制限すれば定義 4.1 を満たす距離となる.

距離空間 X の 2 つの部分集合 V_1, V_2 の間のハウスドルフ距離 $d_{\mathrm{H}}^X(V_1, V_2)$ は

$$d_{\mathrm{H}}^X(V_1, V_2) = \inf\{\varepsilon \mid B_\varepsilon(V_1) \supset V_2, B_\varepsilon(V_2) \supset V_1\}$$

で定義される. ここで, $B_\varepsilon(V)$ は V の ε-近傍, すなわち V のどれかの点と距離が ε 未満の点の集合をあらわす. このハウスドルフ距離をもとにして, 距離空間 X_1, X_2 の間のグロモフ・ハウスドルフ距離 $d_{\mathrm{GH}}(X_1, X_2)$ は

$$d_{\mathrm{GH}}(X_1, X_2) = \inf\{d_{\mathrm{H}}^X(\varphi_1(X_1), \varphi_2(X_2))\}$$

で定義される. ここで, φ_1, φ_2 はある距離空間 X への X_1, X_2 の等距離埋め込み写像であり, d_{H} は X でのハウスドルフ距離をあらわす. また, 下限 (inf) は X, φ_1, φ_2 を動かしてとるものとする. ここで, 等距離埋め込み写像とは定義域での 2 点間の距離と値域でのそれぞれの像の間の距離が等しい写像であり, リーマン多様体に関するナッシュの等長埋め込み定理における等長写像とは異なる

[5)] ε の誤差を除いてネットの点が“密 (dense)”に存在すること, ε-密 (ε-dense) とよぶ.
[6)] ε の誤差を除いてネットの点が“疎 (discrete)”であること, ε-疎 (ε-discrete) とよぶ.

ことに注意しておく[7].

最後に，グロモフ・ハウスドルフ距離の第3の定義について説明する．これはε-近似写像(ε-approximation map)を用いるものである．

定義 4.4

2つの距離空間$X_1 = (X_1, d_1)$, $X_2 = (X_2, d_2)$の間の写像$\varphi : X_1 \to X_2$がε-近似写像であるとは，次の2条件を満たすことである．

(1)（ほぼ等距離）任意の$x_1, y_1 \in X_1$に対し

$$|d_1(x_1, y_1) - d_2(\varphi(x_1), \varphi(y_1))| < \varepsilon.$$

(2)（ほぼ全射）$X_2 = B_\varepsilon(\varphi(X_1))$.

このときX_1, X_2の間のグロモフ・ハウスドルフ距離$d_{\mathrm{GH}}(X_1, X_2)$は「$X_1$, X_2の間にε-近似写像が存在する」ようなεの下限として定義される．

要するに，グロモフ・ハウスドルフ距離は，細かいことに目をつぶっておおよその形の間の関係を見ているといえる．これは1970年代から1980年代にかけてグロモフ(Gromov)が紹介したもので，一見粗すぎるようにも見えるが，これによってリーマン幾何学の研究手法に新たな観点が導入された．

以下，これまでのリーマン幾何学の発展の方向を概観しつつ，その流れの中で「なぜこのようなものが役に立つか？」，「このような距離にはどのような応用があるか？」についておおよそのことを説明しよう．

4.2.2 リーマン幾何学の発展の方向

リーマン幾何学の中心的課題は，先にも述べたように「曲率などの局所的量から，多様体の全体の形，トポロジーなどの大域的情報がどのように得られるか？」を調べることであるといえる．しかしながら，一般的に曲率を考えてもつかみどころがなく，難しいところもあるので，まず「曲率が定数である」という

[7] 3.5.3項参照．また，ここでは等距離埋め込み，等長埋め込みというように区別しているが，英語では，どちらもisometric embeddingであるので，その定義まで立ち返ってどういう意味かを判断する必要がある．

ような条件に代表される，その特徴づけが比較的簡単に述べられる，モデルとよばれる典型的な多様体について調べられ，その後以下のような2方向に発展した．

(1) モデルは対称性の最も大きい空間であるが，その対称性の条件を少しずつ弱めてより広範な対象について研究する．
(2) モデルを特徴づける条件はおおむね等式で与えられるが，それを弱めて等式に近いときにモデルとどの程度近いかを調べる．

前者については，対称性は通常は“群”の言葉で与えられ，連続な群であるリー群を用いた対称空間 (symmetric space)，等質空間 (homogeneous space) などに関する数多くの深い研究がなされている．特にこれらの空間は表現論においても重要な対象である．

後者に関して，この問題はピンチング問題とよばれて長く研究されてきた．例えば，ユークリッド空間内の半径が1の球面（単位球面）は断面曲率 K が一定の値1の空間であり，逆に断面曲率が1のリーマン多様体は，単連結であれば単位球面である．この空間をモデルとするピンチング問題とは，「リーマン多様体が単連結でその断面曲率 K が1に近ければ球面と同相あるいは微分同相であるか？」というものであり，現在では，「$1/4 < K \leq 1$（1/4ピンチング条件 (pinching condition)）であれば，単位球面と微分同相である」ことが知られている．この結果は，リーマン幾何学の大域的研究の黎明期以来のこの分野の代表的課題に結着をつけたものである．

歴史的にはまず1950年代初期，ラウチ (Rauch) [360] は，比較定理と（後に）よばれる基盤的手法を開発し，その典型的応用として，リーマン多様体 M の断面曲率が1に十分近ければ，M は球面と同相であることを導いた．次に1960年前後に，クリンゲンバーグ [283] およびベルジェ [100] は，この結果を1/4ピンチング条件の下でも同相であるという結果に改良した．さらに $1/4 \leq K \leq 1$ の条件下で，M は球面と同相でなければ，コンパクト階数1の対称空間 (compact rank one symmetric space)[8]と等長的であるという結果も得られた．なおこれより，1/4ピンチング条件はこれ以上緩和できないことがわかる．その後，

[8] 複素射影空間，四元数射影空間，八元数射影平面 (octonion projective plane, Cayley projective plane) のうちのどれかで，英語の頭文字を取って通称 CROSS とよばれている．

ちょうどその頃に発見された異種球面の存在[9]に刺激を受け，同相を微分同相に改良することが1960年代から1970年代前半までリーマン幾何学の主要課題の1つとなり，何人かの研究者の貢献があった．その後もいくつかの研究はあったが，最終的に1/4ピンチング条件に対して微分同相であることを示したのはブレンドル (Brendle)・シェーン (Schoen) [111] で，2009年のことであった．彼らの方法はそれまでの主な研究方法である"測地線論"とは異なり，リッチ流を用いる解析的なものである[10]．

4.2.3　グロモフ・ハウスドルフ距離とピンチング問題

グロモフ・ハウスドルフ距離は，ピンチング問題の研究に（少なくとも定性的には）統一的方針を与える．これについて説明しよう．

まず準備として次の2つの命題を紹介しよう．

(1) （プレコンパクト性定理 (precompactness theorem)）後で述べるような幾何学的条件を満たすような多様体全体のなす集合がグロモフ・ハウスドルフ距離に関してプレコンパクト（precompact，前コンパクトとも訳される），すなわちその集合内のリーマン多様体からなる無限列に対し，その部分列でグロモフ・ハウスドルフ距離に関して収束する部分列がとれることが示せる．ただし，一般には収束先は距離空間で，リーマン多様体になるとは限らない．

(2) （安定性定理）次元の等しい2つのリーマン多様体の間のグロモフ・ハウスドルフ距離が十分近ければ，2つの多様体は同相あるいはより強く，微分同相である．ただし，どれくらい近ければ十分かという条件はこれらのリーマン多様体が満たす幾何学的条件に依存する．

一方，ピンチング問題は一般的には次のように述べられる．

「適当な正数$\varepsilon > 0$が存在し，モデルを特徴づける曲率などに関する等式に対し，調べたいリーマン多様体が，その等式を誤差ε以下だけ許した近似式（あるいは不等式）で置き換えた条件を満たせば，そのリーマ

---

[9] 注意2.4参照．
[10] 後述「リッチ流」の項参照．

ン多様体はモデルと同相（または微分同相）であるか？」

このことをいくつかの仮定をもとに，背理法を用いて“証明”してみよう．結論を否定すると，誤差がどんなに小さくても，それが0でない限りは，モデルと同相でないリーマン多様体が存在することになるが，より具体的に述べれば，「任意の自然数 n に対して，モデルを特徴づける等式の誤差 $1/n$ 以下の近似式を満たすが，モデルと同相でないリーマン多様体 M_n の列 $\{M_n\}_{n=1}^{\infty}$ が存在する」ということになる．

今，この多様体の列がプレコンパクト性定理の仮定を満たしているとする．すると，その部分列 $\{M_{n_k}\}_{k=1}^{\infty}$ でグロモフ・ハウスドルフ距離に関する収束部分列であるものがとれる．この部分列において，モデルとの間のグロモフ・ハウスドルフ距離はモデルへの近似誤差といえるが，それは0に収束する．ただし，収束先は一般には多様体とは限らないので，収束先において誤差を0にした等式がそのまま意味を持つとは限らないことに注意する必要はあるが，それに類するものが“弱い”意味で成立している．そこでもし，何らかの議論で収束先が“滑らか”であることが示されれば，収束先がモデルと一致することがわかる．すると安定性定理により，十分大きな n に対しては，M_n がモデルと同相であることになり，M_n がモデルと同相でないとした仮定に反する．

以上の議論は少し回りくどいようにみえるかもしれないが，これは「収束列の極限をとりあえず“広い意味の空間”の中で考えて，後に滑らかさを示す」という形式のものであり，この種の考え方は解析学においては標準的なもので同一の思想圏のものと言える．例えば，微分方程式の解の存在を変分法（直接法）を用いて示す際にも，その解がより一般的な関数のクラス（L^p-空間 (L^p-space)，ソボレフ空間 (Sobolev space)，シュワルツ (Schwartz) 超関数 (distribution) の空間など）の中で存在することをまず示し，その後その関数の滑らかさを調べるという議論がしばしば行われる．なお，上述の議論において“広い意味の空間”としてどのようなものを考えるかということが基本的問題であり，後述するアレクサンドロフ空間や RCD 空間はそれらの例である．

ただし，この論法では，誤差が具体的にどれくらいの大きさであれば，モデルと同相であるかという定量的評価は得られない．一方，その近さがどのような量に依存しているかは判定されることになるが，これは，幾何学における本質的情報の 1 つでもある．一方，プレコンパクト性定理あるいは安定性定理の仮定を満たさない場合，実際に誤差がいくらでも近くても，正である限り，同相でないという状況は生じうる．例えば，グロモフとサーストン [223] は，任意の $\varepsilon > 0$ に対して，その断面曲率 K が $-1-\varepsilon < K < -1$ を満たすリーマン計量は許容するが，定曲率 (constant curvature) -1 のリーマン計量は許容しない多様体 M_ε の例を構成した．また後述の概平坦多様体定理 (almost flat manifold theorem) [207] は「モデルを平坦多様体 (flat manifold) とするとピンチング問題は否定的だが，その代わりにモデルを概べき零多様体（infra-nilmanifold, virtually nilpotent manifold ともいう）より広く設定すれば肯定的になる例」といえる．

4.2.4　プレコンパクト性定理

断面曲率，リッチ曲率，スカラー曲率　先述したようにグロモフ以前のリーマン幾何学は，いくつかの先駆的研究はあるものの，多くの研究は主に標準的となるリーマン多様体の特徴を抽出し，それと比較することによって多様体の特徴をとらえるといういわば“リーマン多様体全体という空間”の中で見れば“局所的”なものであった．これらに対し，グロモフはある種の幾何学的な条件を満たす多様体全体を考え，その集合の構造を調べることにより，個々のリーマン多様体の性質を研究するという“大域的研究”を提唱した[11)]．プレコンパクト性定理はこの精神を支える基盤となるもので，その証明自身はそれほど難しくはないが，考え方が画期的であった．その正確な形を述べ，証明を概観する．

はじめに，プレコンパクト性定理の仮定について述べる．リーマン多様体にはその曲がり具合“曲率”が定義されるが，それにはいくつかの種類がある．

まず，最も詳細な情報を含むものが断面曲率とよばれるもので，これはリーマン多様体の各点における接空間の各 2 次元部分空間ごとに定義され，その 2 次元部分空間内の各接ベクトル方向に測地線を伸ばして得られる曲面のガウス曲率である．これについては既に 2.4.5 項で説明した．

次にもう少し粗い情報として，“ある方向を含む 2 次元部分空間の断面曲率の

[11)] 大森英樹はこれを“多様体の社会学 (sociology of manifolds)”とよんだ．

平均（の (次元 -1) 倍)” としてリッチ曲率 (Ricci curvature) が定義される．n 次元リーマン多様体 $M = (M, g)$ の点 p における接空間 T_pM の正規直交基底 $\{e_i\}_{i=1}^n$ を選んでおく．このとき，$u, v \in T_pM$ に対し，リッチ曲率 $\mathrm{Ric}(u, v)$ は，$\mathrm{Ric}(u, v) := \sum_{i=1}^{n} R(u, e_i, e_i, v)$ で定義される．ただし，$R(x, y, z, w) = \langle R(x, y)z, w\rangle$ である．これらの記号については 2.4.5 項を参照されたい．リッチ曲率が k 以上（以下）とは，$\mathrm{Ric}(u, u) \geq kg(u, u)$ $(\leq kg(u, u))$ が任意の接ベクトル u について成立することとして定義される．またリッチ曲率が一定値 k であるとは，同様に $\mathrm{Ric}(u, u) = kg(u, u)$ が成り立つことであり，このとき g をアインシュタイン計量 (Einstein metric)，$M = (M, g)$ をアインシュタイン多様体 (Einstein manifold) という．

さらに粗い情報として，スカラー曲率 (scalar curvature) R が定義される．この曲率はリッチ曲率の平均（の次元倍）であり，リーマン多様体の点ごとに定まる．すなわち $R = \sum_{i=1}^{n} \mathrm{Ric}(e_i, e_i)$ である．さらに，リーマン多様体 M の直径 (diameter) D_M が，リーマン多様体の 2 点間の距離の上限として定義される．

プレコンパクト性定理の主張　本項の主題であるプレコンパクト性定理とは次のものである．

定理 4.5

k を実数，D を正の数とするとき，リッチ曲率が k 以上，直径が D 未満の n 次元リーマン多様体の集合 $\mathcal{M}(n, k, D)$ は，グロモフ・ハウスドルフ距離に関してプレコンパクトである．

ここでプレコンパクトについてもう一度説明しよう．距離空間において集合 A がプレコンパクトであるとは，A 内の任意の無限個の点からなる点列に対し，その部分列でコーシー列になるものがとれるということであった．プレコンパクト性は，適当な条件下で次の全有界性と同値であることが知られている．特にここで用いる事実は，「完備距離空間であれば，プレコンパクトと全有界 (totally bounded) は同値である」ことである．集合 A が全有界であるとは，「任意

の正の数 ε に対し，A が A の有限個の点を中心とする半径 ε の球体[12)]で被覆され，すなわちそれらの球体の和集合に A が含まれる」ということである．これは各球体の中心のなす集合が，定義 4.3(1) で定義した ε-密ということでもある．プレコンパクト性によって得られるコーシー列は，そのままでは収束先が存在するとは限らないが，自然に完備化 (completion) することによりコンパクト化 (compactification) できる．特に，グロモフ・ハウスドルフ距離からなる多様体の集合に対しては距離空間全体の中でコンパクト化可能であり，これには前項で説明したような応用がある．

プレコンパクト性定理の証明のあらすじを述べよう．おおよその方針は「対象となる空間 $\mathcal{M}(n,k,D)$ の元である各リーマン多様体をそれぞれの ε-ネットという有限部分集合で近似し，有限集合をその元とする空間がプレコンパクトであることを示すということに帰着させる」というものである．

まず次のビショップ (Bishop)・グロモフの定理を紹介する．リーマン多様体 M に対し，$B_r(p)$ を M の点 p を中心とする半径 r の球体，すなわち p との間のリーマン距離が r 未満の点の集合とし，$\mathrm{vol}(B_r(p))$ をその体積 (volume)[13)]とする．

定理 4.6

実数 k に対し，n 次元リーマン多様体 M のリッチ曲率が $(n-1)k$ 以上とする．このとき，$R > r > 0$ に対し，次の不等式が成立する．

$$\frac{\mathrm{vol}(B_R(p))}{\mathrm{vol}(B_r(p))} \leq \frac{b_k(R)}{b_k(r)}$$

ここで $b_k(r)$ は定曲率 k を持つ単連結リーマン多様体の半径 r の球体の体積をあらわす．この定理は，上記 M の球体の体積増大率 (volume growth) が，定曲率 k の空間の体積増大率以下であることをあらわしており，リーマン幾何学で比較定理 (comparison theorem) とよばれる一群の結果の 1 つである．おおよその感覚としては，断面曲率は長さや距離の比較と関係し，リッチ曲率は体積の

[12)] 中心の点からの距離が ε 未満の点のなす集合．
[13)] 定義は 5.4.1 項参照．

比較と関係するといえる．この定理の証明は例えば [26] にある．

プレコンパクト性定理の証明

証明　Step 1：任意の正数 ε に対し，$\mathcal{M}(n,k,D)$ の元であるリーマン多様体は，その点の総数が一定値以下の ε-ネットにより誤差 ε 以下で近似できること（すなわち，M と ε-ネットの間のグロモフ・ハウスドルフ距離が ε 以下にできること）を示したい．Step 1 ではこのようなネットの構成法を説明し，Step 2 でこのネットに含まれる点の個数が一様に評価できることを示す．

まず，M 内に半径 $\varepsilon/2$ の球体を互いに交わらないようにできる限り多く詰め込む．そうすると，それぞれの球体に対し，中心が同じで半径を 2 倍した球体を考えるとそれらで M が被覆されることがわかる．つまり球体の中心のなす集合が ε-ネットであることが言える．実際，もしそれらの半径 ε の球体全体の和集合に含まれない M の点 p が存在すれば，その点と各球体の中心との距離は ε 以上である．すると p を中心とする半径 $\varepsilon/2$ の球体は，元の半径 $\varepsilon/2$ の球体とは交わらず（ここで距離に関する三角不等式を用いている），それを新たに詰め込むことができ，これは仮定の詰め込み可能な球体の個数の最大性に反する．

こうしてできた ε-ネット N と M の間のグロモフ・ハウスドルフ距離 $d_{\mathrm{GH}}(N,M)$ は

$$d_{\mathrm{GH}}(N,M) < \varepsilon$$

を満たすことがその定義よりわかる．

Step 2：次に，上で得られた ε-ネット内の点の個数が一様に上から評価できることを示す．M の任意の点 p に対し，M の直径は D 未満であるから，$M = B_D(p)$ である．Step 1 で M 内に半径 $\varepsilon/2$ の球体を互いに交わらないように詰め込んだが，その球体の個数を m，それらの球体のうちその体積が最も小さいものを $B_{\varepsilon/2}(p)$ とすると，ビショップ・グロモフの定理から

$$m\,\mathrm{vol}(B_{\varepsilon/2}(p)) \leq \mathrm{vol}(M) = \mathrm{vol}(B_D(p)) \leq \frac{b_k(D)}{b_k(\varepsilon/2)}\,\mathrm{vol}(B_{\varepsilon/2}(p))$$

であるから $m \leq m_0 := \dfrac{b_k(D)}{b_k(\varepsilon/2)}$ が導かれる．

Step 3：Step 1で構成したε-ネットのなす集合Sが全有界であることを示す．Step 2で得られた評価$m \leq m_0 = \dfrac{b_k(D)}{b_k(\varepsilon/2)}$を満たす自然数$m$に対し，その点の個数が$m$個の$\varepsilon$-ネットは，点同士の距離が定まっているので距離空間であるが，その距離空間それぞれを元とする集合[14)]をS_mとする．さらに，S_mの2つの元の間にはその“距離”として2つの距離空間としてのグロモフ・ハウスドルフ距離d_{GH}が定義されている．$S = \bigcup_{1 \leq m \leq m_0} S_m$であるから，各$S_m$がこの“距離”に関して全有界であることを示せばよい．S_mの元$N = \{p_i\}_{i=1}^m$にm次正方行列(m_{ij}), $m_{ij} = d(p_i, p_j)$を対応させる写像Φを考えると，この写像は単射であり，その像はユークリッド空間$\mathbb{R}^{m^2}$の有界集合と考えられるので，$\Phi(S_m)$はプレコンパクト，すなわち全有界である．さらにそのユークリッド距離をd_{Euc}すると，$N_1 = \{p_i\}_{i=1}^m$, $N_2 = \{p'_i\}_{i=1}^m \in S_m$に対し，$\mathfrak{S}_m$を集合$\{1, 2, \ldots, m\}$の置換全体のなす群（$m$次対称群 (symmetric group)）とすれば

$$\begin{aligned}
d_{\mathrm{GH}}(N_1, N_2) &= \min_{\sigma \in \mathfrak{S}_m} \max_{1 \leq i,j \leq m} \left| d_{N_1}(p_i, p_j) - d_{N_2}(p'_{\sigma(i)}, p'_{\sigma(j)}) \right| \\
&\leq \max_{1 \leq i,j \leq m} \left| d_{N_1}(p_i, p_j) - d_{N_2}(p'_i, p'_j) \right| \\
&\leq \left(\sum_{1 \leq i,j \leq m} \left| d_{N_1}(p_i, p_j) - d_{N_2}(p'_i, p'_j) \right|^2 \right)^{1/2} \\
&= d_{\mathrm{Euc}}(\Phi(N_1), \Phi(N_2))
\end{aligned}$$

が成立し，したがってS_mがd_{GH}に関し，全有界であることがわかる．

Step 4：ε-ネットのなす集合Sが全有界であることは，言い換えるとSの有限部分集合S_0でグロモフ・ハウスドルフ距離に関してε-密であるものが存在するということである．以下，$\mathcal{M}(n, k, D)$の有限部分集合$\widehat{S}$で3ε-密であるものが存在することを示す．これにより，εは任意の正の数として選ぶことができるので$\mathcal{M}(n, k, D)$が全有界であることがわかり，定理は証明される．

今，$\mathcal{M}(n, k, D)$の元である多様体M_1を任意に1つ選ぶ．M_1のε-ネットであるSの元を$N_1 = N(\varepsilon, M_1)$とする．このときStep 1より，$d_{\mathrm{GH}}(M_1, N_1) < \varepsilon$

[14)] より詳述すれば，ε-ネット$N_1 = \{p_i\}_{i=1}^m$，$N_2 = \{p'_i\}_{i=1}^m \in S_m$に対し，$N_1 \sim N_2 \iff d_{N_1}(p_i, p_j) = d_{N_2}(p'_i, p'_j)$で定義される同値関係$\sim$に関する同値類の集合．

を満たす．S_0 が S で ε-密であるので S_0 のある元 N_2 が存在して，$d_{\mathrm{GH}}(N_1, N_2) < \varepsilon$ を満たす．

一方，定義より S の元 N は $\mathcal{M}(n, k, D)$ のある元の ε-ネットであったので，S_0 の各元 N_0 ごとにこのような $\mathcal{M}(n, k, D)$ の元を 1 つ選び，それを M_{N_0} とする．このような M_{N_0} の全体を $\widehat{S}$ とする．このとき，$\sharp S_0 = \sharp \widehat{S}$[15]であり，$d_{\mathrm{GH}}(N_0, M_{N_0}) < \varepsilon$ である．一方，グロモフ・ハウスドルフ距離 d_{GH} [16]に関する三角不等式より，

$$d_{\mathrm{GH}}(M_1, M_{N_2}) \leq d_{\mathrm{GH}}(M_1, N_1) + d_{\mathrm{GH}}(N_1, N_2) + d_{\mathrm{GH}}(N_2, M_{N_2}) < 3\varepsilon$$

であるので $\widehat{S}$ は $\mathcal{M}(n, k, D)$ 内で 3ε-密であることがわかり，結論を得る． □

4.2.5 安定性定理

グロモフによって得られた断面曲率に関する安定性定理を紹介する．まず，そのために必要な概念として単射半径 (injectivity radius) について説明する．2.4.6 項で説明した点 p における指数写像 $\exp_p : T_pM \to M$ が単射であるような原点中心の球体の半径の上限 i_p の $p \in M$ に関する下限を M の単射半径 i_M とよぶ．M がコンパクトならば $i_M > 0$ であり，また i_M はその次元，断面曲率の上下からの評価，体積の下限，直径の上限で下から評価されることが知られている[17]．

グロモフの安定性定理[18]とは以下のものを指す．

定理 4.7

n 次元リーマン多様体 M, M' が，その断面曲率の絶対値が K 未満，直径が D 未満，単射半径が i より大きいとする．このとき，n, K, D, i にのみ依存する正の数 ε が存在して，M と M' の間のグロモフ・ハウスドルフ

---

15) 有限集合 A に対し，その元の個数（濃度）を $\sharp A$ であらわす．

16) ここでは第 1 の定義を用いている．

17) [133], [26], [368] 参照．

18) この定理以降，仮定を弱めた種々の“安定性定理”が得られている．それらの中には，定理の仮定にあらわれる定数 ε に関し，その存在はわかるが明示的評価が可能かどうか不明なものもある．例えば背理法やコンパクト性を用いた議論では明示的評価を得ることは難しい．ただし，この定理の証明ではそのような議論を用いておらず，定数 ε の明示的評価も可能である．

距離が ε 以下ならば M と M' は微分同相である．

n, K, D, i の情報から，定量的に測れる大きさを持った近傍同士は近いことがわかるので，その間の局所微分同相写像をうまく貼り合わせて，多様体同士の間の微分同相写像を構成するという方針が通常考えられるが，グロモフの証明は直接的にこの種の議論をするではなく，第3章3.5.3項で説明したグロモフの埋め込みを用いるものである．その概略は以下の通りである．

証明　**Step 1**：3.5.3項で述べたグロモフの埋め込み $i = i_G : M \to \mathbb{R}^N$ がその像との間の微分同相写像であることを示す．単射性の証明の概略は3.5.3項で説明した．その他の部分の証明もある程度は同様な考え方である．

Step 2：$i(M)$ の管状近傍で，そこから $i(M)$ への直交射影 Φ が正則写像 (regular map) であるようなものの大きさが n, K, D, i で評価されることを見る．このことについても3.5.3項を参照されたい．

Step 3：M' がそのグロモフ・ハウスドルフ距離で M に近いことを用いて，M' の埋め込みの像 $i'(M')$ が $i(M)$ の管状近傍に含まれること，および Φ が $i'(M')$ から $i(M)$ への微分同相写像を与えることを見る．これより，Step 1とあわせて M と M' の間の微分同相写像を得る．この部分は比較的易しい．　□

この定理の別証明としては，調和座標 (harmonic coordinates) と重心写像 (center of mass) を用いるもの [203], [351] も後に得られた．こちらは定理のすぐ後で述べた局所微分同相写像をうまく貼り合わせて全体の微分同相写像を構成するという方針にしたがうものである．さらに，加須栄篤 [269] による別証明なども得られた．また，両側の断面曲率の評価を持つアレクサンドロフ空間としての研究 [333], [334] が少し前にあったが，これらも別証明を与えている[19]．この定理を用いていくつかのピンチング問題の解も得られた．

さらにその後，この定理の仮定である断面曲率，単射半径，直径に関する条件

[19] これらの旧ソビエト（現在のロシア）での成果は，当時の西側諸国ではあまり知られていなかったように思われる．

を緩めた場合の結果が次々と得られた．次節以降でこれらの一部を紹介する．

4.3 崩壊理論

崩壊理論 (collapsing theory)[20] は単射半径の下限を仮定しない場合の理論である．この理論の原型はグロモフによる次の定理[21] [207] である．

定理 4.8 概平坦多様体定理 (almost flat manifold theorem)

M の断面曲率を K_M，直径を D_M とする．このとき M の次元 n にのみ依存する定数 $\varepsilon(n) > 0$ が存在し，次が成り立つ．

$|K_M| {D_M}^2 < \varepsilon(n)$ ならば，M の有限被覆でべき零多様体 (nilmanifold) と微分同相であるものが存在する．

ここでべき零多様体とは単連結べき零リー群 (nilpotent Lie group)[22] の，その離散部分群 (discrete subgroup) による商多様体のことである．

この定理はおそらく 1975 年頃にアナウンスされ，1978 年に出版されたがそこに書かれた証明は概略のみであった．多くの他の数学者にとって，その結果の重要性はわかるが，証明の詳細までは理解できない状況であったようで，その後ブーザー (Buser)・カルヒャー (Karcher) による別証明に基づく解説 [122] が出版された．元の証明が理解されたのは，グロモフの講義録 [211]（パンスらによるノートをまとめたもの）の出版を経て，上記の安定性定理の証明が理解された後であると思われる．その後，ルー (Ruh) による解析的議論に基づく定理の改良 [365]（M は概べき零多様体である）も出版された．

次の発展は断面曲率の両側評価，直径の上からの評価を仮定した条件下での深

---

[20]「崩壊」という用語であるが，元々はよく似た現象に用いられていた「退化」という用語が使われていた．実際，これらの理論をブルバキセミナーで紹介したパンス (Pansu) の講演原稿（フランス語）のタイトルも，はじめは「Degeneration des variétés riemanniennes ...」となっていたが，その後そのタイトルが「Effondrement des ...」[343] に変更された．直接伺ったわけではないが，それに合わせて深谷賢治氏もそれまで用いていた「退化」を「崩壊」に変更されたのではないかと推察している．

[21] p.132 に既出．この定理は日本語訳でよばれることはほとんどなく，通常 almost flat manifold theorem とよばれる．したがって，ここでも元の名称を併記する．

[22] べき零リー群については 5.2.3 項参照．

谷賢治によるものである．$\mathcal{M} = \mathcal{M}(m, \Lambda, D)$ を m 次元リーマン多様体 M で，その断面曲率 K_M の絶対値が Λ 未満，またその直径が D 未満のものからなる集合とし，それにグロモフ・ハウスドルフ距離を導入して距離空間と考える．このとき深谷による第1の結果 [186] は「この空間のコンパクト化の境界 $\partial\mathcal{M}$ の点である距離空間 N が，断面曲率，直径に関しては，$\mathcal{M}$ の元と同じ条件件が，その次元 n が $\mathcal{M}$ の元の次元 m より小さいようなリーマン多様体であるとき，N にグロモフ・ハウスドルフ距離が十分近い $M \in \mathcal{M}$ は N 上のファイバー束であり，かつそのファイバーは概べき零多様体である」というものである．

その証明のおおよその方針は以下の通りである．安定性定理におけるグロモフの埋め込みを少し修正すれば，証明の Step 1, Step 2（ここでは M の代わりに N に対して）が成り立ち，さらに Step 3 と同様に，$i(N)$ の管状近傍内に（元の証明の M' の代わりに）M も（i_G に似た写像で）写像されることまでわかる．

さらに，この写像と管状近傍の直交射影の合成が沈め込み (submersion)[23)]であることを示す．

すると陰関数定理により，ファイバー束の構造を持つことがわかる．またファイバーが概べき零多様体であることは，このファイバー束構造定理を繰り返し用いて導かれる．

この結果により，特殊な条件下では，$\partial\mathcal{M}$ の近傍の様子は理解されたが，$\partial\mathcal{M}$ の各点（すなわち，距離空間）の構造，特にその特異点 (singularity)（多様体構造を持たない点）の様子はわからなかった．その局所的な構造の一部は上記のグロモフの講義録 [211] でも解説されてはいたが，深谷 [188] は「M の直交フレーム束 (orthogonal frame bundle) $F_O(M)$，すなわち接空間の正規直交基底の全体[24)]をファイバーとするファイバー束を考えると，そのグロモフ・ハウスドルフ距離に関する極限はリーマン多様体であり，$\partial\mathcal{M}$ の点である距離空間の特異点は，極限のリーマン多様体の群による商特異点 (quotient singularity) であ

---

23) 微分可能多様体 M から微分可能多様体 N への微分可能写像 $f : M \to N$ が沈め込みであるとは，M の各点 p での f の微分写像 $d_p f : T_p M \to T_{f(p)} N$ がすべて全射であることである．

24) 正規直交基底をなすベクトルを行列の列ベクトルと考えれば，正規直交基底は直交行列と同一視できる．したがって，このファイバーは直交群 $O(n) = O_M(n)$（ただし $n = \dim M$）である．さらに $F_O(M)$ は $O(n)$ 主束で，その底空間 M は商空間 $F_O(M)/O(n)$ と同一視される．

る[25)]」という説明を与えた.

このことに関連して，ペレルマン (Perelman) は 1994 年の国際数学者会議 (International Congress of Mathematician (ICM)) でアレキサンドロフ空間に関する講演を行ったが，その冒頭で「断面曲率が両側から評価された空間においては，特異点の様子は（上のように）よくわかるが，断面曲率の下からだけの評価の場合はまだわかっていない」とコメントし，その問題の重要性を強調した. これは現在でも，未解決の問題と思われる.

その後，深谷はこれらの応用として，「ラプラシアン[26)]の固有値の収束」[187][27)]および山口と共同で「概非正曲率多様体 (almost nonpositively curved manifold) の構造定理」[191]（グロモフの予想 [208] の解決およびさらなる精密化）などの重要な結果を得た.

さらに，直径の有界性を仮定しない場合については，チーガー・グロモフは上記理論とは別に「f-構造」[28)]の理論 [137], [138] というものを発展させていた. この理論と深谷の結果が結びつき，3 人で「N-構造」[29)]の理論 [134] を発表した. これが，おそらく断面曲率の両側評価の下での研究の（現時点での）到達点と思われる.

なお，べき零多様体の自然な拡張として可解多様体（solvmanifold，可解リー群 (solvable Lie group) の離散部分群による商多様体）の崩壊理論の枠組みでの特徴づけの問題も考えられるが，岩元 隆 [255]，トゥシュマン (Tuschmann) [409] による研究が知られている.

4.4 断面曲率が下に有界な空間

グロモフ以前の研究においても，グロモール (Gromoll)・マイヤー (Meyer)

---

25) もう少し詳述すれば，リーマン多様体の列 $\{M_k\}$ の代わりに，リーマン多様体とその上に作用する群の組の列 $\{(F_O(M_k), O_{M_k}(n))\}$ を考え，その列の群作用つきのグロモフ・ハウスドルフ収束を調べたということである.

26) 5.4.1 項参照.

27) この論文で後に重要になる測度つきグロモフ・ハウスドルフ距離 (measured Gromov-Hausdorff distance) の概念（注意 4.11 参照）が導入された.

28) この f は flat（平坦）の略と思われる.

29) この N は nilpotent（べき零）の略とのことである.

[206]（完備非コンパクト正曲率多様体の構造の研究），チーガー・グロモール[136]（完備非コンパクト非負曲率多様体の構造の研究），グローブ (Grove)・塩濱 [225]（断面曲率の下からの評価と直径の上からの評価による球面定理[30]）らによる断面曲率の上からの評価を仮定しない状況での重要な貢献はあったが，負の定数を込めた断面曲率の下からの評価がある条件下での研究は1980年代後半より発展したと思われる．まず，グローブ・ペーターセン (Petersen) [224] によるホモトピー有限性定理から始まる一連の研究と大津・塩濱・山口による微分可能球面定理 (differentiable sphere theorem) [339]，山口のファイバー束定理[421] などの結果の後，ブラゴ (Burago)・グロモフ・ペレルマンによりアレクサンドロフ空間の理論 [119] が発表された．これは，断面曲率の下限の条件の下でのリーマン多様体のグロモフ・ハウスドルフ極限を記述す枠組みを与える概念で，アレクサンドロフの凸曲面の理論や三角形比較定理が基礎にある．

ここで念のため，以下の注意をしておこう．コンパクトリーマン多様体では，そのコンパクト性より断面曲率は有界であり，さらにリーマン計量を定数倍すれば断面曲率の絶対値を1以下にすることは可能である．今，問題にしているのは，例えばリーマン計量を適当に定数倍してその直径を1以下に正規化した上で，断面曲率の下限が -1 以上，あるいは0以上などの条件を満たすリーマン多様体に共通する性質である．これらの条件を満たすリーマン多様体全体のなす空間のグロモフ・ハウスドルフ距離に関するコンパクト化の境界に注目することが多いが，その理由は，上記の性質の“限界”がそこに見出せるからに他ならない．本節の内容に関して言えば，それが以下で述べるアレクサンドロフ空間という枠組みでとらえられるであろうということである．

アレクサンドロフ空間とは，おおよそリーマン多様体で成立するアレクサンドロフの三角形比較定理の結論を逆手にとって，“断面曲率がある定数 k 以上”の定義として採用した距離空間である．そのより詳細な説明のためいくつかの概念を導入する．まず，任意の2点が最短線で結ばれる距離空間は測地空間 (geodesic space) とよばれる．測地空間 M 内の任意の3点 A, B, C を最短線で結んでできる測地三角形 (geodesic triangle) $\triangle(ABC)$ に対し，モデルとよば

[30] 直径球面定理 (diameter sphere theorem) とよばれている．この定理の微分同相版は有名な未解決問題である．

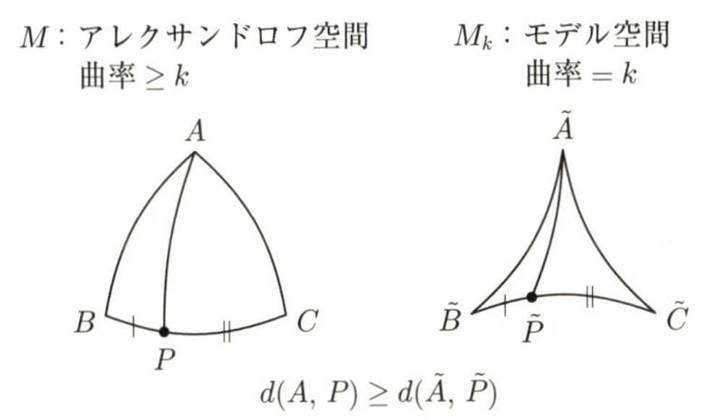

図 4.1 測地三角形の比較：断面曲率 k 以上のアレクサンドロフ空間

れる単連結で定曲率 k を持つリーマン多様体 M_k 内で $\triangle(ABC)$ と同じ長さの辺を持つの測地三角形 $\triangle(\tilde{A}\tilde{B}\tilde{C})$ が存在するとき，後者を前者の比較三角形 (comparison triangle) とよぶ．

以上の準備の下，測地空間 M が，（断面）曲率 k 以上[31)]のアレクサンドロフ空間であるとは，図 4.1 のように「M 内の任意の測地三角形 $\triangle(ABC)$ に対し，M_k 内に比較三角形 $\triangle(\tilde{A}\tilde{B}\tilde{C})$ が存在し，$\triangle(ABC)$ の辺 BC 上の任意の点 P に対し，比較三角形の辺 $\tilde{B}\tilde{C}$ 上の対応する点 $\tilde{P}$，すなわち，測地線分 (geodesic segment) BP と $\tilde{B}\tilde{P}$ の長さが等しいような点を考えたとき，A と P の間の距離は $\tilde{A}$ と $\tilde{P}$ の間の距離以上である」という条件を満たすということである．ただし，$k > 0$ のときは，三角形の周長は $2\pi/\sqrt{k}$ を超えないものとする．

この空間においては，「2 点を結ぶ最短線」という概念はあるが，少なくとも直接的にはリーマン計量も曲率テンソルも定義されていない．ただし，リーマン計量は比較的容易に定義できる．さらにペレルマンは，未出版のプレプリントで弱い意味の C^2 級といえる DC 構造を導入することが可能であることを主張している[32)]．

例 4.9

アレクサンドロフ空間の例としては，まず断面曲率が下に有界なリーマ

---

31) 正確には「断面曲率が k 以上」ということであるが，通常は単に「曲率が k 以上」といわれる．

32) `https://anton-petrunin.github.io/papers/` より入手可．また，DC とは Difference of Convex (function) の略であり，このような概念は解析学でも用いられている．

ン多様体があり，他に正四面体（の表面，つまり2次元空間として考えている）がある．後者の場合，その頂点は特異点[33]となり，滑らかなリーマン多様体ではない．実際，頂点では接空間が定義されないので断面曲率も定義されない．そこを少し丸めれば，滑らかになり，リーマン多様体にできるが，そのようなリーマン多様体からなる列（徐々に尖らせて，元の正四面体に近づけるような多様体の列）のグロモフ・ハウスドルフ距離に関する極限として正四面体を捉えることができる．

大津は塩谷との共著論文 [341] においてこの例を発展させ，多面体の列 $K_1, K_2, \ldots$ を構成し，さらにそのグロモフ・ハウスドルフ極限となるアレクサンドロフ空間 K_∞ を構成した．この空間 K_∞ には特異点が稠密 (dense) に存在する．これについて詳述しよう．

まず，K_1 を上記の正四面体（の表面）とする．次に，K_2 を K_1 の各面である三角形を重心細分し，その重心を四面体の外部に押し出してできる凸多面体とする．さらに，K_2 の各面の三角形を重心細分して同様のことをすれば，K_3 が構成される．これを繰り返して $K_4, K_5, \ldots$ が構成される．極限空間 K_∞ は，この多面体列の構成において，重心を押し出す距離を徐々に小さくするなど，うまく調整して構成される．この K_∞ は，滑らかなリーマン多様体のグロモフ・ハウスドルフ距離に関する極限としても実現されることに注意しておく．

例 4.10

もう一つのアレクサンドロフ空間の典型例は，軌道体 (orbifold) とよばれるもので，多様体をコンパクト群の作用で割って得られる商空間である．例えば，ユークリッド平面を原点中心の $2\pi/3$ 回転から生成される群で割って得られる商空間は円錐であり，その頂点を特異点に持つ（断面）曲率が0以上のアレクサンドロフ空間である．

---

33) より詳しく述べると，特異点には，リーマン幾何的特異点（連続変形により解消されるもの）と位相的特異点（連続変形では解消されないもの）があり，ここでのものは前者である．後者については，例えばそれが境界上になければ，高々余次元 2 であることが知られている ([119]).

アレクサンドロフ空間に関しても，グロモフの安定性定理の類似の結果が成立する．ただしその結論は，2つのアレクサンドロフ空間が同相というものであり，リーマン多様体の場合のように微分同相までは示されていない[34)]．この結果は，ペレルマンによる[35)]．その証明は位相幾何学に関するジーベンマン(Siebenmann)のトポロジーに関する結果を用いるものであり，かなり込み入った精密な議論が必要である．さらにペレルマンは，同相をリプシッツ(Lipschitz)同相[36)]にまで精密化できるとアナウンスしているが，その証明については謎のままである．

この空間における崩壊理論あるいはファイバー束定理は，山口による底空間の特異性がマイルドな場合のもの[422]や，三石史人・山口[319]による3次元以下の崩壊するアレクサンドロフ空間の分類結果が知られている．ちなみにこの分類の以前に塩谷・山口[384], [385]による断面曲率の下限が有界という条件下での3次元リーマン多様体の崩壊に関する分類定理があり，これらの結果がペレルマンによるリッチ流を用いた幾何学化予想の証明の中で用いられた．ペレルマンはこの部分について結果のアナウンスはしているが証明は発表していない．その他にも山口による4次元リーマン多様体の崩壊理論[424]，大津・塩谷のアレクサンドロフ空間の特異点の研究[341]，桑江一洋・町頭義朗・塩谷による解析的研究[294]および最近の藤岡禎司のファイバー束定理の精密化[184]など，日本人の貢献も多い．彼ら以外の研究者としては，ペトルーニン(Petrunin)が著名である．彼はペレルマンとの共著論文も著しているが，その他にも彼自身による重要な貢献がある．[352], [71], [72]を参照されたい．最後に，基本問題の1つ「アレクサンドロフ空間が，リーマン多様体のグロモフ・ハウスドルフ極限として得られるか？」は，上で述べたブラゴ・グロモフ・ペレルマンのアレクサンドロフ空間という概念を導入した論文[119]に既に述べられているものであるが，現代までのところ未解決であることに注意しておく[37)]．

---

34) 2つのアレクサンドロフ空間が微分同相であること自体定義されていない．

35) 未出版であるがプレプリントは `https://anton-petrunin.github.io/papers/` より入手できる．[264]も参照されたい．

36) 同相を与える写像として拡大率が一様なものがとれること．

37) カポヴィッチによる部分的結果[265], [266]は知られている（本多正平氏情報）．

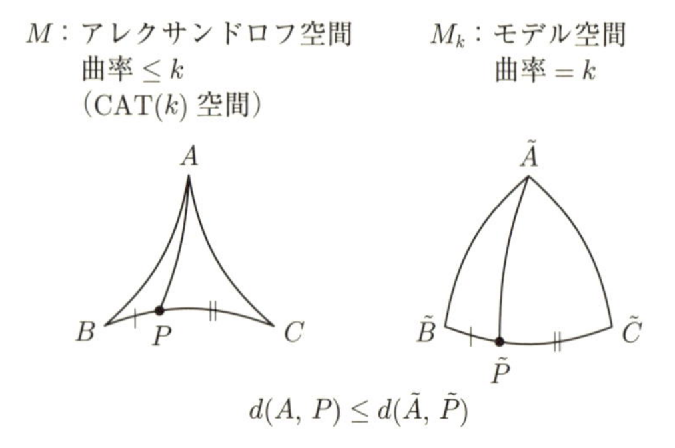

図 4.2　測地三角形の比較：(断面) 曲率 k 以下のアレクサンドロフ空間

4.5　断面曲率が上に有界な空間

断面曲率が上に有界な空間の研究については，正の定数以下の場合，0 以下の場合，負の定数以下の場合にそれぞれ分かれ，さらに，リーマン多様体の場合，その一般化である空間の場合，それぞれの研究がなされている．

一般化された空間は上記のアレクサンドロフ空間同様，モデルの三角形の比較を用いて定義される．ただし，この空間の三角形と比較三角形の対応する 2 点間の距離の大小が，断面曲率が下に有界な場合とは逆である（図 4.2 参照）．これらの空間は CAT 空間 (CAT space)[38]，あるいは（断面）曲率が上に有界なアレクサンドロフ空間とよばれる．

このうち，正の定数以下の場合については，いくつかの結果はあるが，それほど多くはないと思われる．負の定数以下の場合は，おおよそ双曲幾何学（定曲率 -1 の空間）をモデルに類似の結果を調べることが多いが，双曲幾何学そのものが非常に豊かな対象である．3 次元多様体が 8 つの等質空間に分解されるだろうというサーストンの幾何化予想 [405] はペレルマン [348], [349], [350] により解決されたが，これらの等質構造のうち双曲構造が最も頻繁にあらわれることがわかっている．さらに，数論など他分野との関連も豊かで，次章で述べる素閉測地線の話題もその 1 つである．

---

[38] CAT 空間は，カルタン (Cartan)，アレクサンドロフ (Alexandrov)，トポノゴフ (Toponogov) という 3 人の数学者の名前にちなんで名づけられた．

曲率が0以下の場合は，多くの場合非コンパクト型対称空間およびその商空間である局所対称空間 (locally symmetric space) で，その階数が2以上のものがモデルとなり，負曲率のときとは状況が異なる部分も多い．一般の非正曲率多様体にも階数の概念も定義されるが，その階数が2以上の場合は剛性 (rigidity) とよばれる性質があり，ある程度一般的仮定の下で局所対称空間になることが知られている（[90] 参照）．負曲率に近い性質の力学的観点からのものとしてとして測地流 (geodesic flow) がアノソフ流 (Anosov flow) であるという性質があるが，この場合の階数が2以上の場合にあたるものとして，アノソフ作用 (Anosov action) [108] という概念がある．これは上記の剛性条件の範囲外にあり，今後の研究課題の1つと思われる[39]．他にも階数1非正曲率多様体 (non-positively curved manifold of rank one) とよばれる空間も研究されている．負曲率リーマン多様体はその自明な例であるが，他の例としてグラフ多様体 (graph manifold) とよばれる興味深いクラス（[185] 参照）の空間が知られている．

CAT 空間などの一般された空間は，グロモフのプレコンパクト性定理が成立しない状況であるので，（断面）曲率が下に有界な場合とは異なり，リーマン多様体の列のグロモフ・ハウスドルフ極限を統制するものとして考えられたわけではなく，むしろグラフの一般化である，ビルディング (building)[40] などの離散的対象をも含むものとして考えられたのではないかと思われる．これに類する概念として，グロモフが提唱した幾何学的群論 (geometric group theory) の観点から定義された双曲群 (hyperbolic group) [213] や，少し異なる観点ではあるがオートマティック群 (automatic group) [178] などがある（[45] 参照）．またグロモフ・ハウスドルフ距離とうまく適合していない部分については別の概念である超フィルター (ultra-filter) というものも用いられている．

さらに，これらの CAT 空間の中にはいわば断面曲率が $-\infty$ の空間である $\mathbb{R}$-木 ($\mathbb{R}$-tree)[41] など，局所コンパクトではない空間も含まれる．その結果，局所

[39] 関連する概念としてアノソフ表現 (Anosov representation) という概念もあり，こちらも活発に研究されている．

[40] 建物と訳される場合もある．

[41] 木 (tree) とは可縮なグラフのことで，単連結負曲率多様体のグラフ版である．$\mathbb{R}$-木はその一般化である．

コンパクト性の仮定の下での研究とそれを仮定しない一般的状況下での研究に分かれると思われる．後者について，筆者は詳しくないが，グロモフによる基本文献 [216][42)]と言ってもよいものは存在する．前者については例えば，最近のリチャック (Lytchak)・永野幸一の研究 [303], [304] は注目される．

4.6　リッチ曲率が下に有界な空間

グロモフ以前のリーマン幾何学的研究としては，マイヤース (Myers) の定理 [325]（リッチ曲率が正の定数以上なら直径が有限），ボホナー (Bochner) の定理 [106]（リッチ曲率が非負であれば，その多様体の第一ベッチ数 (first Betti number) はその次元以下），リヒネロヴィッツ (Lichnerowicz) [298]・小畠守生の定理 [335]（ラプラシアンの第一固有値 (first eigenvalue) のリッチ曲率による不等式および等号成立条件の特徴づけ），ミルナーの基本群 (fundamental group) の増大度 (growth order) に関する結果 [317]（リッチ曲率が非負なら，基本群は多項式増大 (polynomial growth) である），シェーン・ヤウによる 3 次元非コンパクト単連結完備正リッチ曲率空間の研究 [374]（この条件を満たすリーマン多様体は 3 次元ユークリッド空間 $\mathbb{R}^3$ に微分同相），チーガー・グロモールの分裂定理 (splitting theorem) [135] などがある．特に分裂定理は，「リッチ曲率が非負の完備リーマン多様体が（測地）直線 ((geodesic) line)[43)] を含めば，元の多様体はその直線とそれに直交する部分リーマン多様体 (Riemannian submanifold) の直積に分裂している」というものである．後年，この定理の一般化をリーマン多様体とは限らない距離空間の部分的“滑らかさ”のための十分条件を与えるある種の正則性定理 (regularity theorem) と解釈することにより，多くの応用が生まれた[44)]．

---

42) 永野幸一氏より，非負曲率多様体全般の基本文献としては [114] があると教えていただいた．それで改めて調べたところ，局所コンパクトを仮定しない場合をも許容する研究（最近の結果では例えば [257]）はいくらか存在するが，局所コンパクトを仮定しないことに重点を置いた研究はそれほど多くは見つけられなかった．[216] では非正曲率空間のみならずより広範な対象を扱っており，現在まで及び将来にわたってその後の発展に多大な影響が及ぶと思われる．

43) その上の 2 点の間のその曲線の長さが常に最短線，つまり長さがリーマン距離に一致する曲線．

44) [192] 参照．

以上の他，より広い幾何学の文脈でとらえれば，相対性理論 (relativity) の基本方程式であるアインシュタイン方程式 (Einstein equation) はリッチ曲率を用いて記述されている[45]．さらにヤウ (Yau) によるカラビ (Calabi) 予想の解決 [425] を基盤として定義されたカラビ・ヤウ空間 (Calabi-Yau space) は，数理物理，代数幾何学などで最重要な概念であるが，これも微分幾何学 (differential geometry) 的にはリッチ平坦 (Ricci flat)（リッチ曲率が 0）という条件で特徴づけられる.

直径が一様に有界でリッチ曲率が一様な下限を持つ n 次元リーマン多様体のなす集合は，先に述べたグロモフのプレコンパクト性定理によりコンパクト化されるが，そのコンパクト化の境界点は，一般にはリーマン多様体とは限らない距離空間である．この空間はリッチ曲率が下に有界なリーマン多様体のグロモフ・ハウスドルフ距離に関する極限であるため，リッチ極限空間 (Ricci limit space) とよばれている.

注意 4.11

より詳しく述べれば，この範疇においては，グロモフ・ハウスドルフ距離よりも，深谷の定義した測度つきグロモフ・ハウスドルフ距離を用いる方が適しているようである．その本質的理由は，筆者には理解できていないが，状況的には，

1. リーマン測度[46]はリーマン計量 g の行列式 $\det g$ を用いて定義されるが，この値のユークリッド計量 g_0 の行列式からのずれをあらわす量がリッチ曲率であらわされている[47].
2. リッチ曲率は，ラプラシアン Δ[48]と密接に関係する．この作用素は本質的に関数の中心値の値とその周りの値の平均との差であらわされる[49]が，もちろん平均は測度を用いて定義される．また深谷の原論文 [187]

---

45) ただし，物理学では正定値計量であるリーマン計量ではなく，不定値計量であるローレンツ計量 (Lorentzian metric) で考えることが多い．例えば [58] 参照.

46) 定義は 5.4.1 項参照.

47) より正確には，接空間の原点まわりでの指数写像 $\exp_p$ のヤコビアン（微分 $d\exp_p$ の行列式）の原点からの距離 r に関するべき級数展開式の第 2 項の係数のこと.

48) 5.4.1 項を参照.

49) 注意 3.22 参照.

にも，ラプラシアンの固有値の連続性について通常のグロモフ・ハウスドルフ距離に対する反例が述べられており，測度つきグロモフ・ハウスドルフ距離を用いる方が適切であるとコメントされている．

注意 4.12

(1) 断面曲率が下に有界という条件は，当然ながらリッチ曲率が下に有界という条件を導くが，これが実際にどれくらい異なるかは興味深い問題である．リッチ曲率が正であるようなリーマン計量は許容するが，正の断面曲率を持つリーマン計量は許容しない多様体の例は知られている．グロモフ [210] は，直径の 2 乗と断面曲率の下限の積が（負の）定数以上のリーマン多様体の全ベッチ数 (total Betti number)，すなわちすべての次数のベッチ数 (Betti number) の和が有界であることを示したが，一方，シャー (Sha) とヤン (Yang) [380] は任意の正の数に対し，それより大きい全ベッチ数を持ち，かつ正のリッチ曲率を許容する多様体の例を構成している．

(2) リッチ極限空間であるがアレクサンドロフ空間でない例も知られている．アレクサンドロフ空間においては 1 点における接錐（tangent cone, 接空間の一般化）の一意性および点ごとの接錐の次元が点によらず一定であることが知られている．一方，リッチ極限空間ではそれぞれの反例がチーガー・コールディング [129][50] により得られている．今のところ，このような例の構成は，接錐による議論が根拠になっているもののみである[51]．

この空間の研究は 1990 年代に，チーガー・コールディングの仕事 [129], [130], [131] により新しい局面を迎えるのであるが，本節のはじめに述べたグロモフの登場以前の諸結果以降，グロモフ・ハウスドルフ収束の観点などを取り入れた研究が発展していた．それらのうち代表的なものを大別すると，アインシュタイン多様体 (Einstein manifold) の収束およびその拡張 [329], [93], [78]，より一般

[50] [153] も参照．
[51] 本項 (2) は本多正平氏のご教示による．

の収束などの研究 [79], [81], [82]，リッチ曲率と直径，体積との関連 [340], [80], [346], [347], [67] などがある．

チーガー・コールディングによる研究は組織的で多くの結果を導く．そのうち，代表的なものを列挙すると

(1) 非崩壊 (non collapsing) リッチ極限空間 (Ricci limit space) の特異点集合は余次元 2 以上であること，
(2) 崩壊する場合を含め正則点集合の稠密性，特異点集合の余次元の整数性定理，
(3) リッチ極限空間でのチーガー・グロモールの分裂定理，
(4) リッチ曲率がほとんど非負であるときの基本群の構造定理[52)]，
(5) リッチ極限空間がリーマン多様体である場合の安定性定理，
(6) ラプラシアンの固有値の測度つきグロモフ・ハウスドルフ距離に関する連続性定理

などがあった[53)]．さらに彼らはティアン (Tian) との共同研究 [132] で，付加条件下での特異点のより詳しい解析に関する結果も得ている．

これらの研究は画期的であったが，その当時は難解とされ，理解者も多くはなかったように思われる．また，チーガーやコールディングが若干異なる方向の研究を開始したこともあり，しばらく静かな状態が続いた．しかしその後，本多正平やネーバーらにより，彼らの結果を超える結果が 2000 年代後半から 2010 年代前半にあらわれ，さらにチーガーやコールディングもこの分野に戻り，再び研究成果が活発に発表されるようになった．その主なものは以下の通りである．

(1) コールディング・ネーバー [152][54)] による崩壊する場合での極限空間の“次元”が定義されたこと，ただしこの次元がハウスドルフ次元 (Hausdorff dimension) と一致するかどうかは未解決．

52) ただし，詳細は書かれておらず，さらにその中にあらわれる定数を明示的に評価した形に改良したカポヴィッチ・ヴィルキング (Wilking) の結果 [267] も arXiv に論文はあるが，現在までのところ未出版のようである．別の主題で出版されたブルイヤール (Breuillard)・グリーン (Green)・タオ (Tao) の論文 [113] の中で（別の方法で）ほぼ同様の結果が示されているが，カポヴィッチ・ヴィルキングの結果のすべてを含んでいるわけではない．

53) (3), (4) については，より強い断面曲率での同様の条件の下では深谷・山口による結果 [192] があり，これらはその論文における予想であった．また (6) は深谷 [187] による予想の解決である．

54) この論文の技術的新規性に関しては，注意 3.20 の (2)(c) を参照されたい．

(2) 本多によるテンソルの収束の証明 [247] およびその応用として弱い意味でリーマン計量の定義および弱2階微分構造の存在 [246].

(3) ネーバー・ザン (Zhang) [328] による崩壊極限の正則性に関する結果.

(4) チーガー・ネーバー [139] による特異点集合に関する余次元4予想の解決.

ただし (3), (4) はリッチ曲率の両側評価の仮定の下での結果である.

現時点の未解決問題のリストは，例えばネーバーによる [327] を参照されたい.

これら以外に，リッチ曲率と測度つきグロモフ・ハウスドルフ収束に関する話題としては，以下のようなものがある．1つはドナルドソン (Donaldson)・ティアン・ヤウ予想とよばれる複素幾何学 (complex geometry) の重要な予想のケーラー・アインシュタイン計量 (Kähler-Einstein metric) の場合での解決である．その証明 [142], [143], [144], [406] にも（測度つき）グロモフ・ハウスドルフ収束は重要な役割を果たしている．さらに最近 K3 曲面 (K3 surface) などのモジュライの構造やコンパクト化の研究（[336] 他参照）でもこの距離は使われている.

4.7　測度距離空間と曲率次元条件

アレクサンドロフ空間は，断面曲率が下から有界なリーマン多様体の総合的 (synthetic)[55] な定義に基づいて定義された距離空間と言われる．同様にリッチ曲率が下から有界な空間に対して総合的定義をどのようにすればよいかについては，かなりの間未解決であった．確率論や解析との関連でバックリー (Bakry)・エメリー (Émery) の条件 [89] というものは知られていたが，その候補として一般的に認知されたのは，スツルム (Sturm) [397], [398] およびロット (Lott)・ヴィラーニ [302] による曲率次元空間（CD(K,N) 空間ともよばれる，CD(K,N) space）であるように思われる．ここで C は curvature（曲率），D は dimension（次元）で，リッチ曲率の下限が K，次元が N（$N=\infty$ のこともある）という

[55] 総合的微分幾何学 (synthetic differential geometry) とよばれる，トポス理論 (topos theory) の言葉を用いて微分幾何学を調べる研究分野があるが，現在までのところ，ここでの「総合的」幾何とは異なると考えられる（英語版 Wikipedia “Synthetic differential geometry” https://en.wikipedia.org/wiki/Synthetic_differential_geometry 参照）.

ことであるが,「おおよそそのようなもの」という象徴的意味である.またこの空間は距離だけでなく測度も併せ持つ測度距離空間 (metric measure space) の例でもある.これ以外の条件として,スツルム [398],太田慎一 [338] による測度縮小性 (MCP, measure contraction property)[56] に関する研究が知られている.べき零リー群や準楕円型微分作用素 (hypo-elliptic differential operator) と関連する劣リーマン幾何学 (subRiemannian geometry) においては CD 条件 (CD condition) は成立しない [260] が,ある種の測度縮小性条件は成立することが知られている.ただし,この条件の成立のみの仮定の下では関数不等式を導くことが難しいので,中間的概念である準曲率次元条件 (QCD condition)[57] [314] という概念も考えられている.

上で述べた CD 空間は,解析学における“最適輸送理論 (optimal transport theory)”の考えを取り入れたものであり,研究の方法論の面からも多くの新機軸となる考え方が生まれた.さらに,リーマン多様体だけでなく,フィンスラー多様体 (Finsler manifold, 接空間に内積ではなくより一般のノルムが付随している空間) にも適用可能な部分があり,太田らのこの多様体に関する重要な研究 [8] の動機を与えた.

さらに,ジグリ (Gigli)・桒田和正・太田 [199] によるアレクサンドロフ空間における熱流 (heat flow)[58] の最適輸送の考え方による新解釈に基づく研究を行った.さらに,その結果の CD 空間への拡張に関する研究 [75] の中でリーマン的曲率次元 (RCD) 空間 (RCD space) という新たな概念が生まれ,この空間が 2010 年代以降のこの分野の研究の主流をなしている.

その後の研究によって,リッチ極限空間で成立する性質のほとんどすべては,RCD 空間で成立することが示された[59].

---

[56] この条件を最初に定義した文献はおそらく [204] であり,他にも [293] などの研究がある (桒江一洋氏のご教示).

[57] QCD の Q は quasi convex (擬凸) の略であるらしい.

[58] 注意 3.22 参照.

[59] ただし,本多正平氏のご教示によれば,リッチ極限空間の議論は“局所的”に成立するものであるが,RCD 空間での議論の多くは大域的条件によるもので,一般的な意味でのこのような“局所化”は課題であるとのことである.例えば,非崩壊 RCD 空間に関するドゥ・フィリッピス・ジグリ (De Philippis-Gigli) 予想は,コンパクト空間に対しては [249] で解決されたが,その仮定の必要性はおおよそこの理由によるとのことである.ただし,その後この予想は一般的に [110] で証明された.

これらの進展については，桑江らによる [19] および本多による最近の論説 [49] を参照されたい．なおこの分野は現在も急速に進展しており，これらの論説以降も，懸案の1つであった RCD 空間に関する測地線の不分岐性に関する結果[60)] が arXiv に発表されている [165]．出版前なので評価は定まったわけではないが，これより多くの結果が導かれることが知られている[61)]．

4.8　リッチ曲率が上に有界な空間

リッチ曲率が正の上限を持っている多様体の族に（それを理由とする）共通する性質といったものは知られていない．リッチ曲率が非正の場合，ボホナー (Bochner) による古典的結果 [106] として，「等長変換群 (isometry group) の次元がリーマン多様体の次元以下で一致する場合は平坦トーラスに等長，特に負リッチ曲率を持つ場合は，有限群である」というものが存在するが，本質的にそれ以外のリッチ曲率が非正，あるいは負であるための必要条件は知られていない．一方，3次元以上のどんなパラコンパクト (paracompact) 微分可能多様体にも完備負リッチ曲率を持つ計量が入ること [196] が知られており，位相的制約は存在しない．

既存研究としては，上記ボホナーによる負リッチ曲率を持つ場合の等長変換群の有限性の証明法では，その位数は評価できないので，それをいくつかの幾何学的量で評価すること [251], [254], [305], [271], [156], [275]，リッチ曲率が非正あるいは負の条件を少し緩和すること [276] などが行われている．ただし，ローカンプ (Lohkamp) により，「3次元以上のコンパクト微分可能多様体が，微分同相群 (diffeomorphism group) の部分群を等長変換群とするような負リッチ曲率を許容するための必要十分条件はその部分群が有限群である」という結果 [301] も示されているので，上記の等長変換群の位数を評価するためには，その他の幾何学的情報が必要なことはわかる．

さらに，前節の CD 空間の定義条件の符号を逆にした，リッチ曲率が上限を

---

60) これはリッチ極限空間に対しても知られていなかった．

61) 本節の記述はおおよそ 2021 年半ば頃までのものである．その後のさらなる進展も含めた本多氏の著書 [50] が最近出版された．

持つ空間の一般化がスツルム [399] によって定義されている．彼はスーパーリッチ流 (super Ricci flow) への応用を見込んで定義したようであるが，コンパクト距離空間がこの意味での負リッチ曲率を持つという条件の下での等長変換群の有限性が最近示された [232]．なお，リーマン多様体の等長変換群がリー群であることはマイヤース・スティンロード (Steenrod) の古典的結果 [324] として知られており，さらにアレクサンドロフ空間 [193]，CAT 空間（局所コンパクトの場合）[423]，RCD 空間 [392], [226] でもリー群であることは示されている．しかし，スツルムによる上記の一般化に対しては，まだ未解決のようである[62]．

4.9 スカラー曲率

上述のように負のリッチ曲率を持つリーマン計量が任意の次元が 3 以上の微分可能多様体に入ることは知られており，そのスカラー曲率は負であるので，負のスカラー曲率を許容するための位相的制約が存在しないことは明らかであるが，それ以外の負のスカラー曲率を許容するための必要条件は知られていないと思われる．

これに対し，正のスカラー曲率を許容するための位相的障害 (topological obstruction) が存在することは知られている．この種の障害のうち初期のものは，リヒネロヴィッツ [299] の結果「スピン構造 (spin structure) を持つ多様体が正のスカラー曲率を持つリーマン計量を許容するためには A ハット種数 ($\hat{A}$-genus)[63] とよばれる位相不変量が消滅する必要がある」というものである．他方,「3 次元以上のトーラスは正のスカラー曲率を許容しない」ことが知られている．このことより A ハット種数の消滅が正のスカラー曲率を持つリーマン計量を許容するための十分条件ではないことはわかる．正スカラー曲率を持つリーマン多様体の研究手法は，(a) ディラック作用素 (Dirac operator) およびアティヤー (Atiyah)・シンガー (Singer) の指数定理 (index theorem) を用いる方法 [220]，(b) 極小曲面を用いる方法 [373]，(c) 位相的方法などがあり，特に (a),

---

62) このスツルムによる一般化が妥当なものかについては議論の余地があるという意見もあるとのことである（本多正平氏による）．

63) A ルーフ種数ともよばれる．

(b) の関連については興味深い課題となっている．

スカラー曲率は，山辺の問題や山辺定数の問題という大域解析の研究 [23] とも関連があり，さらにノビコフ予想 (Novikov conjecture) などトポロジーや作用素環 (operator algebra) 論，さらには正質量定理 (positive mass theorem) [375] など数理物理にも深くかかわっており，現代の幾何学において非常に活発に研究されている．例えばグロモフ [218], [219][64] などを参照されたい．さらに [219] を含むと思われる以下の文献 [221] が出版されている．

注意 4.13

これまでアレクサンドロフ空間は断面曲率が下に有界，CD 空間や RCD 空間はリッチ曲率が下に有界という空間を総合的に定義したものであったが，スカラー曲率が下に有界，あるいは正である空間に対して総合的定義というものは知られていない[65]．スカラー曲率がグロモフのプレコンパクト性定理の範囲外ということもあり，このようなものが実際に有用であるかという疑問もある．これらに関する現状は以下のようであると思われる．

(1) （測度つき）グロモフ・ハウスドルフ収束とスカラー曲率はあまり適合的ではないらしい [297]．

(2) 上記の総合的な意味で距離空間あるいは測度距離空間が正の断面曲率あるいはリッチ曲率を持つという条件は上述のように定義可能であるが，これらの空間は当然“正のスカラー曲率”を持つと考えてよいように思われる．そこで，「スカラー曲率が正のリーマン多様体に関するいろいろな結果が，このような空間に対しても成立するか？」という問題は考察の対象に成り得る．

(3) この問題で，例えば上記の (a) の方針を見習うとすれば，それらの空間に“スピン構造”を定義することが望まれる．スピン構造というのは

64) この論文は 2019 年に投稿されたが，その後何度かの改訂により，ページ数が増加しており，2021 年 7 月 8 日版では 369 ページに達している．また，本節の内容とは直接関係はないと思われるが，最近のグロモフの推奨は Condensed Mathematics (`https://ncatlab.org/nlab/show/condensed+mathematics`) とのことである．以下の動画 The Floer jungle 35 years of Floer theory (Helmut Hofer) `https://www.youtube.com/watch?v=kSNyU71MpgQ` の終盤にそのような発言をしている．

65) これについては [219] にも記述がある．

おおよそ向きづけ可能性の一般化と考えることができる．例えば多様体 M がスピン構造を持つということは M のループ空間 (loop space) $\Omega(M)$ が向きづけ可能ということと同値であることが知られている．このことは，3.3.1 項であらわれたスティーフェル・ホイットニー類 w_i を用いて向きづけ可能性は $w_1 = 0$，スピン構造を持つことは $w_2 = 0$ で特徴づけられることとも関連している．

向きづけ可能性に関しては，アレクサンドロフ空間に対して三石 [318] で，リッチ極限空間に対して本多 [248] で既に定義されている．スピン構造についても，例えば上記の方針で定義することも一案ではないかと思われるが，既にリッチ曲率の両側の評価のある空間に対しては，上記のループ空間ではないが，関連した概念であるパス（道）空間 (path space) の研究 [326], [239]（ただし，"パス空間の向き付け可能性の研究" というわけではない）もあるので，何かできないであろうか？

(4) リーマン多様体 M とそのループ空間 $\Omega(M)$ のさらなる関係として，「M が正のリッチ曲率を持てば $\Omega(M)$ は正のスカラー曲率を持つ（このようなリーマン計量を許容する）であろう」という予想[66]を含むシュトルツ (Stolz) の興味深い文献 [393] も存在する．この文献は，シュトルツ・タイヒナー予想 (Stolz-Teichner Conjecture) [394], [395] など，物理学における最先端の話題とも関連している[67]．

4.10 その他の曲率

その他の曲率としては，複素幾何学での曲率概念として正則断面曲率 (holomorphic sectional curvature)，正則双断面曲率 (holomorphic bisectional curvature) などがある．これに関して，シウ (Siu)・ヤウ [390] はコンパクトケーラー多様体 (Kählerian manifold) が正の正則双断面曲率を持てば複素射影空間と双

---

66) 予想の正確な形は「スピン構造を持つ $4k$ 次元微分可能閉多様体 M が，$\frac{1}{2}p_1(M) = 0$ を満たすとする．ただし，$p_1(M)$ は M の 1 次ポントリァーギン類 (Pontryagin class) である．このとき M が正のリッチ曲率を持てば，そのウィッテン種数 (Witten genus) は消える」というものであり，これはフェーン (Höhn) によっても独立に考えられていた．

67) これらの話題は森田陽介氏から教えていただいた．

正則 (biholomorphic) であろうというフランケル (Frankel) 予想を解決した．その手法は，その頃開発されたザックス (Sacks)・ウーレンベック (Uhlenbeck) [366] の調和写像 (harmonic map) の理論と正則写像 (holomorphic map) の変形理論を用いるもので，解析的といえる．一方，同時期，森 重文 [322] は「接束が豊富 (ample) であれば複素射影空間に双正則である」というより強い結果（ハーツホーン (Hartshone) 予想）を示した．森の方法は議論の本質的部分に正標数 (positive characteristic) p への還元 (mod p reduction) という代数幾何学的議論を利用している．この部分を複素幾何の手法で示すことを，森は問題として出題している（[56] 参照）．この問題が解ければ応用はあるとのことであるが，現在まで未解決であるようである．

その後，ザックス・ウーレンベックの手法を変形して，ミカレフ (Micallef)・ムーア (Moore) [315] は正の等方的曲率 (isotropic curvature) という条件の下で球面定理を示した．この条件は 1/4 ピンチされた断面曲率を持つという条件と正の曲率作用素 (curvature operator) を持つという条件のどちらも含むものであり，クリンゲンバーグ [283]・ベルジェ [100] の球面定理の別証明も与えている．

4.11　リッチ流

リッチ流について簡単に述べる．リッチ流とはリーマン計量の時間発展を記述する方程式の解でこの方程式はいわば“熱方程式の非線形版”にあたる．ハミルトンはリッチ流を導入した論文 [234] で，「任意のコンパクト 3 次元リーマン多様体が，正のリッチ曲率を持てば，その計量を変形して正曲率空間形，すなわち 3 次元単位球面の有限群の作用による商空間にできる」ことを示した．さらにヤウの示唆もあり，これを用いてサーストンの幾何化予想 [405] の証明に向けてのプロジェクトを開始した．このプロジェクトは後にペレルマン [348], [349], [350] により完成するが，ハミルトンはその研究の過程で手術つきリッチ流 (Ricci flow with surgery) [237] をはじめとする種々の技法 [235], [236] を開発し，ペレルマンの証明の基礎を与えた．ペレルマンの論文は arXiv に発表されたもので，発表当時多くのオリジナルな考え方を含み，重要性は明らかであるものの詳細まで理解されたわけではなかった．その後いくつかの数学者のグループ

(例えば，[282], [320], [321], [123], [103]）により詳細が補足され，数年後にペレルマンによる幾何化予想の証明の正しさは確認された．ただし，ヤウはその自伝[57] の中で「ペレルマンの論文のすべての内容の詳細まで理解している数学者を私は知らない」とコメントしており，実際，ごく最近もペレルマンの主張のある部分の証明を与える論文が出版されている．ペレルマンの仕事以降，リッチ流はより活発に研究されるようになり，例えば，ボーム (Böhm)・ヴィルキングによる正の曲率作用素に対する微分可能球面定理 [107]，ブレンドル・シェーンによる 1/4 微分可能球面定理 [111]，ハミルトン [237] および B. L. チェン (B. L. Chen)・タン (Tang)・ズー (Zhu) [140] による正の等方的曲率を持つ 4 次元多様体の分類，ブレンドル [112] による，$n \geq 12$ を満たす n 次元多様体で，非自明な $(n-1)$ 次元非圧縮空間形 (incompressible space form) を含まず，正の等方的曲率を持つものの分類結果などが得られた．最後の 2 つの結果には手術つきリッチ流が用いられる．リッチ流に関してはバムラー (Bamler) のサーベイ [91] を参照されたい．

4.12 次元が無限大に発散する空間列の幾何学

これまで考察していた多様体の収束列のほとんどは，その次元が有界な場合であった．これに対しグロモフは，ポール・レヴィ (Paul Lévy) の研究に端を発する測度集中現象 (measure concentration phenomenon) や，ヴィタリ・ミルマン (Vitali Milman) らの幾何学的関数解析 (Geometric functional analysis) の考え方も取り入れて，次元が無限大に発散するような多様体列をも含むような幾何学を [215] において展開した．この幾何学は観測距離 (observable distance)，ピラミッド (pyramid) など興味深い新概念を含んでいる．ただし，この理論はやはり難解で，なかなか一般の数学者には浸透していかなかった．そのような状況の中で，塩谷はグロモフの理論（の主要部）の解説および塩谷自身の結果や船野敬との共同研究を含む文献 [382] を出版した．この文献は非常に明解に記述されており，既にこの分野の基本文献になっている．その後，塩谷はこの分野における未解決問題集 [383] をまとめられ，さらに文献 [382] のおおよその内容およびその後の発展をまとめた著書 [29] を出版された．

Georg Friedrich Bernhard Riemann

第5章
リーマン多様体の素閉測地線

5.1 素数定理と素測地線定理

リーマンには「与えられた限界以下の素数 (prime number) の個数について」という著名な論文 [63] がある．この論文は6ページの短いものであるが，その中でリーマンゼータ関数 (Riemann zeta function) の複素解析的研究，特に解析接続 (analytic continuation)，関数等式 (functional equation)，素数の数え上げ関数 (counting function) の明示公式 (explicit formula)，リーマン予想 (Riemann hypothesis) などが論じられている[1]．この論文からおおよそ1世紀後に，この仕事とリーマン多様体を結びつけた研究があらわれた．セルバーグ (Selberg) の研究である．セルバーグは1954年に，「調和解析 (harmonic analysis) と弱対称空間 (weakly symmetric space) の不連続群 (discontinuos group) およびディリクレ級数 (Dirichlet series) への応用」という論文 [377] の中で，リーマン多様体の基本群の素な共役類 (conjugacy class) あるいはそれに対応する素閉測地線 (prime closed geodesic) を素数の幾何学的類似とみなし，素数に関するリーマンゼータ関数の幾何学的類似として後にセルバーグゼータ関数 (Selberg zeta function) とよばれることになる関数を導入した．例えば，定曲率 -1 のリーマン計量を持つリーマン面に対して，セルバーグゼータ関数の性質を調べている．この場合，素数の場合に比べ，リーマン予想が有限個の例外となる零点を除き成立していることが示されているなど扱いやすい面もあり，これに関する解説もかなり出版されている．ここでは，素数定理 (prime number theorem)

[1] 本シリーズでもリーマンと数論に関しては黒川信重氏の著書 [18] が出版されている．

の幾何学版である素測地線定理 (prime geodesic theorem), およびリーマンに大きな影響を与えた数学者の一人であるディリクレ (Dirichlet) による算術級数 (arithmetic progression) 定理の幾何学版について論じることにする. 参考文献としては, 砂田利一 [34] が前半のアーベル拡大 (abelian extension) に関する話題を扱っている. 後半の離散ハイゼンベルグ群 (discrete Heisenberg group)[2)] による拡大に関する部分については, 筆者の準備中の論文 [272], [273] からの抜粋である.

まず素数定理について思い出すところからはじめる. $\pi_N(x)$ を x 以下の素数の個数とする. このとき次の定理が成立する.

定理 5.1 素数定理

$$\pi_N(x) \sim \frac{x}{\log x}.$$

ここで $f(x) \sim g(x)$ とは $\displaystyle\lim_{x\to\infty} \frac{f(x)}{g(x)} = 1$ を意味する.

この定理はオイラー, ルジャンドル, ガウスらにより予想されていた. リーマンは素数の数え上げ関数の明示公式を与え, リーマン予想が示されればこの定理が証明されることを示した. この定理は 19 世紀の終わりに, アダマール (Hadamard) およびド・ラ・バレ・プサン (de la Valleé Poussin) により独立に証明された. なお, リーマン予想は有名な未解決問題であるが, この定理のある精密化と同値であることが知られている.

セルバーグとエルデス (Erdős) [179] は独立に, 素数定理の初等的証明 [376] を見つけた. その後, セルバーグはおそらくリーマン予想解決のための 1 つの道筋として, 上で述べたような幾何学的類似を研究した. 素数定理の幾何学版は次のものである.

---

2) 本章におけるハイゼンベルグ群 (Heisenberg group) は離散ハイゼンベルグ群 $\mathrm{Heis}_3(\mathbb{Z})$ とハイゼンベルグ・リー群 (Heisenberg Lie group) $\mathrm{Heis}_3(\mathbb{R})$ の 2 つがあらわれる. 前者は後者の離散部分群であるが, 後述のようにそれらのユニタリ表現 (unitary representation) の構造がかなり異なり, その対比を調べることがここでの議論で本質的な部分である (後者の群は実ハイゼンベルグ群 (real Heisenberg group) ともよばれることも多い). 他方, アーベル群の場合は離散群 (discrete group), 連続群 (continuous group) の違いは少なくともユニタリ表現に関してはそれほどないので, ここでは特に区別しない.

M をコンパクト双曲リーマン面 (hyperbolic Riemann surface)，すなわち2次元コンパクトリーマン多様体で定曲率 -1 であるリーマン計量を持つものとする．次に，$\pi(x)$ を長さ x 以下の素閉測地線の個数とする．ここで，閉測地線は，リーマン多様体が負曲率リーマン計量を持つという条件の下では，「それが属する閉曲線の自由ホモトピー類 (free homotopy class)（閉曲線の連続変形族）の中での（唯一の）最短閉曲線である」という条件で特徴づけられる．また，閉測地線が素 (prime, primitive) であるとは，それが他の閉測地線の何重巻きかであらわされないことを意味する．このとき，次が成立する．

定理 5.2

$$\pi(x) \sim \frac{e^{hx}}{hx}.$$

ここで h は測地流の位相エントロピー (topological entropy) とよばれる正の数である．

この h に関しては，次の公式 [306] が知られている．M の普遍被覆 (universal covering)[3] $\widetilde{M}$ の点 p を中心とする半径 r の球体 $B_r(p)$ の体積を $\mathrm{vol}(B_r(p))$ とするとき，

$$h = \lim_{r\to\infty} \frac{1}{r} \log \mathrm{vol}(B_r(p))$$

が成立する．特に定曲率 -1 のリーマン計量を持つコンパクトリーマン面の場合は $h = 1$ である．

この定理は，1950年代にセルバーグ [377] およびヒューバー (Huber) [250] により，定負曲率曲面の場合に，調和解析およびセルバーグ跡公式 (Selberg trace formula) を用いて示された．その後，一般の負曲率リーマン計量を持つコンパクトリーマン多様体や，さらにその一般化であるアノソフ流の場合への拡張が，1969年のマルグリス (Margulis) の学位論文 [310]，[311] により，力学系 (dynamical system) の議論を用いて得られた．さらに1980年代はじめに，さ

[3] 5.3.1 項参照．

らなる一般化である弱混合的 (weakly mixing) 公理 A 流 (Axiom A flow) に対して同様の結果が，パリー (Parry)・ポリコット (Pollicott) [344] により示されている．彼らの方法も力学系を用いるものであるが，マルグリスのものが直接的であるのに比べ，記号力学系 (symbolic dynamics) というある種の離散近似 (discrete approximation) と，熱力学形式 (thermodynamical formalism) という数理物理の議論によっている．その後，定理の精密化 [356], [200] や，非コンパクトリーマン多様体 [229] についていくつかの結果があり，現在も活発な研究が続いている[4)]．

5.2 ディリクレの算術級数定理とその幾何学類似

5.2.1 ディリクレの算術級数定理，チェボタレフの密度定理 (I)

ディリクレの算術級数定理とは，「初項と公差が互いに素な等差数列 (arithmetic progression)[5)]には，素数が無限個含まれる」という定理で，これはオイラーにより予想され，ディリクレによって証明された．さらにこの定理の素数定理版である以下の定理が，素数定理を証明したド・ラ・バレ・プサンにより，素数定理の証明とほぼ同時に示された．

ℓ を自然数とし，自然数を ℓ で割った余り (mod ℓ) である合同類 (congruence class) を対応させる写像 $\Phi : \mathbb{Z} \to \mathbb{Z}/\ell\mathbb{Z}$ を考える．環 $\mathbb{Z}/\ell\mathbb{Z}$ の乗法に関する可逆元 (invertible element) 全体のなす乗法群 $(\mathbb{Z}/\ell\mathbb{Z})^\times$ の元 α に対し，$\pi_N(x,\alpha)$ を素数 p で $\Phi(p) = \alpha$ を満たし，大きさが x 以下のものの個数をあらわすとき，次が成立する．

4) ここでは素数と素閉測地線の類似という面を強調して説明しているが，相違点もかなり多くある．その一部は 5.2.5 項でも述べるが，それ以外でも素数定理と素測地線定理の誤差項 (error term) 評価とリーマン予想の関係に関しても相違点が知られている（[256] 参照）．また近年，素数定理自身と力学系の関連の研究が発展している（[99] 参照）が，その場合は位相エントロピーが 0 の場合である．他方，本章で扱う双曲力学系 (hyperbolic dynamical system) は位相エントロピーが正である．

5) 定理の名称では算術級数となっている．日本語で級数 (series) というと通常，数列の和に対する用語であり，数列それ自体ではない．なぜ算術級数定理とよばれているのか今一つわからないが，通例にしたがった．

定理 5.3

$$\pi_N(x,\alpha) \sim \frac{1}{\sharp(\mathbb{Z}/\ell\mathbb{Z})^\times}\frac{x}{\log x}.$$

ここで，集合 A に対し，$\sharp A$ で A の元の個数をあらわす．

この定理は，「体の拡大 (extension of field)」の言葉で表現できる．今，$\zeta_\ell = e^{2\pi\sqrt{-1}k/\ell}$ を1の原始 ℓ 乗根 (primitive ℓ-th root of unity) の1つとし，有理数体 (rational field) $\mathbb{Q}$ に ζ_ℓ を添加した体 $\mathbb{Q}(\zeta_\ell)$[6] を考える．この拡大のガロア群 (Galois group) $\mathrm{Gal}(\mathbb{Q}(\zeta_\ell)/\mathbb{Q})$ は $(\mathbb{Z}/\ell\mathbb{Z})^\times$ と同型である．また ℓ と互いに素である素数 p に対し，p-フロベニウス準同型 (Frobenius homomorphism) とよばれる $\mathbb{Q}$ の元を固定し，ζ_ℓ を p 乗する円分体 $\mathbb{Q}(\zeta_\ell)$ の同型写像はガロア群の元と見なせるが，これがガロア群の元の共役類 α に含まれるような x 以下の素数の個数は，先の $\pi_N(x,\alpha)$ と一致する．より一般の代数拡大 (algebraic extension) に対しても，ガロア群が非可換の場合も含めて定式化されており，チェボタレフ (Chebotarev) の密度定理 (density theorem) とよばれている．これらについては後でより詳しく説明するが，その前にこの定理の幾何学版を，無限次拡大 (infinite extension) の場合も含めて紹介する．

5.2.2　幾何学的定式化 (geometric formulation) とアーベル拡大

まず，ここで考える問題の定式化からはじめる．M を負の断面曲率を持つコンパクトリーマン多様体とする．このとき，「閉測地線」と「閉曲線の自由ホモトピー類」と「M の基本群 $\pi_1(M)$ の共役類」の3者の間に1対1対応がある．(負の断面曲率を持つコンパクトリーマン多様体については) 閉曲線の自由ホモトピー類の中で最短閉曲線 (shortest closed curve) が唯一つ存在し，それが閉測地線である．ただし，自由ホモトピー (free homotopy) とは閉曲線の連続変形のことである．一方，基本群も，ほぼ同様な閉曲線の連続変形による同一視に基づく同値類を元とする群であるが，少し違いがあり，正確にはこちらははじめに基点とよばれる点を1つ固定し，その点を通る閉曲線の連続変形で移りあうもの

---

[6] 円分体 (cyclotomic field) とよばれ，また，この体への拡大は円分拡大 (cyclotomic extension) とよばれる．

(基点を固定したホモトピー類) がその元である．そのため自由ホモトピー類と基本群の元は直接 1 対 1 には対応せず，後者ではその元を含む共役類が対応している．

以上を念頭に置いて次のように問題を定式化する．

有限生成 (finitely generated) 離散群 Γ，その元の共役類 α および全射準同型 $\Phi : \pi_1(M) \to \Gamma$ に対し，

$$\pi(x, \Phi, \alpha) = {}^\sharp\{\mathfrak{p} \mid \Phi([\mathfrak{p}]) \subset \alpha,\ \ell(\mathfrak{p}) < x\}$$

とおく．ただし，$\mathfrak{p}$ は M の素閉測地線で，$[\mathfrak{p}]$ は対応する $\pi_1(M)$ の共役類をあらわし，$\ell(\mathfrak{p})$ はその長さをあらわす．もし Γ が $\pi_1(M)$ の商群 (quotient group) であり，Φ が明らかな場合は Φ を省略して上の式の左辺を $\pi(x, \alpha)$ と書く場合もある．このとき以下の問題を考える．

問題 5.4

$\pi(x, \Phi, \alpha)$ の $x \to \infty$ での漸近挙動 (asymptotic behavior) はどのようなものであるか？

まず，$\Gamma = \{e\}$ (単位元のみからなる群) の場合は $\pi(x, \Phi, \alpha) = \pi(x)$ であるので，上記の問題の解答は素測地線定理で与えられる．次に，Γ が有限群 (finite group) の場合はチェボタレフの密度定理の (直接的な) 幾何学的類似と考えることができ，証明の枠組も数論の場合のものがほぼそのままの形[7]で適用可能である．この場合に関して足立俊明・砂田 [68] およびパリー・ポリコット [345] による次の結果がある．

定理 5.5

Γ が有限群のとき，

[7] これは L 関数のある種の解析的性質からチェボタレフの密度定理を導く議論は数論の場合と同様ということである．L 関数が上記の解析的性質を持つことを示すためには，数論とは別の議論が必要である．

$$\pi(x,\alpha) \sim \frac{\sharp\alpha}{\sharp\Gamma}\frac{e^{hx}}{hx}.$$

次に考察されたのはΓが無限アーベル群 (abelian group) の場合である．この場合，本質的には「与えられた（1次元）ホモロジー類に属する素閉測地線はどれくらいあるか？」という問題に言い換えられる．これについては足立・砂田の先行研究 [69] の後，次の定理が R. S. フィリップス (Phillips)・サルナック (Sarnak) [353] により得られた．

定理 5.6

Mを種数 (genus) gが2以上で定負曲率-1を持つコンパクトリーマン面，Γを1次元ホモロジー群 (homology group) $H_1(M,\mathbb{Z})$ ($\simeq \mathbb{Z}^{2g}$) とする．このとき，次が成立する．

$$\pi(x,\alpha) \sim \frac{(g-1)^g e^x}{x^{1+g}}\left(1+\frac{c_1}{x}+\frac{c_2}{x^2}+\cdots\right). \tag{5.1}$$

この定理で分子にあらわれる定数$(g-1)^g$に関係する最も重要な量はMに付随するヤコビトーラス (Jacobi torus) $H^1(M,\mathbb{R})/H^1(M,\mathbb{Z})$とよばれる対象の体積であり，この場合はその値は1である[8]．

この定理の主要部[9]については，彼らとは独立に，筆者と砂田の共同研究 [277] でも同様の結果が得られた．この結果に関する彼らと我々の方法論的相違については後述する．その後，一般の負曲率リーマン多様体やさらにその一般化である弱混合的アノソフ流を持つリーマン多様体の場合にラリー (Lalley) [296]，ポリコット [354]，勝田・砂田 [278] により，これも独立に同様の結果が得られた．さらに非コンパクトかつ有限体積 (finite volume) を持つリーマン面の場合 [177] やこれらの精密化である漸近挙動 [77], [357], [288]，さらには中心極限定理 (central limit theorem)，大偏差原理 (large deviation principle) [296], [88] についても，何人かの数学者により結果が得られている．

---

[8] これ以外にはガウス・ボンネの定理などが関連している．

[9] 漸近展開 (asymptotic expansion) の第1項のこと．

5.2.3　ハイゼンベルグ拡大

チェボタレフ型の定理の Γ の非可換無限群 (non commutative infinite group) への拡張は，一般には難しいと思われる．このことに関して，アーベル群の次の段階で考察すべき対象は離散べき零群 (discrete nilpotent group) であろうと考えられる．この理由については少し後で説明するが，本章では離散べき零群の最も単純な（非自明の）例である離散ハイゼンベルグ群の場合，すなわちハイゼンベルグ拡大 (Heisenberg extension) について議論する．

はじめに，べき零リー群 G および離散べき零群 (discrete nilpotent group) Γ についていくつかの基本事項を述べる．群 G の部分群 H, K に対し，それらの交換子群 (commutator group) $[H,K]$ を集合 $\{[h,k] := hkh^{-1}k^{-1} \in G \mid h \in H,\ k \in K\}$ で生成される G の部分群とする．次に群 G の中心降下列 (lower central series) $\{G^{(n)}\}_{n=1}^{\infty}$ を

$$G^{(1)} = G, \quad G^{(i+1)} = [G, G^{(i)}] \quad (i = 1, 2, \ldots)$$

により定義する．$G^{(n-1)} \neq \{e\}$, $G^{(n)} = \{e\}$ を満たす n が存在するとき，G を n 階のべき零群 (n-step nilpotent group) とよぶ．離散べき零群 Γ に対し，それを一様格子 (uniform lattice)[10)] として含む単連結べき零リー群 G が唯一つ存在することが知られている[11)]．このとき G は Γ のマルシェフ完備化 (Malcev completion) とよばれる．

次に，研究課題としてアーベル群の次の段階で考察すべき対象が離散べき零群であると考える理由について説明する．Γ がアーベル群のとき，全射準同型 $\pi_1(M) \to \Gamma$ は，$\pi_1(M)$ の最大アーベル商 (abelian quotient) 群 $\pi_1(M)/[\pi_1(M), \pi_1(M)]$[12)] を経由するが，この群はフルヴィッツ (Hurewicz) の定理により，$H_1(M, \mathbb{Z})$ と同型であり，自然な対象といえる．上の商群の定義において，$[\pi_1(M), \pi_1(M)]$ の代わりに2重交換子群 (double commutator group) $[\pi_1(M), [\pi_1(M), \pi_1(M)]]$ による商群 $\pi_1(M)/[\pi_1(M), [\pi_1(M), \pi_1(M)]]$ を考えれ

---

10) 一般に群 Γ がリー群 G の一様格子であるとは，Γ が G の離散部分群であり，さらにそれによる商空間 G/Γ がコンパクトであることとして定義される．

11) マルシェフ (Malcev) の定理（[154] 参照）による．

12) $[\pi_1(M), \pi_1(M)]$ は交換子群である．

ば，この群は離散べき零群である．ここで次を予想する．

予想 5.7

有限生成離散べき零群 Γ および全射準同型 $\Phi : \pi_1(M) \to \Gamma$ に対し，α を Γ の中心 (center) に属する元の共役類とするとき，

$$\pi(x, \Phi, \alpha) \sim C \frac{e^{hx}}{x^{1+d/2}} \left(1 + \frac{c_1}{x} + \frac{c_2}{x^2} + \cdots\right)$$

が成立する．ただし，d は以下で述べる Γ の多項式増大度 (polynomial growth order) であり，定数 C についてはアーベル群の場合と同様な M の幾何であるヤコビトーラスの体積の他に，Γ に関する情報，特に Γ のマルシェフ完備化である単連結べき零リー群 G のあるユニタリ表現に付随する準楕円型微分作用素 H に関するスペクトルゼータ関数 (spectral zeta function) $\zeta_H(s)$ の $s = d/2$ での値 $\zeta_H(d/2)$ を用いて書きあらわせる．また定数 $c_1, c_2, \ldots$ についても，幾何学的量であらわすことができる．

ここで一般に，有限生成無限群 Γ の多項式増大度 d とは次で定まる整数 d のことである．Γ の有限生成系 (finitely generating system) S を1つ固定し，Γ の元 γ に対し，その語の長さ (word length) $w(\gamma)$ を，γ を S の元の積であらわしたとき，その表示にあらわれる S の元の個数の最小値として定義する．今，$\omega(r)$ を語の長さが r 以下の Γ の元の個数とする．このとき，有限生成離散べき零群に対し，ある定数 C_1, C_2 およびある整数 d が存在して，

$$C_1 r^d \leq \omega(r) \leq C_2 r^d$$

を満たすことが知られている．さらにこの定数 d は，有限生成系 S の選び方によらないことが比較的簡単にわかる[13)]．

離散べき零群およびそれを一様格子として持つべき零リー群の例を2組挙げよう．

[13)] グロモフの定理 [209] より，逆に $\omega(r)$ が上の不等式を満たすとき，Γ は概べき零群 (virtually nilpotent group)，すなわち離散べき零群の有限群による拡大群であることが知られている．

例 5.8

3 次元離散ハイゼンベルグ群 $\mathrm{Heis}_3(\mathbb{Z})$：この群は表示

$$\mathrm{Heis}_3(\mathbb{Z}) = \left\{ \begin{pmatrix} 1 & x & z \\ 0 & 1 & y \\ 0 & 0 & 1 \end{pmatrix} \middle| \ x, y, z \in \mathbb{Z} \right\}$$

を持つ群であり，またこの群を一様格子として持つハイゼンベルグ・リー群 $\mathrm{Heis}_3(\mathbb{R})$ は，上記の $\mathrm{Heis}_3(\mathbb{Z})$ の元の行列表示において，x, y, z が整数であったものを実数で置き換えて得られるリー群である．そのリー環 (Lie algebra) $\mathrm{Lie}(\mathrm{Heis}_3(\mathbb{R}))$ は

$$\mathrm{Lie}(\mathrm{Heis}_3(\mathbb{R})) = \langle X, Y, Z \mid [X, Y] := XY - YX = Z \rangle$$

とあらわされる．ここで上式の右辺は

$$X = \begin{pmatrix} 0 & 1 & 0 \\ 0 & 0 & 0 \\ 0 & 0 & 0 \end{pmatrix}, \quad Y = \begin{pmatrix} 0 & 0 & 0 \\ 0 & 0 & 1 \\ 0 & 0 & 0 \end{pmatrix}, \quad Z = \begin{pmatrix} 0 & 0 & 1 \\ 0 & 0 & 0 \\ 0 & 0 & 0 \end{pmatrix}$$

で生成され，関係式 $[X, Y] := XY - YX = Z$ を満たすということをあらわしている[14)].

べき零リー群 N が滑層化 (stratified) されているとは，そのリー環 $\mathrm{Lie}(N)$ にリー括弧積 (Lie bracket) $[\cdot, \cdot]$ と両立する拡大 (dilatation) $\delta_t : \mathrm{Lie}(N) \to \mathrm{Lie}(N)$, $t > 0$ を許容することである．3 次元ハイゼンベルグ・リー群 $\mathrm{Heis}_3(\mathbb{R})$ はその一例であり，この場合拡大 δ_t は,

$$\delta_t(X) = tX, \quad \delta_t(Y) = tY, \quad \delta_t(Z) = [\delta_t(X), \delta_t(Y)] = t^2 Z$$

で与えられる．このとき，$\mathrm{Heis}_3(\mathbb{Z})$ は多項式増大度 $d = 1 + 1 + 2 = 4$ を持つ．またこの場合，予想 5.7 における準楕円型微分作用素は 1 次元調和振動子 (harmonic oscillator) $-\dfrac{d^2}{du^2} + u^2$ であり，そのスペクトルゼータ関数

14) $[X, Y] = Z$ 以外，関係式は，X, Z および Y, Z の可換性をあらわす $[X, Z] = [Y, Z] = 0$ もあるが，可換な関係式は通常は省略される．

の $d/2$ での値 $\zeta_H(d/2) = \zeta_H(2)$ はリーマンゼータ関数 $\zeta(s)$ の $s = 2$ での値 $\zeta(2) = \pi^2/6$ を用いてあらわすことができる.

例 5.9

エンゲル群 (Engel group) E_4：この群は以下のリー環 $\mathrm{Lie}(\mathrm{E}_4)$ を持つべき零リー群 $\mathrm{E}_4(\mathbb{R})$ の一様格子である.

$$\mathrm{Lie}(\mathrm{E}_4) = \langle W, X, Y, Z \mid [W, X] = Y, [W, Y] = Z \rangle.$$

この群も滑層化されていて拡大 δ_t は

$$\delta_t(W) = tY, \quad \delta_t(X) = tX,$$
$$\delta_t(Y) = [\delta_t(W), \delta_t(X)] = t^2 Y,$$
$$\delta_t(Z) = [\delta_t(W), \delta_t(Y)] = t^3 Z$$

で与えられる. この群の多項式増大度 d は $1+1+2+3 = 7$ であり, 予想 5.7 における準楕円型微分作用素 H は 4 乗振動子 (quartic oscillator) $-\dfrac{d^2}{du^2} + u^4$ である.

予想 5.7 に対し, Γ が 3 次元離散ハイゼンベルグ群 $\mathrm{Heis}_3(\mathbb{Z})$ の場合に, 次の結果が得られた.

定理 5.10

M を種数が g で定負曲率 -1 を持つコンパクトリーマン面とし, $\Gamma = \mathrm{Heis}_3(\mathbb{Z})$ および全射準同型 $\Phi : \pi_1(M) \to \Gamma$ とし, また α を Γ の中心に属する元の共役類とするとき, M および Γ に依存するある正の定数 $C = C(\alpha)$ が存在して, 次が成立する.

$$\pi(x, \Phi, \alpha) \sim \frac{Ce^x}{x^3}\left(1 + \frac{c_1}{x} + \frac{c_2}{x^2} + \cdots\right).$$

この場合, 主要部の分母のべき 3 は, Γ の多項式増大度 d は 4 であることを用いた計算式 $1 + d/2 = 1 + 4/2 = 3$ から得られる. また定数 C は予想 5.7 であらわれたもので，3 次元離散ハイゼンベルグ群 $\mathrm{Heis}_3(\mathbb{Z})$ の場合は，例 5.8 でも述べたようにスペクトルゼータ関数の値 $\zeta_H(d/2) = \zeta_H(2)$ が計算可能であるので，より精密な形であらわすことも可能である．ただし，そのより具体的な表示にはさらにいくつかの用語を準備する必要があるのでここでは省略する．詳しくは準備中の論文 [273] を参照されたい．

さらに，α が Γ の中心に属する元の共役類という条件を満たさない場合も気になるが，3 次元離散ハイゼンベルグ群 $\mathrm{Heis}_3(\mathbb{Z})$ の場合は，共役類を調べればアーベル拡大の場合に帰着することがわかる．

命題 5.11

M, Γ, Φ を上の定理と同様とし，β を Γ の中心に属さない元の共役類とする．このとき，M, Γ, β に依存するある正の定数 $C = C(\beta)$ が存在して，次が成立する．

$$\pi(x, \Phi, \beta) \sim \frac{Ce^x}{x^2}\left(1 + \frac{c_1}{x} + \frac{c_2}{x^2} + \cdots\right).$$

この場合，主要部の分母のべきが 2 であるのは，$1 + 2/2 = 2$ という計算によるが，この式の左辺第 2 項の分子の 2 はアーベル群 $\Gamma/[\Gamma, \Gamma] \simeq \mathbb{Z}^2$ の階数であり，その多項式増大度とも一致している．また，この場合も定理 5.10 と同じく定数 C は具体的に計算可能であるが，そちらと同様な理由により表示は省略する．こちらも [273] を参照されたい．

注意 5.12

上の定理および命題に関して，種数 $g \geq 2$ を持つ負定曲率コンパクトリーマン面の基本群 $\pi_1(M)$ から 3 次元離散ハイゼンベルグ群 $\mathrm{Heis}_3(\mathbb{Z})$ への全射準同型の存在は以下の例で示される．まず，この基本群 $\pi_1(M)$ は

$$\pi_1(M) = \left\langle a_1, \ldots, a_g, b_1, \ldots, b_g \;\middle|\; \prod_{i=1}^{g} a_i b_i a_i^{-1} b_i^{-1} = e \right\rangle$$

と表示できる[15)]ことに注意する．このとき u, v の生成する階数2の自由群 (free group) を F_2 とすれば，全射準同型写像 $\Psi : \pi_1(M) \to F_2$ で

$$\Psi(a_1) = u, \quad \Psi(a_2) = v, \quad \Phi(a_i) = e, \quad i = 3, \ldots, g,$$
$$\Psi(b_j) = e, \quad j = 1, \ldots, g$$

を満たすものが存在する．ただし，e は単位元をあらわす．この写像を経由すれば，3次元離散ハイゼンベルグ群 $\mathrm{Heis}_3(\mathbb{Z})$ は商群 $F_2/[F_2, [F_2, F_2]]$ と同型であるので，所望の全射準同型写像が得られる．

5.2.4　代数体の数論：チェボタレフの密度定理 (II)

チェボタレフの密度定理について [34] にしたがい，より詳しく説明する．k を代数体 (algebraic field)，すなわち有理数体 $\mathbb{Q}$ の有限次代数拡大体 (finite extension field) とする．K/k で k の有限次拡大体 K への代数拡大をあらわし，その拡大次数 (extension degree) を $[K; k]$ と書く．さらに，$G(K/k)$ を同型 $\sigma : K \to K$ で k 上恒等写像になるもの全体からなる群とする．特に

$$k = \{x \in K \mid \sigma x = x \text{ がすべての } \sigma \in G(K/k) \text{ に対して成立 }\}$$

となるとき，K/k は正規拡大 (normal extension) またはガロア拡大 (Galois extension)，$G(K/k)$ は K/k のガロア群とよばれる．k の素イデアル (prime ideal) $\mathfrak{p}$ に対し，K 内の $\mathfrak{p}$ を含む最小のイデアル (ideal) $\mathfrak{p}\mathcal{O}_K$[16)]は一般には素イデアルであるとは限らず

$$\mathfrak{p}\mathcal{O}_K = \mathfrak{P}_1^{e_1} \cdots \mathfrak{P}_g^{e_g}$$

のように素イデアルの積に分解される．e_i は $\mathfrak{P}_i$ の分岐指数 (ramification index) とよばれる．このように $\mathfrak{P}$ が $\mathfrak{p}$ の分解にあらわれるとき $\mathfrak{P}|\mathfrak{p}$ と書く．有限体 $\mathcal{O}_K/\mathfrak{P}$ は有限体 $\mathcal{O}_k/\mathfrak{p}$ の拡大体で拡大次数 $[\mathcal{O}_K/\mathfrak{P}; \mathcal{O}_k/\mathfrak{p}]$ を degree $\mathfrak{P}$ と書くと，以下の式

15) 5.5.2 項参照.
16) $\mathcal{O}_K$ は K の整数環 (integer ring) である.

$$[K;k] = \sum_{i=1}^{g} e_i \cdot \mathrm{degree}\, \mathfrak{P}_i$$

が成立する．$e_1 = \cdots = e_g = 1$ のとき $\mathfrak{p}$ は不分岐 (unramified) といい，すべての素イデアル $\mathfrak{p}$ が不分岐のとき，代数拡大 K/k は不分岐であるという．

K/k がガロア拡大であるとき，ガロア群 $G(K/k)$ は K のイデアル全体の集合に自然な仕方で作用するが，もし $\mathfrak{P}|\mathfrak{p}$ ならば $\sigma \in G(K/k)$ に対して $\sigma\mathfrak{P}|\mathfrak{p}$ となり，しかも $G(K/k)$ は集合 $\{\mathfrak{P} \mid \mathfrak{P}|\mathfrak{p}\}$ に推移的 (transitive) に作用する．

$$G_{\mathfrak{P}} = \{\sigma \in G(K/k) \mid \sigma\mathfrak{P} = \mathfrak{P}\}$$

とおくと準同型

$$\begin{aligned} G_{\mathfrak{P}} &\longrightarrow G((\mathcal{O}_K/\mathfrak{P})/(\mathcal{O}_k/\mathfrak{p})), \\ \sigma &\longmapsto [\bar{\sigma} : x \pmod{\mathfrak{P}} \longmapsto \sigma x \pmod{\mathfrak{P}}] \end{aligned}$$

が得られる．特に $\mathfrak{p}$ が不分岐ならば，この準同型は同型であり，

$$\bar{\sigma} \equiv x^{\sharp(\mathcal{O}_k/\mathfrak{p})} \pmod{\mathfrak{P}} \quad x \in \mathcal{O}_K/\mathfrak{P}$$

を満たす $\sigma \in G_{\mathfrak{P}}$ が一意的に存在する．この σ を $(\mathfrak{P}|K/k)$ と書いて，$\mathfrak{P}$ に対するフロベニウス置換 (Frobenius permutation) とよぶ．$\mu \in G(K/k)$ に対し，$(\mu\mathfrak{P}|K/k) = \mu(\mathfrak{P}|K/k)\mu^{-1}$ であるから

$$(\mathfrak{p}|K/k) := \{(\mu\mathfrak{P}|K/k) \mid \mu \in G(K/k),\ \mathfrak{P}|\mathfrak{p}\}$$

は共役類であり，$\mathfrak{p}$ に関するフロベニウス共役類 (Frobenius conjugacy class) とよばれる．さらに，ガロア群がアーベル群であればこの共役類は 1 つの元からなるが，このときフロベニウス共役類はフロベニウス準同型ともいわれる．

以上の準備の下で，チェボタレフの密度定理は以下のように述べられる．

$$N(\mathfrak{p}) = \sharp(\mathcal{O}_k/\mathfrak{p})$$

とおき，ガロア群 $G(K/k)$ の元の共役類 α に対し，

$$\pi_N(x,\alpha) = {}^\sharp\{\mathfrak{p} : k \text{ の素イデアル} \mid (\mathfrak{p}|K/k) = \alpha,\ N(\mathfrak{p}) < x\}$$

とするとき，以下が成立する．

定理 5.13　チェボタレフの密度定理

$$\pi_N(x,\alpha) \sim \frac{{}^\sharp\alpha}{{}^\sharp G(K/k)} \frac{x}{\log x}.$$

5.2.5　数論での無限次拡大

本章で考えている問題の発端は元々数論にあり，有限次代数拡大 (finite algebraic extension) に関するチェボタレフの密度定理が幾何学への動機を与えたのであった．しかし幾何学で有限次拡大 (finite extension) を無限次拡大に拡張する際，方法論的には数論にモデルがあったわけではなかった．すると今度は逆に数論側での無限次拡大の場合が気になる．

議論の基盤は有限次代数拡大に関するガロア理論 (Galois theory) であった．無限次拡大に関するガロア理論も存在する．ただしこの場合，有限次拡大の場合のガロア理論の基本定理であるガロア群の部分群と拡大体の対応の理論がそのままでは成立しない．そのため，無限次拡大においては，そのガロア群にクルル位相 (Krull topology) とよばれる位相構造を導入し，対応としてはガロア群の閉部分群とのものを考えればよいということになっている．このような場合での幾何学との比較であるが，状況はかなり異なっている[17)]．

まず，無限次ガロア群は上記の位相に関してコンパクトかつ完全不連結 (totally disconnected) であり，また非可算濃度を持つ．さらに，数論においては幾何学における普遍被覆[18)]に対応する“普遍拡大体”というものは存在しないと言われている．

この状況でのチェボタレフの密度定理であるが，まず，次のようなものが知られている．ガロア群はコンパクトであるので，群の作用に関し両側不変な有限測

---

17) ただし，このような相違にもかかわらず，両者を関連させると思われる伊原康隆の長年の夢（[253, p.228 [Left to the future . . .]] 参照）もある．

18) 定義については 5.3.1 項参照

度（ハール (Haar) 測度）μ が存在する．有理数体の（有限個の素数を除き）不分岐な拡大におけるガロア群 G の部分集合 C で，共役不変 (conjugate invariant) かつ正の測度を持つものを考える．このような場合，C の密度 (density) は正であるという．$\pi(x, C)$ でそのフロベニウス準同型が C に属し，大きさが x 以下の不分岐な素数の個数をあらわせば，その漸近挙動として

$$\pi(x, C) \sim \frac{\mu(C)}{\mu(G)} \frac{x}{\log x}$$

が成り立つことが知られている（[127], [17] 参照）．

しかし，この結果は本質的には有限次拡大の場合と同様な議論で示されるので，より興味深いのは密度が 0 の集合に対する場合であろうが，この場合は素朴に考えたのではうまくいかない．

例えば，有理数体 $\mathbb{Q}$ の無限次拡大体 (infinite extension field) であるその代数閉包 (algebraic closure) $\overline{\mathbb{Q}}$ に対するガロア群 $G_{\mathbb{Q}} := \mathrm{Gal}(\overline{\mathbb{Q}}/\mathbb{Q})$ は絶対ガロア群 (absolute Galois group) とよばれ，数論で最重要な対象であるが，この群のアーベル商 $G_{\mathbb{Q}}^{\mathrm{ab}} = G_{\mathbb{Q}}/\overline{[G_{\mathbb{Q}}, G_{\mathbb{Q}}]}$[19)]への自然な全射準同型写像

$$\Phi : G_{\mathbb{Q}} \to G_{\mathbb{Q}}^{\mathrm{ab}}$$

を考える．この準同型写像の核 (kernel) に“フロベニウス”準同型（より正確には共役類）が属するような素数の数え上げの問題は，幾何学の場合の無限次アーベル拡大に対応し，一見自然で意味がありそうに見える．ところが，実はこれは自明 (trivial) な問題で，「任意の素数の“フロベニウス”準同型がこの核には属さない」ことが，次のようにしてわかる．

まず，最初に注意すべきことは，この拡大においてはすべての素数が分岐しているので，通常の意味でのフロベニウス共役類は定義できない．そのため，惰性群 (inertia group) を考慮に入れて定義を拡張する必要がある．しかし，このように考えても，次のようなある意味つまらない理由により，上のカギカッコ内の事実が示される[20)]．

---

19) ただし，絶対ガロア群 $G_{\mathbb{Q}}$ は位相群であるため，交換子群（自身ではなくそのクルル位相に関する閉包）である．

20) 実は，筆者は当初この問題を興味深い問題ではないかとも思っていて，近くの方にご意見を伺ったこともあるのだが，結局 1 か月余り後にようやくこのことに気づいたのであった．

有限次拡大においては，ガロア群がはじめに与えられているので，素数 p を十分大きくとれば，その p-フロベニウス準同型がガロア群の単位元になる可能性はある．しかし，逆に，はじめに素数 p を固定すると，ガロア群の方を変化させることを考える．もし，その群が巡回群であり，その位数か p に比べて次数が大きいと，p-フロベニウス準同型が単位元になることはあり得ない．このことをディリクレの算術級数定理の設定で説明すると，はじめに公差 ℓ を固定すれば，十分大きな素数 p は，法 (mod) ℓ で 1 と合同になりうる可能性はあるが，p に比べ ℓ が大きいと，このような可能性はあり得ないということである．

一方 $G_{\mathbb{Q}}^{\mathrm{ab}}$ は $\hat{\mathbb{Z}}^{\times} = \prod_p \mathbb{Z}_p^{\times}$（副有限無限巡回群 (profinite infinite cyclic group)[21)]）と表示されることが知られており，特にこの群は位数がいくらでも大きい有限群を商群に持つことが知られているので，フロベニウス準同型の像が単位元になることはない．

密度が 0 の無限次拡大の場合に，チェボタレフの密度定理に相当するこれまで筆者の知る唯一のものはラング (Lang)・トロッター (Trotter) の予想 [295], [279] である．これについては，セール (Serre) の論文 [378] で取り扱われている．この論文以降では金子昌信の結果 [263] に基づき，超特異楕円曲線 (supersingular elliptic curve) に対応する場合に，セールが一般リーマン予想 (Generalized Riemann Hypothesis, GRH) を仮定して導いたものと同じ結果を無条件で示すというエルキース (Elkies) による特筆すべき結果 [176] はあるが，全体的には解決にはまだまだ時間がかかるように思われているようである．なお，これまでの部分的結果の多くの証明は，効果的 (effective) チェボタレフの定理を用いる有限次拡大での近似によるもの[22)]で，幾何学の場合のように無限群を直接扱う手法とは異なっている．

注意 5.14

上記の密度が 0 の無限次拡大の場合でのチェボタレフの密度定理に関して，数論の専門家にお尋ねしたところ，以下のコメントをいただいた．

(1) 黒川信重氏から，ベートマン (Bateman)・ホーン (Horn) 予想という双

---

21) 定義は省略，例えば [182] 参照．

22) ただし，[176] での方法はこれらとは異なる．

子素数予想 (twin prime conjecture) やグリーン・タオの定理 [202], [36] を導く包括的な予想について教えていただいた（[74] 参照）.

(2) サルナック氏から，セールの講演動画（[379] の Talk 1）を紹介された．特にこの中の素数に関する問題のうち，"motivated" と "non motivated" に注目するとよいとのことである．また，おそらく動画にあらわれる等分布 (equidistribution) 型の定理，予想も上記の問題の変種 (variants) と考えれば，多くの例が考えられるとのことであった．

5.3 離散群と被覆空間

5.3.1 被 覆 空 間

はじめに準備としていくつかの数学的概念を説明する．

同次元の微分可能多様体 X, M に対し，全射である C^∞ 級写像 $\varpi : X \to M$[23] が被覆写像であるとは，M の任意の点 p に対し，p の開近傍 U が存在して，$\varpi^{-1}(U)$ が互いに交わらない開集合 $\{U_i\}$ の和集合であり，かつ ϖ の U_i への制限が U への微分同相写像を与えるものと定義される．このとき，X は M の被覆または被覆空間 (covering space)，被覆多様体 (covering manifold) という．また $\varpi^{-1}(p)$ を p のファイバーという．被覆は，ファイバーが離散空間 (discrete space) であるファイバー束とも思える．

また，被覆 $\varpi_1 : X_1 \to M$ および $\varpi_2 : X_2 \to M$ の間の被覆変換 (covering transformation) f とは $f : X_1 \to X_2$ で被覆写像と両立しているもの，すなわち $\varpi_1 = \varpi_2 \circ f$ を満たすものである．またこの被覆変換が微分同相写像であるとき 2 つの被覆は同値 (equivalent) といわれる．特に $X = X_1 = X_2$ の場合，微分同相写像である被覆変換全体は変換の合成により群をなすが，これを被覆変換群 (covering transformation group) といい，$G(X/M)$ であらわす．また被覆写像 $\varpi_2 : X_2 \to X_1$ および $\varpi_1 : X_1 \to X_0$ に対し，その合成 $\varpi = \varpi_1 \circ \varpi_2 : X_2 \to X_0$ も被覆写像になるが，このとき $G(X_2/X_1)$ は $G(X_2/X_0)$ の部分

---

[23] ϖ は ω に似ているが異なる．ϖ と π とは同じギリシャ文字のアルファベット（小文字）であり，ϖ は π の変体文字 (variant form) といわれる．ただし，変体文字の英訳が variant form であるかどうかは筆者にはわからなかったが，とりあえずこのように書いておく．他方，数式を扱える言語 TEX ではこの文字は `\varpi` とタイプするが，この var は variant からきているようである．

群になり，ϖ_2 は ϖ の部分被覆 (subcovering) とよばれる．また X, M がそれぞれリーマン多様体で被覆写像が等長写像であるとき，この被覆をリーマン被覆 (Riemannian covering) とよぶ．多様体の被覆に関しても体の拡大と類似の議論が成立する部分があり，体のときと同様，被覆に関するガロア (Galois) 理論というものが展開される．これについては詳しくは述べない（[34], [27] 参照）が，以下ではこの類推に基づく用語を用いる．被覆 $\varpi : X \to M$ が正規被覆 (normal covering) あるいはガロア被覆 (Galois covering) であるとは，被覆変換群がファイバーに推移的に作用する，つまり，ファイバーの任意の 2 点に対し，一方を他方に移す被覆変換群の元が存在することであると定義する．被覆が正規であることは，X の基本群 $\pi_1(X)$ が M の基本群 $\pi_1(M)$ の正規部分群であることと同値である．また，このとき被覆変換群は，商群 $\pi_1(M)/\pi_1(X)$ と同型である．正規被覆の典型例として以下のものを挙げる．

多様体 X に離散群 Γ が固有不連続 (properly discontinuous) に作用しているとき，その作用による X の元の同値類のなす商空間を $M = X/\Gamma$ とすれば，自然な写像 $\varpi : X \to X/\Gamma = M$ は正規被覆写像になり，その被覆変換群は Γ と同型である．ここで「X に Γ が固有不連続に作用する」ということは以下のように定義される．まず「Γ が X に作用する」とは Γ から X 上の微分同相写像全体のなす群への準同型写像が存在し，この準同型により Γ の元 γ の元を X 上の微分同相写像と見なすということである．また，作用が固有 (proper) ということは，X の任意のコンパクト集合 K に対し $\gamma(K) \cap K \neq \emptyset$ を満たす γ が有限個ということである．さらに，作用が不連続 (discontinuous) とは，X の各点 p の Γ の軌道 (orbit) $\{\gamma(p) \mid \gamma \in \Gamma\}$ が離散集合であることと定義される．この状況においては，X は M 上の Γ 主束であるとも解釈できる．

代数学における体の拡大と多様体の被覆には類似点が多いが，相違点もある．その 1 つは，次で定義する普遍被覆の存在[24]であろう．被覆 $\varpi : \widetilde{M} \to M$ が普遍被覆であるとは，被覆空間 $\widetilde{M}$ が単連結，すなわち基本群 $\pi_1(\widetilde{M})$ が $\pi_1(\widetilde{M}) = 1$ を満たすことである．この普遍被覆は，もし存在すれば同型を除いて一意的であり，次の意味で普遍的である．すなわち M の任意の被覆 $\varpi_1 : X \to M$ に

[24] 体の拡大に関しては，普遍被覆にあたる普遍拡大は存在しないと言われている．ただし，デニンガー [167] は普遍被覆の類似物候補（普遍拡大とも言っていない）を考察している．

対し，M の普遍被覆 $\varpi : \widetilde{M} \to M$ の部分被覆 $\varpi_2 : \widetilde{M} \to X$ が存在し，$\varpi = \varpi_1 \circ \varpi_2$ が成立する．

普遍被覆は M が多様体であれば必ず存在するが，一般の位相空間に対しては存在しないこともある[25]．普遍被覆が存在しないような位相空間の例としてハワイの耳飾り (Hawaiian earring) とよばれる位相空間が知られている．その定義，性質などについては適当な文献またはインターネットなどを参照されたい．

5.3.2 平坦ベクトル束，関数空間の分解

本項は，被覆に伴う諸概念，特に被覆空間上の関数空間の分解についての解説である．後項での「コンパクトリーマン多様体 M，有限生成離散群 Γ および Γ 被覆 $\varpi : X \to M$ に関連するスペクトル解析 (spectral analysis)」のための準備となる．

ここでは Γ がアーベル群 $\mathbb{Z}^d$ で，さらに M の 1 次元ホモロジー群 $H_1(M, \mathbb{Z})$ に一致する場合について説明する[26]．この状況下では固体物理 (solid state physics) で用いられるブロッホ理論 (Bloch theory)[27]が適用できる．

この理論は，本質的にはアーベル群 $\mathbb{Z}^d$ のフーリエ変換の理論である．その考え方の基本は X 上の関数空間 (function space) $L^2(X)$ を被覆 $\varpi : X \to M$ の基本領域 $\mathcal{D}$ 上の関数と Γ 上の関数に分解するというものである．象徴的に書けば，基本領域 $\mathcal{D}$ と底空間 M の L^2 空間は同一視できるので，

$$L^2(X) \simeq \text{“}L^2(\mathcal{D}) \otimes L^2(\Gamma)\text{”} \simeq \text{“}L^2(M) \otimes L^2(\Gamma)\text{”}$$

となる．

以下，この式の右辺の数学的定式化について説明する．まず，3.2 節でも少し説明した群の表現について復習する．群 G の表現とは，準同型写像 $\rho : G \to GL(V)$ のことである．ここで V は線形空間で表現 ρ の表現空間 (representation space) とよばれ，その次元を表現の次元とよぶ．また $GL(V)$ は V 上の線形同

---

[25] ただし，位相空間の被覆写像については連続写像の範疇で考える．

[26] Γ が一般の有限生成アーベル群の場合についても，少し議論すれば上記の場合に帰着されることが知られている（[287] 参照）．

[27] フロッケ理論 (Floquet theory) あるいはバンド理論 (band theory) ともよばれている．

型全体のなす群，すなわち一般線形群である．場合によっては G や V に位相構造あるいは計量構造 (metric structure) が付随していることもあり，そのときには線形同型をそれらの構造を保つものに限定することもある．特に，その部分群であるユニタリ群 $U(V)$ への準同型を考えるとき，ρ はユニタリ表現とよばれる．

次にリーマン多様体 X に離散群 Γ が固有不連続[28]かつ等長的に作用していて，それによるリーマン正規被覆 (Riemannian normal covering) $\varpi : X \to X/\Gamma = M$ が与えられているとする．このとき，Γ のユニタリ表現 $\rho : \Gamma \to U(V)$ に同伴する平坦ベクトル束 (flat vector bundle) $E_\rho = X \times_\rho V$ は，直積空間（自明束）$X \times V$ の以下で定義される同値関係 $\sim$ による商空間として定義される．$X \times V$ の 2 つの元 (p, v) と (q, w) が同値，すなわち $(p, v) \sim (q, w)$ とは，ある $\gamma \in \Gamma$ が存在して，$p = \gamma q$, $v = \rho(\gamma^{-1})w$ と書けるいうことである．このベクトルの切断の空間は，局所系 (local system) とよばれる対象の基本的な例でもある．また平坦とは，E_ρ にある接続が定義されてその接続に関する曲率が消えるということである[29]．ただし，平坦接続を持つベクトル束であるという条件は，このような構成に基づくベクトル束であるという条件と同値なので，こちらを定義と考えてもよい．また，E_ρ は，被覆空間 X を M 上の Γ 主束と見なせば，その同伴ベクトル束に他ならない．

ここで，表現として Γ の右正則表現 (right regular representation) $R : \Gamma \to U(L^2(\Gamma))$：

$$(R(\gamma)f)(\sigma) := f(\sigma\gamma), \quad \gamma, \sigma \in \Gamma, \quad f \in L^2(\Gamma)$$

を考える．すると $L^2(X)$ は，その元 f に以下で定義される E_R の切断 s_f を対応させることにより，E_R の切断全体の空間 $\Gamma(E_R) = L^2(E_R)$ と同一視できる．まず，基本領域 $\mathcal{D}$ の点と底空間 M の点を同一視する．このとき，$s_f \in L^2(E_R)$ は，$x \in \mathcal{D} \simeq M$, $\gamma \in \Gamma$, $f \in L^2(X)$ に対し

$$(s_f(x))(\gamma) := f(x\gamma)$$

---

[28] 5.3.1 項を参照.

[29] 5.6.8 項参照

を満たすものとして定義される．なお，ここまでの設定は，Γ が一般の有限生成離散群である場合にも同様に機能する．

次に，特に Γ がアーベル群 $\Gamma \simeq \mathbb{Z}^d$ の場合を考察する．このとき，右正則表現 R は 1 次元既約ユニタリ表現[30] $\chi : \mathbb{Z}^d \to U(1)$ により直積分分解 (direct integral decomposition)[31] されることが知られている．

$$R \simeq \int_{\widehat{\Gamma}}^{\oplus} \chi \, d\chi.$$

ここで，$\widehat{\Gamma} = \{\chi : \Gamma \to U(1)\} \simeq (U(1))^d$ であり，ユニタリ双対 (unitary dual) とよばれる[32]．さらに，この集合は，本項のはじめに述べたブロッホ理論の用語ではブリルアン領域 (Brillouin zone) とよばれるものに対応し，d 次元トーラス $T^d = (U(1))^d$ と同一視される．さらに，この直積分分解に応じて，$L^2(E_R)$ は

$$L^2(X) \simeq L^2(E_R) \simeq \int_{\widehat{\Gamma}}^{\oplus} L^2(E_\chi) \, d\chi \tag{5.2}$$

のように分解される．ここで，$L^2(E_\chi)$ は χ に同伴する平坦直線束 (flat line bundle) E_χ の L^2-切断全体のなす空間であり，それは以下の空間 $L^2(M, \chi)$ とも同一視できる．

$$L^2(M, \chi) := \{f : X \to \mathbb{C} \mid f(\gamma p) = \chi(\gamma^{-1}) f(p),\ \gamma \in \Gamma,\ \|f\|_{L^2(M,\chi)} < \infty\}.$$

ただし，

$$\|f\|_{L^2(M,\chi)}^2 := \int_M |f(x)|^2 \ d\mathrm{vol}_g(x)$$

である．また念のために注意するが，この空間 $L^2(M, \chi)$ に属する関数は一般には $L^2(X)$ には属さない．つまり，上の分解公式 (5.2) は直接 $L^2(X)$ を分解しているわけではなく，あくまで同型対応である．

---

[30] 指標 (character) とよばれる．

[31] 直積分 (direct integral) とは直和の一般化であり，その関係はリーマン積分 (Riemannian integral) とリーマン和 (Riemannian sum) の関係から類推されよう．その定義に関して詳しくは [154] 参照．

[32] 一般的にはユニタリ双対は既約ユニタリ表現の同値類のなす集合と定義される．

例 5.15

$X=\mathbb{R}$, $M=\mathbb{R}/\mathbb{Z}=S^1$, $\Gamma=\mathbb{Z}$, $\widehat{\Gamma}=U(1)$ の場合を例として，上記の分解の実質的内容を説明する．

まず，指標 $\chi \in \widehat{\Gamma}$ と半開区間 $[0,1)$ の元 a との間に $1:1$ 対応があることに注意する．すなわち，$a \in [0,1)$ に対し，$\chi = \chi_a \in \widehat{\Gamma}$ を $\chi_a(n) = e^{-2\pi\sqrt{-1}\,an}$, $n \in \mathbb{Z}$ で定義すれば，これは $1:1$ 対応である．さらに

$$L^2(S^1,\chi_a)=\{f:\mathbb{R}\to\mathbb{C} \mid f(x+1)=e^{2\pi\sqrt{-1}\,a}f(x)\}$$

である．

今 $f \in L^2(X)=L^2(\mathbb{R})$ に対し，$x \in \mathbb{R}$ を固定し，関数 $f^x:\mathbb{Z}\to\mathbb{C}$ を $f^x(n)=f(x+n)$ で定義する．この関数 f^x の $\mathbb{Z}$ 上のフーリエ変換 $\mathcal{F}$，すなわち

$$\mathcal{F}(f^x)(\chi_a)=f_{\chi_a}(x)=\text{“}\int_{\mathbb{Z}} f^x(n)\chi_a(n)\,dn\text{”}=\sum_{n=-\infty}^{\infty} f(x+n)\chi_a(n)$$

を考える．ただし，真ん中の積分表示はあくまで象徴的なものであり，実際は右辺のような和である．また，左辺の $\mathcal{F}(f^x)(\chi_a)=f_{\chi_a}(x)$ は（x ではなく）χ_a あるいは a の関数と考えているが，一方，x の関数と見なせば $L^2(S^1,\chi_a)$ に属する．

さらに，この逆変換，すなわち逆フーリエ変換 (inverse Fourier transform) $\mathcal{F}^{-1}$ を考えると

$$\begin{aligned}\mathcal{F}^{-1}(f_{\chi_\cdot}(x))(m) &= \int_{\widehat{\Gamma}} f_{\chi_a}(x)\chi_a(-m)\,d\chi_a \\ &= \int_{\widehat{\Gamma}} \sum_{n=-\infty}^{\infty} f(x+n)\chi_a(n)\chi_a(-m)\,d\chi_a \qquad (5.3)\end{aligned}$$

である．ここで指標の直交関係式

$$\int_{\widehat{\Gamma}} \chi_a(n)\chi_a(-m)d\chi_a = \int_{\widehat{\Gamma}} \chi_a(n-m)\, d\chi_a$$
$$= \int_0^1 e^{2\pi\sqrt{-1}a(n-m)}\, da$$
$$= \delta_{nm} = \begin{cases} 1 & (n=m) \\ 0 & (n \neq m) \end{cases}$$

により，上式 (5.3) の右辺は

$$\sum_{n=-\infty}^{\infty} f(x+n)\delta_{nm} = f(x+m)$$

と書ける．さらに $m=0$ とすると

$$f(x) = \int_{\widehat{\Gamma}} f_{\chi_a}(x)\, d\chi_a$$

となり，これが上の分解公式 (5.2) を与えている．

例 5.16

例 5.15 より，簡単な場合として $\mathbb{R}$ 上の関数が偶関数 (even function) と奇関数 (odd function) に分解されることもこの考え方で説明される．今，$X=\mathbb{R}$, $M=\mathbb{R}_+=\{x \geq 0\}$, $\Gamma = \mathbb{Z}/2\mathbb{Z} = \{\mathrm{id}, \gamma\}$, $\mathrm{id}(x)=x$, $\gamma(x)=-x$, $\widehat{\Gamma}=\{\mathbf{1}, \chi\}$ とおく．ここで，$\mathbf{1}$ は自明表現 (trivial representation)，すなわち $\mathbf{1}(\mathrm{id}) = \mathbf{1}(\gamma) = 1$ を満たす表現であり，また χ は $\chi(\mathrm{id})=1$, $\chi(\gamma)=-1$ を満たす表現とする．すると

$$L^2(E_{\mathbf{1}}) = \{f:\mathbb{R}\to\mathbb{C} \mid f(-x) = f(\gamma x) = \mathbf{1}(\gamma)f(x) = f(x)\}$$
（偶関数全体のなす空間），

$$L^2(E_\chi) = \{f:\mathbb{R}\to\mathbb{C} \mid f(-x) = f(\gamma x) = \chi(\gamma)f(x) = -f(x)\}$$
（奇関数全体のなす空間）

であり，分解公式は以下の通りである．

$$f(x) = \int_{\widehat{\Gamma}} f_\chi(x)\, d\chi = \frac{f(x)+f(-x)}{2} + \frac{f(x)-f(-x)}{2}$$
$$= (\text{偶関数}) + (\text{奇関数}).$$

この式の典型例は以下のオイラーの公式である．

$$e^{\sqrt{-1}\,x} = \cos x + \sqrt{-1}\sin x.$$

5.4　被覆空間とラプラシアン

5.4.1　ラプラシアンと熱核

微分形式と外微分作用素　リーマン多様体 (M,g) 上のラプラシアン (Laplacian) について説明する．点 p における接空間 T_pM の双対空間は余接空間 T_p^*M で，その局所座標系から定まる基底は $\{(dx^i)_p\}_{i=1}^n$ であった[33]．T_p^*M の k 個の外積 (exterior product) $\bigwedge^k T_p^*M$ は

$$\{(dx^{i_1})_p \wedge \cdots \wedge (dx^{i_k})_p \mid 1 \le i_1 < \cdots < i_k \le n\}$$

を基底とするベクトル空間になる．ここで $\wedge$ は外積あるいはウェッジ積 (wedge product) とよばれ，$(dx^i)_p \wedge (dx^j)_p = -(dx^j)_p \wedge (dx^i)_p$ を満たす演算である．外積空間 $\bigwedge^k T_p^*M$ をファイバーとするベクトル束の切断全体を $\bigwedge^k(M)$ であらわし，その元を k 次微分形式とよぶ．ただし，$k=0$ の場合は $\bigwedge^0(M) = C^\infty(M)$ と考える．さらに，$\bigwedge(M) := \bigoplus_k \bigwedge^k(M)$ には $\wedge$ を積とする積構造が入り，以下で定義される外微分作用素 (exterior differential operator) d と合わせて，$(\bigwedge(M), d)$ は微分代数 (differential algebra) とよばれるものの例になる．

外微分作用素 $d : \bigwedge^k(M) \to \bigwedge^{k+1}(M)$ は

[33] 2.4.2 項参照.

$$\bigwedge^k(M) \ni \omega = \sum_{1 \le i_1 < \cdots < i_k \le n} \omega_{i_1,\ldots,i_k} \, dx^{i_1} \wedge \cdots \wedge dx^{i_k}$$
$$\mapsto d\omega = \sum_{1 \le i_1 < \cdots < i_k \le n} \sum_{\ell=1}^{n} \frac{\partial \omega_{i_1,\ldots,i_k}}{\partial x^\ell} \, dx^\ell \wedge dx^{i_1} \wedge \cdots \wedge dx^{i_k}$$

で定義される1階の微分作用素であり，$d^2 := d \circ d = 0$ を満たす．

次に $\bigwedge^k T_p^* M$ にリーマン計量から定まる内積 $\langle \cdot, \cdot \rangle$ を導入する．一般にベクトル空間の内積はその正規直交基底を与えれば決定されるので，$\bigwedge^k T_p^* M$ の正規直交基底を1つ与えればよい．まず，$T_p M$ のリーマン計量 g_p に関する正規直交基底 $\{e_i\}_{i=1}^n$ をとり，その双対基底 $\{e^i\}_{i=1}^n$, $e^i(e_j) = \delta_{ij}$ を $T_p^* M$ の正規直交基底とする．次に，$\bigwedge^k T_p^* M$ の正規直交基底として $\{e^{i_1} \wedge \cdots \wedge e^{i_k} \mid 1 \le i_1 < \ldots < i_k \le n\}$ を選べば，これから $\bigwedge^k T_p^* M$ に内積が定義されることがわかる．

リーマン体積測度　次に M 上の関数 f の積分を定義する．リーマン多様体 (M, g) に対し，その局所座標系

$$\{(U_\alpha, \varphi_\alpha, \{x_\alpha^i\}_{i=1}^n)\}_{\alpha \in \Lambda}$$

による開被覆およびそれに同伴する1の分解 (partition of unity) $\{\psi_\alpha\}_{\alpha \in \Lambda}$ を選ぶ．ただし，後者は次のように定義される．

開被覆 $\{U_\alpha\}_{\alpha \in \Lambda}$ が局所有限 (locally finite)[34] であれば，この開被覆に同伴する1の分解とよばれる，以下の条件を満たす関数の組 $\{\psi_\alpha\}_{\alpha \in \Lambda}$ が存在することが知られている．

(1)　$0 \le \psi_\alpha(x) \le 1$,

(2)　$\operatorname{supp} \psi_\alpha \subset U_\alpha$,

(3)　$\displaystyle\sum_{\alpha \in \Lambda} \psi_\alpha(x) = 1.$

ここで $\operatorname{supp} \psi_\alpha$ は ψ_α の台 (support) とよばれる集合で，$A_\alpha := \{x \in M \mid \psi_\alpha(x)$

[34] 開被覆 $\{U_\alpha\}_{\alpha \in \Lambda}$ が局所有限とは，M の任意のコンパクトな部分集合 K に対し，$K \cap U_\alpha \neq \emptyset$ を満たす α が有限個であることである．

$\neq 0\}$ の閉包（closure，A_α を含む最小の閉集合）として定義される．

このとき，f の M 上の積分 $\displaystyle\int_M f\,d\mu$ を

$$\int_M f\,d\mu = \sum_\alpha \int_{\varphi_\alpha(U_\alpha)} (\psi_\alpha f)\circ\varphi_\alpha^{-1}(x_\alpha^1,\ldots,x_\alpha^n)\sqrt{|\det g^\alpha|}\,dx_\alpha^1\cdots dx_\alpha^n$$

で定義する．ここで，$\det g^\alpha$ は局所座標系 $x_\alpha^1,\ldots,x_\alpha^n$ によるリーマン計量 g の成分表示 $g = \displaystyle\sum_{i,j} g_{ij}^\alpha\,dx_\alpha^i dx_\alpha^j$ の係数 g_{ij}^α を成分とする行列 $(g_{ij}^\alpha) = (g_{ij}^\alpha)_{i,j=1}^n$ の行列式である．この積分は，局所座標系や1の分解のとり方によらず，well-defined であることが知られている．また，この積分を定義する測度を $d\mathrm{vol}_g$ あるいは $d\mu$ と書き，リーマン体積測度 (Riemannian volume measure) あるいはリーマン測度 (Riemannian measure) とよぶ[35]．

さらに，$\omega,\eta\in\bigwedge^k(M)$ に対し，その L^2 内積を

$$(\omega,\eta) = (\omega,\eta)_{L^2(M,d\mathrm{vol}_g)} = \int_M \langle\omega_p,\eta_p\rangle\,d\mathrm{vol}_g(p)$$

で定義する．

ラプラシアン　この内積に関する外微分 d の形式的随伴作用素 (formal adjoint operator) $\delta:\bigwedge^{k+1}(M)\to\bigwedge^k(M)$ を余微分 (co-differential) とよぶ．すなわち，$\omega\in\bigwedge^k(M)$, $\eta\in\bigwedge^{k+1}(M)$ に対し，

$$(d\omega,\eta) = (\omega,\delta\eta)$$

を満たす微分作用素として定義される．この微分作用素の存在は，部分積分の計算によりわかる．この微分作用素も $\delta^2=0$ を満たす．

さらに，これから $\bigwedge^k(M)$ に作用するラプラシアン (Laplacian) あるいはラプラス・ベルトラミ作用素 (Laplace-Beltrami operator) とよばれる2階楕円型微分作用素 Δ_M を

$$\Delta_M = d\delta + \delta d$$

で定義する．特に，関数，すなわち0次微分形式 f に対しては，常に $\delta f\equiv 0$

[35] 注意 5.14 でも紹介した講演動画（[379] の Talk 1）の中で，セールは測度に関するこの表示について冗談っぽく批判していておもしろい．

が成り立つので，$\Delta_M f = \delta\, df$ である．M が完備リーマン多様体であれば，この微分作用素は本質的自己共役 (essentially self-adjoint)，すなわち唯一の自己共役拡張を持つことが知られている[36]．さらに，より一般にベクトル束の切断は，局所的にはファイバーに値をとる "関数"[37] と考えられるので，それにもラプラシアン Δ_M の作用を定義することができる．

特に，関数 f に作用する場合の局所座標表示は

$$\Delta_{\mathbb{R}^n} f = -\sum_{i,j=1}^{n} \frac{1}{\sqrt{\det g}}\, \partial_i(\sqrt{\det g}\, g^{ij}\, \partial_j f)$$

である．ここで，$\partial_i = \dfrac{\partial}{\partial x^i}$ である．特に，$\mathbb{R}^n$ の場合は $\Delta = -(\partial_1^2 + \cdots + \partial_n^2)$ であり，解析学で通常用いられるラプラシアンとは符号が逆になっている．

このラプラシアンの固有値 (eigenvalue) 問題

$$\Delta_M u = \lambda u$$

を考える．M がコンパクトであれば，関数に作用するラプラシアンの固有値

$$0 = \lambda_0 \leq \lambda_1 \leq \lambda_2 \leq \cdots$$

は離散的で，その重複度は有限であり，また $\lim_{j\to\infty} \lambda_j = \infty$ であることが知られている．さらに，多様体 M が連結であれば，最小固有値 (minimal eigenvalue) λ_0 は単純（重複度が 1 であること）であり，したがって $\lambda_i > 0$ $(i \geq 1)$ である．また，任意の L^2 関数 f は適当な数列 a_i を用いて

$$f(x) = \sum_{i=0}^{\infty} a_i \varphi_i(x) \tag{5.4}$$

とあらわされる．ここで $\{\varphi_i\}_{i=1}^{\infty}$ は固有関数 (eigenfunction) からなる完全正規

[36] この事実の証明はガフニー (Gaffney) [194], [195] によるとされていることもあるが，この証明には不完全な部分があり，後年いくつかの別証明（[147], [396] など）が与えられているということを複数の方から伺った．詳しく言えば，これらの証明では「はじめにコンパクト台を持つ C^∞ 級関数に対してラプラシアンを定義し，それをうまく完備化して $L^2(M)$ にまで定義域を拡張したとき，自己共役作用素になる」ということを示している．

[37] あるいは実数値関数の d 個の組（ここで d はベクトル束の階数）とも見なせる．

直交系 (complete orthonormal system, CONS) である．この式 (5.4) を関数 f の固有関数展開 (generalized eigenfunction expansion) という．

例えば，単位円周 S^1 上の関数を $\mathbb{R}$ 上の周期 2π の周期関数 (periodic function) と同一視すれば，この場合の固有関数展開はフーリエ展開 (Fourier expansion) に他ならない．実際，上記の同一視により，単位円周 S^1 上固有関数 u は，$\mathbb{R}$ 上

$$\Delta_{\mathbb{R}} u = -\frac{d^2u}{dx^2} = \lambda u, \tag{5.5}$$

$$u(x) = u(x + 2\pi) \tag{5.6}$$

を満たす関数と見なされる．式 (5.5) の解は $u(x) = Ce^{\pm\sqrt{-\lambda}\,x}$ であり，さらに周期条件 (5.6) より，$2\pi = \sqrt{\lambda}/n$ となるので，第 n 固有値 $\lambda_n = 4\pi^2 n^2$，正規化された第 n 固有関数 e^{inx} および e^{-inx} が得られる．よって，固有関数展開 (5.4) は，上述の通りフーリエ展開

$$f(x) = \sum_{n=-\infty}^{\infty} a_n e^{inx}$$

となる．

さらに，コンパクトリーマン多様体上の有限階数のベクトル束の切断に対しても，関数の場合と同様に固有値の離散性や固有空間 (eigenspace) の有限次元性は成立する．しかし，最小固有値に関する固有空間は1次元であるとは限らない．一方，M が非コンパクト多様体あるいはコンパクト多様体上の無限階数ベクトル束の場合は一般には連続スペクトル (continuous spectrum) があらわれ，上記の固有関数展開も一般には成立しない．ただし，$\mathbb{R}$ におけるフーリエ変換 (Fourier transform) のように，何らかの“一般固有関数展開 (generalized eigenfunction expansion)”が成立する場合もある．

熱核　本項の最後に 3.5.1 項で登場した熱核 (heat kernel) について説明する．これは，リーマン多様体上の次の熱方程式（熱伝導方程式 (heat transfer equation) ともよばれる）の基本解 (fundamental solution) である．以下その定義を述べる．

まず，熱方程式の初期値問題 (initial value problem)

$$\left(\frac{\partial}{\partial t} + \Delta_M\right) u(t,x) = 0, \tag{5.7}$$
$$u(0,x) = f(x)$$

を考える．ここで $f(x)$ は M 上の関数で，はじめの熱分布 (heat distribution) をあらわしており，この微分方程式はこの分布が時間とともにどのように変化するかを記述している．解 $u(t,x)$ を $f(x)$ に対する変換の像と考えたとき，この変換は積分変換 (integral transformation) であり，熱方程式の基本解 (fundamental solution) とはその積分核 (integral kernel) のことであるので熱核とよばれる．すなわち，次の表示が存在する．

$$u(t,x) = \int_M k(t,x,y) f(y)\ d\mathrm{vol}_g(y).$$

換言すると，$k(t,x,y)$ はデルタ関数 (delta function) δ_x を初期値 (initial value) とする初期値問題の（形式的な）解ということができる．また確率論 (probability theory) 的に言えば，ブラウン運動 (Brownian motion) の推移確率 (transition probability) でもある[38]．

次に熱核の存在および一意性が問題になるが，例えば完備リーマン多様体に対してはその上の熱核の存在と一意性に関する複数の証明が与えられている（[34], [205] 参照）．さらに，第 4 章で述べたアレクサンドロフ空間や RCD 空間においても，適当な仮定の下で存在と一意性が示されている．また，コンパクトリーマン多様体上では，ラプラシアンの固有値 $\{\lambda_i\}$ およびそれに付随する固有関数の完全正規直交系 $\{\varphi_i\}$ を用いて次のように表示される．

$$k(t,x,y) = \sum_{i=0}^{\infty} e^{-\lambda_i t} \varphi_i(x) \varphi_i(y).$$

実際，収束の問題や微分と無限和の順序交換の正当性については検討する必要があるが，少なくとも形式的には簡単な計算で上式の右辺が熱核の表示を与えていることが確認できる．ここで最小固有値 $\lambda_0 = 0$ は単純であり，対応する固有関数 φ_0 は定数関数で L^2-内積に関する正規直交基底に属する．一方，

[38] 熱核の離散版が「酔歩 (random walk) の推移確率」であり，その場合は，「はじめに場所 x にいた酔っ払いが，t 時間後に y にいる確率」をあらわしている．

$$\|\varphi_0(x)\|_{L^2(M)}^2 = \int_M |\varphi_0(p)|^2 \, d\,\mathrm{vol}_g(p) = \mathrm{vol}(M)|\varphi_0(p)|^2$$

と計算されるので，$|\varphi_0(x)| \equiv 1/\sqrt{\mathrm{vol}(M)}$ である．したがって上記の表示を用いると

$$\begin{aligned}\lim_{t\to\infty} k(t,x,y) &= \lim_{t\to\infty} \sum_{i=0}^{\infty} e^{-\lambda_i t}\varphi_i(x)\varphi_i(y) \\ &= \lim_{t\to\infty} e^{-\lambda_0 t}\varphi_0(x)\varphi_0(y) = |\varphi_0(x)\varphi_0(y)| = \frac{1}{\mathrm{vol}(M)}\end{aligned}$$

が導かれる．この議論は「熱は長時間経過の後には，ほぼ一様に分布する」という現象の数学的説明を与えていると考えられる．

熱核に関して，ユークリッド空間，双曲空間，ハイゼンベルグ・リー群 $\mathrm{Heis}_3(\mathbb{R})$ などの対称性の高いリーマン多様体の場合にはその具体的表示式が知られているが，一般には未知である．その代わりに，例えば，上下からの評価や短時間漸近挙動 (short time asymptotic behavior)（$t \to 0$ での様子）や長時間漸近挙動 (long time asymptotic behavior)（$t \to \infty$ での様子）などが問題とされる．

特に，コンパクトリーマン多様体の Γ 被覆リーマン多様体の熱核の長時間挙動に関して，本章の主題である素閉測地線の数え上げに関する問題とある程度パラレルに議論が可能なことが砂田利一により指摘され，熱核の漸近挙動の明示形の導出などに利用された．それについて，紙幅の関係もありここでは多くは述べられないが，以下のものを例示する．

定理 5.17

$\Gamma = \mathrm{Heis}_3(\mathbb{Z})$ に対し，コンパクトリーマン多様体 M の Γ 被覆リーマン多様体 X 上の熱核 $k_X(t,x,y)$ は $t \to \infty$ において以下の漸近展開を持つ．

$$k_X(t,x,y) \sim \frac{C}{t^2}\left(1 + \frac{c_1}{t} + \frac{c_2}{t^2} + \cdots\right).$$

この結果は，定理 5.10 とほぼ同じ議論で示すことができる．これ以外にも熱核については長時間漸近挙動に関連するものに限っても，非常に多くの研究が

なされている．ここではそれらの文献のリストを詳細に提示することはできないので，最近の難波隆弥の結果 [330] のみ例示するが，関連研究はこの論文の参考文献およびインターネットや MathSciNet などで検索すれば多く見つかると思われる．さらに，広範な視点からは，熱核は解析学，幾何学以外にもトポロジー，表現論，数論など多岐にわたる数学と関連があることが知られている．それはヨルゲンセン (Jorgensen) とラングによる論説の題名「どこでも熱核 (The ubiquitous heat kernel)」[60] にもあらわれている．

5.4.2 アーベル被覆上のスペクトル解析

コンパクトリーマン多様体 M，有限生成離散群 Γ および Γ 被覆 $\varpi : X \to M$ に関連するスペクトル解析を考える．もし Γ が有限群の場合は被覆リーマン多様体 X もコンパクトであるので，X 上のラプラシアン Δ_X は離散固有値を持つため（今回の話題に関しては）比較的簡単に扱えるが，無限群の場合，特に一般の無限非アーベル群 (non abelian group) のときは未解明な部分が多く残っている．

一方アーベル群の場合，すなわちアーベル被覆 $\varpi : X \to M$ については既にある程度 5.3.2 項で説明したが，実は最大のアーベル被覆群である $\Gamma = H_1(M, \mathbb{Z})$ の場合に帰着されることが知られている．よって以下では，この場合を考察の対象とする．

$\Gamma = \mathbb{Z}^d$ の指標 χ に同伴する平坦直線束 E_χ に作用する（指標で捩られた）ラプラシアン Δ_χ（捩れラプラシアン (twisted Laplacian)）の最小固有値 $\lambda_0(\chi)$ $=: \lambda(\chi)$ について考察する．この微分作用素 Δ_χ は，X 上の通常のラプラシアン Δ_X の定義域を $L^2(M, \chi)$ $(\simeq L^2(E_\chi))$ に制限した微分作用素とも見なせる．

このとき，$\lambda(\chi)$ は $\widehat{\Gamma}$ 上の関数として $\chi = \mathbf{1}$ の近くで C^∞ 級であり，かつ以下が成立する．

(0) もし $i \geq 1$ ならば $\lambda_i(\chi) \geq c > 0$ を満たす定数 $c > 0$ が存在する．

(1) $\lambda(\chi) \geq 0$ が成り立ちかつ等号成立条件は $\chi = \mathbf{1}$ である．
はじめの不等式は最小最大原理 (minimax principle) による固有値の特徴づけの特別な場合である次の式

$$\lambda(\chi) = \min_{s(\neq 0)\in L^2(E_\chi)} \frac{(ds, ds)}{(s, s)}$$

より得られ，またこれより固有値0に対応する固有関数は定数関数であることもわかる．さらに，この関数が $L^2(M,\chi)$ の元であるための必要十分条件は $\chi = \mathbf{1}$ であることがその定義よりわかるので，等号成立条件が示される．

(2) $\nabla(\lambda(\chi))|_{\chi=\mathbf{1}} = 0$.
これは (1) の結果「$\lambda = \lambda\chi$ は $\chi = \mathbf{1}$ で最小値をとる」ことより得られる．

(3) λ の $\chi = \mathbf{1}$ でのヘッシアン $\mathrm{Hess}_{\chi=\mathbf{1}}\,\lambda$ は正定値である．

最後の条件 (3) がここでの議論において最も本質的な部分であり，後述の R. S. フィリップス・サルナックの証明，特にスペクトル側 (spectral side) の議論 (5.18) で用いられるラプラスの方法 (Laplace method) ではよく知られた正則性の条件に対応する．5.4.3 項で事実 (3) の証明を与える．

5.4.3　最小固有値の自明表現におけるヘッシアンの計算

“ゲージ変換”　作用素の変動に伴うそれらの固有値の解析には摂動 (perturbation) 論が用いられる．ただし，その設定は通常

「作用素 (operator) の定義域は不変で，作用素が変動する」

というものであるが，ここでの状況は

「作用素 Δ_X は固定されていて，その定義域 $L^2(M,\chi) \simeq L^2(E_\chi)$ が変動する」

というものである．これを通常の設定に帰着するため，以下の“ゲージ変換 (gauge transformation)”を行う．

ある（自然な）切断 $s_\chi \in L^2(M,\chi) \simeq L^2(E_\chi)$[39] を選び，それを用いた対応

$$s_\chi : L^2(M) \ni f \leftrightarrow f s_\chi \in L^2(M,\chi)$$

により，

[39] 実は，べき零群などの一般化まで考慮に入れると，s_χ は $U(1)$-主束の切断と考える方が良い．

$$L_\chi(f) = s_\chi^{-1} \circ \Delta_X \circ s_\chi(f) \tag{5.8}$$

と定義すると，L_χ は固定された定義域 $L^2(M)$ を持つ作用素の族で，$\Delta_\chi := \Delta_X\big|_{L^2(M,\chi)}$ とユニタリ同値であり，したがって同じスペクトルを持つことがわかる．

切断 s_χ の構成　切断 s_χ の構成は次のように行われる．ド・ラーム (de Rham) の定理およびホッジ (Hodge) の定理より，χ に対し 1 次調和微分形式 (harmonic differential form) ω が存在して，χ は次のようにあらわされる．リーマン多様体 M 上の閉曲線 c の属するホモロジー類 (homology class) を $[c]$ とするとき，

$$\chi([c]) := \chi_\omega([c]) = \exp\left(2\pi\sqrt{-1}\int_c \omega\right) \tag{5.9}$$

である．念のため，ここで最右辺の値は，同値類 $[c]$ の代表元 c の選び方によらないことに注意しておく．

さらに，フルヴィッツの定理より

$$\Gamma = H_1(M,\mathbb{Z}) = \pi_1(M)/[\pi_1(M),\pi_1(M)]$$

であり，また $U(1)$ はアーベル群であるから，指標 $\chi : \Gamma \to U(1)$ は自然な射影 $\Phi : \pi_1(M) \to \pi_1(M)/[\pi_1(M),\pi_1(M)]$ を通して $\tilde{\chi} = \chi \circ \Phi : \pi_1(M) \to U(1)$ に持ち上がる．M の普遍被覆 $\widetilde{M}$ 上の 1 点 p_0 をとって固定し，ω とその $\widetilde{M}$ への持ち上げを同じ記号であらわせば，その上の関数 $\tilde{s}_\omega$ を

$$\tilde{s}_\omega(p) = \exp\left(2\pi\sqrt{-1}\int_{p_0}^{p} \omega\right) \tag{5.10}$$

で定義する．ここで $\int_{p_0}^{p} \omega$ は，正確には，p_0 と p を結ぶある曲線 c_0 上の ω の線積分 (line integral) $\int_{c_0} \omega$ であるが，$\widetilde{M}$ は単連結であるので，他の p_0 と p を結ぶ曲線はすべて c_0 とホモトピックであり，また ω は閉形式であるから，ストークス (Stokes) の定理よりこの線積分の値は曲線の選び方によらないことがわかる．

さらに，この関数 $\tilde{s}_\omega$ は $\widetilde{M}$ 上での基本群 $\pi_1(M)$ の作用に関して同変であること，すなわち $\gamma \in \pi_1(M)$ に対し，

$$\tilde{s}_\omega(\gamma p) = \widetilde{\chi}(\gamma)\tilde{s}_\omega(p).$$

が成立することがわかる．このことにより，この関数 $\tilde{s}_\omega$ は E_χ の切断と同一視できるので，それを s_χ とすればよい．

摂動計算　切断 s_χ の定義を用いて少し計算すれば，$L_\chi(f) = s_\chi^{-1} \circ \Delta_X \circ s_\chi(f)$ は

$$L_{\chi_\omega} f = \Delta_M f - 4\pi\sqrt{-1}\,\langle \omega, df\rangle + 4\pi^2|\omega|^2 f. \tag{5.11}$$

と表示できることがわかる．ここで，Δ_M は M 上の通常のラプラシアンであり，また $\langle\cdot,\cdot\rangle$ および $|\cdot|$ は T_p^*M 上のリーマン計量から誘導される内積およびノルムである．

次に，固有方程式 (eigen-equation)

$$L_{\chi_{\tau\omega}} f_\tau = \lambda(\chi_{\tau\omega}) f_\tau \tag{5.12}$$

の両辺を $\tau = 0$ において τ に関して2階微分したものを，M 全体で積分する．その結果得られる式の左辺は

$$\int_M \Delta_M f_0'' + 8\pi\sqrt{-1}\int_M \langle\omega, df_0'\rangle + 8\pi^2\int_M |\omega|^2 f_0$$

となる．ここで，$\langle\cdot,\cdot\rangle$ および $|\cdot|$ は余接空間 T_p^*M における内積およびノルムである．第1項はストークスの定理より0，第2項も

$$\int_M \langle\omega, df_0'\rangle = \int_M \langle\delta\omega, f_0'\rangle$$

および ω の調和性より $\delta\omega = 0$ であるから0である．

式 (5.12) の右辺の $\tau = 0$ における2階微分

$$\lambda(0)f_0'' + 2\lambda'(0)f_0' + \lambda''(0)f_0$$

において $\lambda(0) = \lambda'(0) = 0$ であることおよび $f_0 \equiv 1$ に注意すれば

$$\mathrm{Hess}_{\chi_\omega=\mathbf{1}}\,\lambda(\omega,\omega) = \lambda''(0) = \frac{8\pi^2}{\mathrm{vol}(M)}\int_M |\omega|^2 = \frac{8\pi^2}{\mathrm{vol}(M)}\|\omega\|^2. \tag{5.13}$$

が得られる．ここで $\|\cdot\|$ は M 上の L^2 ノルムである．

注意 5.18

関連事項として，リーマン多様体 M からのアーベル・ヤコビ写像 (Abel Jacobi map) について説明する．

まずホッジの定理を用いて，1 次ド・ラームコホモロジー群 (de Rham cohomology group) $H^1(M,\mathbb{R})$ を 1 次調和微分形式のなすベクトル空間 $\mathcal{H}$ と同一視し，その基底 $\omega_1,\ldots,\omega_d$ を，次の 2 条件を満たすように選ぶ．

(1) L^2 内積に関して，これは正規直交基底をなす．

(2) $H_1(M,\mathbb{Z})$ の任意の元 γ に対して $\int_\gamma \omega_i \in \mathbb{Z}$ を満たす．

ここで，(2) のような性質を満たす 1 次閉微分形式 (closed differential form) のなすコホモロジー類 (cohomology class) 全体を $H^1(M,\mathbb{Z})$ と同一視し，ヤコビトーラス $J(M)$ を $J(M) = H^1(M,\mathbb{R})/H^1(M,\mathbb{Z}) \simeq \mathbb{R}^d/\mathbb{Z}^d$ で定義する．さらに自然な射影を

$$\pi : \mathbb{R}^d \simeq H^1(M,\mathbb{R}) \simeq \mathcal{H} \to J(M)$$

とすれば，アーベル・ヤコビ写像 $J : M \to J(M)$ は

$$J(p) = \pi\left(\int_{p_0}^{p} \omega_1,\ldots,\int_{p_0}^{p} \omega_d\right)$$

で定義される．

次に $\mathcal{H}$ の L^2 内積から自然に定まる $J(M)$ のリーマン測度を $d\omega$ とし，それに関する体積を $\mathrm{vol}_\omega(J(M))$ とする．このとき，$\Gamma = \mathbb{Z}^d = H_1(M,\mathbb{Z})$ のユニタリ双対 $\widehat{\Gamma}$ と $J(M)$ は自然に同一視できるが，この同一視を与える写像により，前者の正規化測度 $d\chi$ は後者の正規化測度 $\mathrm{vol}_\omega(J(M_g))^{-1}\,d\omega$ にうつされる．この事実が，後述のモースの補題（Morse's lemma，[53] 参照）を用いた変数変換 (5.17) のヤコビアンと関係する．

特に種数 g で負定曲率 -1 を持つコンパクトリーマン面 M_g に対しては $\mathrm{vol}_\omega(J(M_g)) = 1$ であること[40)]が知られており，ガウス・ボンネの定理に

---

40) [34, 補題 32.2] 参照．ただし，この文献においては，ヤコビトーラスはその一般化での用語であるアルバネーゼトーラス (Albanese torus) とよばれている．

よる計算とあわせて，定理5.6の右辺の分子が $(g-1)^g$ であることがわかる．

5.5 素閉測地線に関する密度定理（無限次アーベル拡大）

5.5.1 証明の概要

定理5.6の証明について，おおよその説明をしよう．素数定理については，リーマンゼータ関数 $\zeta(s)=\sum_{n=1}^{\infty}\frac{1}{n^s}$ の解析的性質，特に $\zeta(s)$ は $\mathrm{Re}\,s>1$ で絶対収束，また $s=1$ で単純極 (simple pole) を持つ以外は $\mathrm{Re}\,s\geq 1$ まで非零に解析接続できることを示した後，その結果にウィナー (Wiener)・池原のタウバー型定理 (Tauberian theorem) を適用して定理を得るという方法が現在の標準的証明（[14] 参照）のように思われる．その他にも，エルデス (Erdős) [179] やセルバーグ [376] による初等的証明，また現状で最も簡易化されたものとされるニューマン (Newman)・ザギエー (Zagier) の証明 [428] なども知られている．最近ではバナッハ環 (Banach algebra) を用いる方法 [403], [174] や力学系的な考えによる方法 [309], [362] も見つかったようである．

チェボタレフの密度定理も，リーマンゼータ関数を一般化したデデキント (Dedekind) ゼータ関数やL関数を用いて証明される．それらの幾何学版についても，本書で用いたセルバーグ跡公式の方法以外によるそれらの類似であるセルバーグゼータ関数やルエル (Ruelle) ゼータ関数を用いて証明することもできる．実際，勝田・砂田 [277] はこの方法で定理5.6の漸近展開の主要部にあたる漸近公式を示した．こちらに関しては [34] で解説されている．この方法の利点としては，負曲率ではあるが定曲率でない場合，あるいはそれを含むアノソフ流などの場合は，力学系的な考え方にも適合していて，結果の一般化に向いているということが挙げられる．なお，この一般的な状況では以下で用いるような跡公式は知られていない．

ここでは，定曲率 -1 を持つリーマン面の場合にセルバーグ跡公式を用いた証明（R. S. フィリップス・サルナックによるもの）を概観しよう．なお，上で述べたゼータ関数を用いる方法に比べ，この方が舞台装置が少なくて済み，漸近展開公式もより容易に得られる．セルバーグ跡公式は，リーマンの論文にあらわれた素数の数え上げに関する明示公式 (explicit formula) あるいはヴェイユ (Weil) の明示公式（[55] 参照）の幾何学版といえる．

5.5.2 ポアンカレ上半平面とコンパクトリーマン面

本項の内容に関しては，本シリーズでも志賀啓成氏の著書 [31] が既に出版されている．

ポアンカレ上半平面とポアンカレ円板 1.2.2 項で述べたように，ガウス，ボーヤイ，ロバチェフスキーによって発見された非ユークリッド幾何学（双曲幾何学）はベルトラミによってリーマン幾何学と結びつき，その後クラインおよびポアンカレの研究を経て，トポロジー，複素関数論，数論など他分野と関連しながら，現代までその研究が続いている．ここでは，非ユークリッド幾何学のモデルであるポアンカレ上半平面モデル (upper half plane model)，単位円板モデル (unit disk model) およびそれらの離散群による商空間であるコンパクトリーマン面の 1 つの構成法を紹介する．

ポアンカレ上半平面とは，$\mathbb{R}^2$ の上半平面

$$H = \{(x, y) \in \mathbb{R}^2 \mid y > 0\} = \{z = x + \sqrt{-1}\, y \in \mathbb{C} \mid \operatorname{Im} z = y > 0\}$$

で，以下のポアンカレ計量 (Poincaré metric) あるいは双曲計量 (hyperbolic metric) とよばれているリーマン計量

$$g_H := \frac{dx^2 + dy^2}{y^2} = \frac{dz d\overline{z}}{(\operatorname{Im} z)^2}$$

を持つリーマン多様体 (H, g_H) である．ポアンカレ上半平面はロバチェフスキー平面とよばれることもある．このポアンカレ計量の断面曲率は -1 である．また，その測地線は x 軸に直交する半円あるいは半直線である．なお，ここでの半円の長さはユークリッド計量で測れば有限であるが，ポアンカレ計量 g_H で測るとその長さは無限大であり，(H, g_H) が完備リーマン多様体であることもわかる．

また，図 5.1 を眺めれば，任意の測地線 γ とその上にはない点 p に対し，p を通るが γ とは交わらない測地線は無数に存在することがわかる．測地線はこの

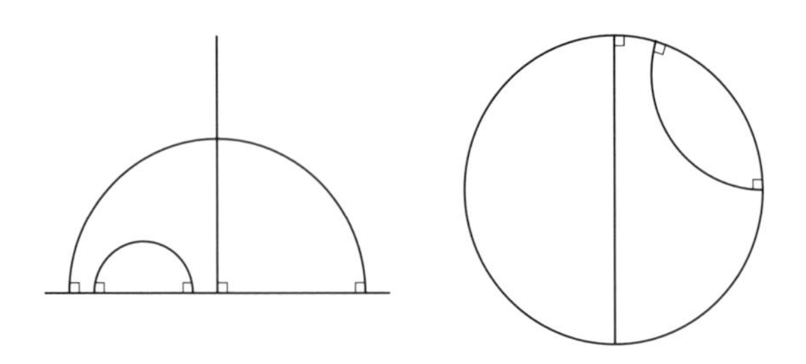

図 5.1　ポアンカレ上半平面モデル（左）およびポアンカレ円板モデル（右）における測地線

空間における一般化された“直線”であると考えれば，ユークリッド幾何学の平行線公準が成立していないので，ポアンカレ上半平面が，非ユークリッド幾何学のモデルの1つであることが確認される．

さらに，その等長変換群は射影特殊線形群 (projective special linear group) $\mathrm{PSL}(2,\mathbb{R}) = \mathrm{SL}(2,\mathbb{R})/\pm I$（$I$ は単位行列）であることが，知られている．ここで，この群の元は $\mathrm{SL}(2,\mathbb{R})$ の元の同値類であるので，代表元として元 $\gamma = \begin{pmatrix} a & b \\ c & d \end{pmatrix} \in \mathrm{SL}(2,\mathbb{R})$ を選べば，それは $H = \{z = x + \sqrt{-1}\,y \in \mathbb{C} \mid \mathrm{Im}\, z > 0\}$ の元 z に対して1次分数変換 (linear fractional transformation)[41)]

$$\gamma z = \frac{az+b}{cz+b}$$

として作用する．

さらにポアンカレ上半平面モデル H はケーレー変換 (Cayley transformation)

$$w = \frac{z-\sqrt{-1}}{z+\sqrt{-1}}$$

により，ポアンカレ円板 (Poincaré disc) モデル (D, g_D)

$$D := \{w \in \mathbb{C} \mid |w| < 1\}, \quad g_D := \frac{4dwd\overline{w}}{(1-|w|^2)^2}$$

と等長同型になることが知られている．ポアンカレ円板 D における測地線は，

---

41) メビウス変換 (Möbius transformation) ともよばれる．

単位円 $\{w \in \mathbb{C} \mid |w| = 1\}$ に直交する半円または線分であり，また等長変換群は不定値射影特殊ユニタリ群 (indefinite projective special unitary group) $\mathrm{PSU}(1,1) = \mathrm{SU}(1,1)/\pm I$ であることが知られている．

コンパクトリーマン面の構成　一般に定曲率 -1 のリーマン面は，ケーベ (Koebe) の一意化定理 (uniformization theorem) により，ポアンカレ円板 D[42] を普遍被覆に持つことが知られている．ここでは逆に，D から種数 g が 2 以上のコンパクトリーマン面を構成する 1 つの方法を述べる．これ以外の構成法としては数論的方法，貼り合わせによる方法などが知られている（[32], [121] 参照）．

単位円板 D の原点を出発する $4g$ 本の線分

$$\ell_k = \{w = re^{\sqrt{-1}\,\theta_k} \mid 0 \leq r < 1,\ \theta_k = k\pi/2g,\ k = 1, \ldots, 4g\}$$

をとる．これらは，うまくパラメーターづけをすれば，リーマン計量 g_D に関する長さが無限大の測地線になることが知られている．この線分上の原点から等距離にある点を頂点とする正 $4g$ 角形（辺は測地線）を考えると，これらの頂点が原点に近づけば，この多角形はユークリッド空間の正 $4g$ 角形の相似拡大に近づくので，頂点での内角は $\left(1 - \dfrac{1}{2g}\right)\pi$ に近づく．一方，頂点と原点とのリーマン距離が ∞ に発散すれば，これらの頂点は境界の単位円に近づき，また測地線は単位円と直交するので内角は 0 に近づく．さらに，内角は原点からの距離に関して連続かつ狭義単調減少であるので，あるところでちょうど $\pi/2g$ になる．このときの正 $4g$ 角形が基本領域 (fundamental domain) の境界であり，その辺を図 5.2 のように張り合わせると $4g$ 角形の頂点はすべて同じ点になり，内角の和は $(4g)\cdot\dfrac{\pi}{2g} = 2\pi$ となり，種数 g のコンパクトリーマン面 $M = M_g$ が得られる．図 5.2 は $g = 2$ の場合を図示している．

さらにこの構成により，M_g の基本群 $\pi_1(M_g)$ の生成元と関係式による表示

[42] これと等長同型なポアンカレ上半平面 H といってもよい．

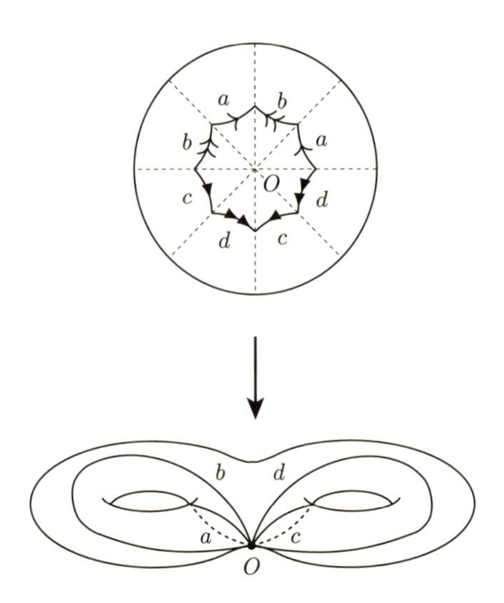

図 5.2　種数2のコンパクトリーマン面とその基本領域

$$\pi_1(M_g) = \left\langle a_1, b_1, \ldots, a_g, b_g \;\middle|\; \prod_{i=1}^{g} [a_i, b_i] = 1 \right\rangle \tag{5.14}$$

も得られる．ここで $[a_i, b_i] := a_i b_i a_i^{-1} b_i^{-1}$ であり，また1は単位元である．この関係式の左辺は図5.2の正 $4g$ 角形を反時計回りに1周した閉曲線に対応し，この閉曲線が原点まで連続変形できることから，関係式 $\prod_{i=1}^{g} [a_i, b_i] = 1$ の成立がわかる．

5.5.3　セルバーグ跡公式

セルバーグ跡公式のおおよその形とおもちゃのモデル　R. S. フィリップス・サルナックによる，無限次アーベル拡大 (infinite abelian extension) に関するチェボタレフ型の素閉測地線の密度定理（定理5.6）の証明について述べる．彼らの証明はセルバーグ跡公式を用いる．まず，この公式についておおよその説明する．この公式はユークリッド空間 $\mathbb{R}^n$ におけるフーリエ変換に関するポアソンの和公式 (Poisson summation formula) を，負定曲率リーマン面の場合に拡張したものとみることができ，次の形をしている．

$$\text{スペクトル側 (spectral side)} = \text{幾何学側 (geometric side)}.$$

ここで，スペクトル側とはラプラシアンの固有値の重みつき和であり，幾何学側とは閉測地線の長さに関する重みつき和である．

この等式はある作用素のトレースを2通りに計算することにより導かれる．正方行列のトレース（跡）の値が（固有値の和）=（対角成分の和）と2通りにあらわされることの一般化である．このとき左辺，すなわち固有値（スペクトル側）については，そのまま固有値の和を考えれば問題ない．他方，右辺に関しては「閉測地線の長さをなぜ行列の対角成分と思えるか（幾何学側）」についてすぐには納得しがたいかもしれない．以下でその考え方を，おもちゃのモデル (toy model) を用いて説明しよう．

有限有向グラフ (finite oriented graph) (V, E)，すなわち有限個の頂点 $i \in V$（その個数を n とする）と有限個の頂点同士をつなぐ向きのついた辺 $(i, j) \in E$ を持つ図形に対し，隣接行列 (adjacency matrix) とよばれる n 次正方行列 $A = (a_{ij})$ を，その成分 a_{ij} が

$$a_{ij} = \begin{cases} 1 & (i, j) \in E \\ 0 & (i, j) \notin E \end{cases}$$

を満たすものとして定義する．図5.3はその一例である．このとき，隣接行列 A の2乗 $A^2 = AA =: (a_{ij}^{(2)})$ の成分表示は，行列の積の定義より

$$a_{ij}^{(2)} = \sum_{k=1}^{n} a_{ik} a_{kj}$$

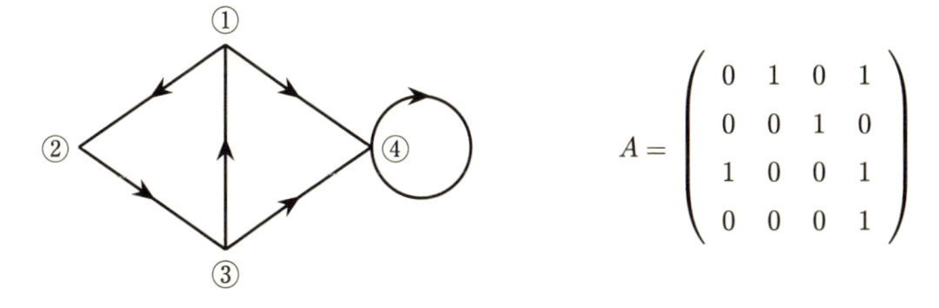

図 5.3　有限有向グラフ

である．右辺の和の各項 $a_{ik}a_{kj}$ が非零であるための必要十分条件は $a_{ik} = a_{kj} = 1$ であり，この条件は幾何的には頂点 i から頂点 k を通り頂点 j に長さ 2 の歩道 (walk) が存在することをあらわしている．これより，$a_{ij}^{(2)}$ は頂点 i から頂点 j への長さ 2 の歩道の本数をあらわすことがわかる．このことを敷衍すると，A^n の対角成分 $a_{ii}^{(n)}$ は頂点 i から出発して i に戻る長さ n の歩道（閉歩道）の本数であり，したがって A^n の対角成分の和（A^n のトレース（跡）$\mathrm{Tr}(A^n)$）は長さ n の閉歩道の本数に他ならない[43]．

セルバーグ跡公式の右辺である幾何学側についても上の例と概念的には対応しているが，最も標準的と思われるセルバーグ跡公式の証明 [377], [15], [24] においては，等式の右辺は上記のグラフ (graph) の場合のように閉測地線に直接結びつくわけではなく，先で述べた閉測地線と基本群の共役類の対応を通じたものになっている．その他の証明としてはカルティエ (Cartier)・ボロス (Voros) [125] によるものやビスミュー (Bismut) [104], [242] によるものが知られている．特に後者は，測地流のベクトル場の方程式とラプラシアンを結びつける準楕円型微分作用素を用いるもので，近年注目を集めている．

セルバーグ跡公式の具体形　はじめに，後に離散ハイゼンベルグ群 $\mathrm{Heis}_3(\mathbb{Z})$ の場合にも利用するため，一般のユニタリ表現 ρ に関する等式として提示する．種数 $g \geq 2$ で定曲率 -1 を持つコンパクトリーマン面 $M_g = H/\Gamma$ に対して次式が成立する．まず ρ を離散群 Γ の n 次元ユニタリ表現，tr を正規化トレース，すなわち n 次正方行列の通常のトレース Tr（対角成分の和の値）を $1/n$ 倍して正規化したものとする．このとき，セルバーグ跡公式（表現つき版）は

$$\sum_j \hat{h}(r_j(\rho)) = 2(g-1)\int_{-\infty}^{\infty} r\tanh(\pi r)\hat{h}(r)\,dr + \sum_\gamma \sum_{k=1}^{\infty} \frac{\mathrm{tr}(\rho(\gamma^k))\ell(\gamma)}{\sinh(k\ell(\gamma)/2)} h(k\ell(\gamma)) \tag{5.15}$$

[43] ただし，詳しく述べれば，閉測地線に対応するのは閉軌道である．ここでは閉軌道としては同一でも，出発点を考慮に入れ，それらが異なる場合は閉歩道としては別のものとして考えている．したがって，長さ n の閉軌道の本数は $\frac{1}{n}\mathrm{Tr}(A^n)$ である．

である．ここで $h(s)$ はコンパクト台を持つ C^∞ 級関数で，また

$$\hat{h}(r) = \int_{-\infty}^{\infty} e^{irs} h(s)\, ds$$

である．さらに，左辺の $r_j(\rho)$ は $\lambda_j(\rho) = \dfrac{1}{4} - r_j(\rho)^2$ を満たす複素数である．ただし，$\lambda_j(\rho)$ はユニタリ表現 ρ に付随する平坦ベクトル束 E_ρ に作用する捩れラプラシアン Δ_ρ の固有値である．また，右辺にあらわれる γ は素閉測地線であり，$\ell(\gamma)$ はその長さをあらわしている．

5.5.4　無限次アーベル拡大に対する素閉測地線の数え上げ

以下，ρ がアーベル群 $\Gamma = \mathbb{Z}^{2g} = H_1(M_g, \mathbb{Z})$ の指標 χ の場合を考える．以下の式は，セルバーグ跡公式 (5.15) の特別な場合であるが，読者の便宜のためあらためて書いておく．

$$\begin{aligned}\sum_j \hat{h}(r_j(\chi)) &= 2(g-1)\int_{-\infty}^{\infty} r \tanh(\pi r)\hat{h}(r)\, dr \\ &\quad + \sum_\gamma \sum_{k=1}^{\infty} \frac{\chi(\gamma^k)\ell(\gamma)}{\sinh(k\ell(\gamma)/2)} h(k\ell(\gamma)).\end{aligned} \tag{5.16}$$

この式 (5.16) の両辺に $\chi(-\alpha)$ $(\alpha \in \Gamma)$ をかけて，$\widehat{\Gamma}$ 上で指標 χ に関して積分する．指標に関する直交関係式

$$\int_{\widehat{\Gamma}} \chi(\alpha)\chi(-\beta)\, d\chi = \delta_{\alpha\beta}$$

より

$$\begin{aligned}\int_{\widehat{\Gamma}} \sum_{j=0}^{\infty} \hat{h}(r_j(\chi))\chi(-\alpha)\, d\chi &= 2(g-1)\delta_{0,\alpha}\int_{-\infty}^{\infty} r\tanh(\pi r)\hat{h}(r)\, dr \\ &\quad + \sum_{\substack{\gamma \\ [\gamma^k]=\alpha}} \sum_{k=1}^{\infty} \frac{\ell(\gamma)}{\sinh(k\ell(\gamma)/2)} h(k\ell(\gamma))\end{aligned}$$

が得られる．ここで $[\gamma^k]$ は，閉測地線 γ^k の属する 1 次元ホモロジー類をあらわす．

次に，h を以下で定義される，閉区間 $[-T, T]$ 上の平滑化された特性関数

(mollified characteristic function) とする．この関数の定義のため，まずコンパクト台を持つ非負偶関数 $k \in C^{\infty}(\mathbb{R})$ で

$$\int_{-\infty}^{\infty} k(s)\, ds = 1$$

を満たすものを選び，$k_{\varepsilon}(s) = (1/\varepsilon)k(s/\varepsilon)$ とおく．このとき，$h(s)$ は $k_{\varepsilon}(s)$ と $[-T, T]$ 上の特性関数 $1_{[-T,T]}$ との畳み込み積

$$h(s) = \left(1_{[-T,T]} * k_{\varepsilon}\right)(s) := \int_{-\infty}^{\infty} 1_{[-T,T]}(s-t)k_{\varepsilon}(t)\, dt$$

として定義される．さらにそのフーリエ変換は

$$\hat{h}(r) = \frac{2\sin(Tr)}{r}\hat{k}(\varepsilon r) = \frac{2\sinh(-\sqrt{-1}\,Tr)}{-\sqrt{-1}\,r}\hat{k}(\varepsilon r)$$

とあらわされる．このとき $\hat{k}(r)$ は急減少関数である．

左辺（スペクトル側）　Δ_{χ} の最小固有値 $\lambda_0(\chi)$ の $\chi = \mathbf{1}$ におけるヘッシアン $\mathrm{Hess}_{\chi=\mathbf{1}}\,\lambda_0(\chi)$ が正定値（式 (5.13) 参照）であるので，モースの補題（[53] 参照）とよばれる命題により，$\widehat{\Gamma}$ の $\chi = \mathbf{1}$ の近傍 U での局所座標系 $\theta = (\theta_1, \ldots, \theta_{2g})$ が存在して

$$\begin{aligned} r_0(\theta) &= \left(\lambda_0(\theta) - \frac{1}{4}\right)^{1/2} = \frac{\sqrt{-1}}{2}(1 - 2\lambda_0(\theta) + \cdots) \\ &= \frac{\sqrt{-1}}{2}\left(1 - \sum \theta_i^2 + \cdots\right) \end{aligned} \tag{5.17}$$

とあらわされる．

さらに $\chi(-\alpha) = e^{-2\pi\sqrt{-1}\langle\theta,\alpha\rangle}$ と書けるので，上の等式 (5.16) の左辺 L は次のように計算される．ただし，以下の計算において，U は $\widehat{\Gamma}$ における自明表現 $\mathbf{1}$ の近傍であり，5.4.2 項で述べた固有値評価 (eigenvalue estimate) から，U 上での $\lambda(\chi)$ に関する項が主要部であり，残りは誤差項であることを用いている．

$$
\begin{aligned}
L &= \int_{\hat{\Gamma}} \sum_{j=0}^{\infty} \hat{h}(r_j(\chi))\chi(-\alpha)\, d\chi \\
&\sim \int_U \sum_{j=0}^{\infty} \hat{h}(r_j(\theta)) e^{-2\pi\sqrt{-1}\langle\theta,\alpha\rangle}\, d\theta \\
&\sim 2\int_U \frac{\sinh(-\sqrt{-1}Tr_0(\theta))}{-\sqrt{-1}r_0(\theta)} \hat{k}(\varepsilon r_0(\theta)) e^{-2\pi\sqrt{-1}\langle\theta,\alpha\rangle}\, d\theta \\
&\sim e^{T/2}\int_U e^{(-\sqrt{-1}r_0(\theta)-1/2)T} \frac{e^{-2\pi\sqrt{-1}\langle\theta,\alpha\rangle}}{-\sqrt{-1}r_0(\theta)}\, d\theta \\
&\sim e^{T/2}\int_U e^{(-\sum\theta_i{}^2+\cdots)T}(2+O(\theta))\, d\theta_1\cdots d\theta_{2g} \qquad (5.18)\\
&\sim e^{T/2}\int_{\mathbb{R}^{2g}} e^{(-\sum\eta_i{}^2+\cdots)}(2+O(\eta))\, d\frac{\eta_1}{\sqrt{T}}\cdots d\frac{\eta_{2g}}{\sqrt{T}} \quad (\eta_i=\sqrt{T}\theta_i) \\
&\sim \frac{Ce^{T/2}}{T^g}\left(1+\frac{c_1}{T}+\frac{c_2}{T^2}+\cdots\right). \qquad (5.19)
\end{aligned}
$$

なお，以上の計算はラプラスの方法とよばれる漸近解析の標準的な手法の 1 つである．

右辺（幾何学側）　次に，等式 (5.15) の右辺について説明する．まず，次の結果は素測地線定理の弱い形であるといえる．この結果は，双曲平面[44]内での原点 O への $\pi_1(M_g)$ の作用による軌道上の点で原点中心の半径 R の円板内に含まれるものを数え上げる問題に帰着される．その問題の解は，この円板の面積の増大度を計算すればほぼわかり，その計算は比較的簡単に遂行可能であるが，ここでは省略する．

$$
\sum_{\substack{\gamma \\ T<\ell(\gamma)<T+\varepsilon}} 1 = O(\varepsilon e^T).
$$

これより，右辺の和のうち，素でない閉測地線，すなわち素閉測地線の k 重巻（ただし $|k|>1$）の寄与は $O(\varepsilon e^{T/2})$ であり，また特性関数 $1_{[-T,T]}$ の k_ε との畳み込み積による平滑化の影響は $O(T^2)$ であることもわかる．

[44] 双曲平面のモデルの 1 つがポアンカレ上半平面であった．

したがって，等式 (5.15) の右辺 R は次のように計算される．

$$R = \sum_{\substack{\gamma \\ [\gamma]=\alpha \\ \ell(\gamma)\leq T}} \frac{\ell(\gamma)}{\sinh(\ell(\gamma)/2)} + O(T^2 + \varepsilon e^{T/2}).$$

次に，$p(T)$ を右辺第 1 項とすると，左辺 L の計算結果 (5.19) とあわせて

$$\pi(T,\alpha) = \sum_{\substack{\gamma \\ [\gamma]=\alpha \\ \ell(\gamma)\leq T}} 1 = \int_0^T \frac{\sinh(s/2)}{s}\, dp(s) \sim \frac{Ce^T}{T^{g+1}}\left(1 + \frac{c_1}{T} + \frac{c_2}{T^2} + \cdots\right)$$

が得られて証明が完了する．

5.6　素閉測地線に関する密度定理（ハイゼンベルグ拡大）

5.6.1　証明の概要（幾何学側）

アーベル拡大の場合と同様にセルバーグ跡公式を用いる方法を紹介する．離散ハイゼンベルグ群 $\mathrm{Heis}_3(\mathbb{Z})$ に拡張する際に必要な議論の大部分はスペクトル側に関するものであるが，幾何学側に関係するものとして，定理の仮定である「共役類 α は中心に属するある元 σ の共役類 $[\sigma]$ である」という条件は，

$$\operatorname{tr}\rho(\sigma\gamma) = \operatorname{tr}\rho(\sigma)\operatorname{tr}\rho(\gamma) \tag{5.20}$$

という等式が成立するためのものであることに注意しておく．ここで tr について再度述べると，これは正規化トレースとよばれ，n 次正方行列の通常のトレース Tr を $1/n$ 倍して正規化したものである．この条件と，後述のパイトリク (Pytlik) の定理を用いると，アーベル拡大とある程度は同様の議論が適用できる．

以下，スペクトル側の解析の概略，特に新たな問題点とその解決策について説明する．なお，この部分の解析については M がリーマン面である必要はなく，一般のコンパクトリーマン多様体であれば十分である．

5.6.2　証明の概要（スペクトル側）：新たな問題点とその解決法

アーベル拡大の場合にブロッホ理論が基本的な道具であったが，これがうまく

機能する理由はアーベル群 Γ の右正則表現が指標の直積分として既約分解できることにある．

Γ が離散ハイゼンベルグ群 $\mathrm{Heis}_3(\mathbb{Z})$ の場合，この方針のままではうまくいかないと思われる．なぜなら，離散ハイゼンベルグ群 $\mathrm{Heis}_3(\mathbb{Z})$ の表現は作用素環論の用語で非 I 型（II_1 型）というクラスに属するからである．一方，アーベル群の場合は I 型という扱いやすいクラスに属する．非 I 型においては，右正則表現の既約分解は，抽象的な形では可能なことは知られている[45)]が，一意性はない．またユニタリ双対 $\widehat{\Gamma}$ も野性的 (wild) な空間になるなどの困難があり，具体的な計算はほぼ不可能と思われる[46)]．

以上のような状況ではあるが，3 次元離散ハイゼンベルグ群 $\mathrm{Heis}_3(\mathbb{Z})$ の場合，有限次元既約ユニタリ表現に限ればその形は完全にわかり，かつフーリエ逆変換 (Fourier inversion)（これは右正則表現の既約分解に対応する）もパイトリク [358] により得られている．

ただし，有限次元既約ユニタリ表現の次元はまちまちであり，このままでは，アーベル拡大の場合に用いた議論のように，表現を動かして摂動論を適用する際に非常に扱いづらいなどの難点がある．これらの点を克服するために，ハイゼンベルグ・リー群 $\mathrm{Heis}_3(\mathbb{R})$ のシュレディンガー表現 (Schrödinger representation) とよばれる無限次元既約ユニタリ表現との関連を調べる．こちらの表現は I 型であり，さらにそれらの表現空間は共通の $L^2(\mathbb{R})$ である．また，そのことに加えて，（形式）計算上は“大きな有限次元”より“無限次元”の方が扱いやすい面もある．一方，有限次元においては，無限次元に関する収束の問題は緩和されており，それらを組み合わせた議論が行われる．

5.6.3 離散ハイゼンベルグ群の有限次元既約ユニタリ表現

はじめにパイトリクによるフーリエ逆変換公式について紹介する．

まず，関数 $f \in L^1(\Gamma)$ および Γ のユニタリ表現 ρ に対し，そのフーリエ変換

---

45) 参考文献としては，例えば梶原による [261] がある．実はこの研究の開始前に梶原氏に [261] で得られた公式の適用可能性について伺ったところ，ほぼ無理であろうとのご意見であった．

46) I 型と同程度の詳細な解析は，非 I 型においては“原理的”に不可能ともいわれている．

$$\rho(f) = \text{“}\int_\Gamma f(\gamma)\rho(\gamma)\,d\gamma\text{”} = \sum_{\gamma\in\Gamma} f(\gamma)\rho(\gamma) \tag{5.21}$$

で定義する．ここで，$d\gamma$ は Γ の右不変ハール測度（点測度）であり，中間にあらわれる積分は象徴的な表示で，数学的には右辺の和を意味する．これをフーリエ変換とよぶのは $\Gamma = \mathbb{R}$ の場合は通常のフーリエ変換に他ならないからである．実際，この場合，ユニタリ表現 ρ は指標 $\chi_a : \mathbb{R} \to U(1)$, $\chi_a(x) = e^{2\pi\sqrt{-1}\,ax}$ であり，上式 (5.21) に対応するのは

$$\chi_a(f) = \hat{f}(a) = \int_\mathbb{R} f(x)e^{2\pi\sqrt{-1}\,ax}\,dx$$

となる．この式は通常の $\mathbb{R}$ 上のフーリエ変換の表示式である．

次の定理の式 (5.22) がパイトリクによるフーリエ逆変換公式である．ただし，これは [358] におけるプランシェレル (Plancherel) の公式を書き直したものである．ここで $\widehat{\Gamma}$ は3次元離散ハイゼンベルグ群 $\Gamma = \mathrm{Heis}_3(\mathbb{Z})$ のユニタリ双対である．

定理 5.19

$\widehat{\Gamma}$ 上に，正値有限加法的測度 μ で，その台が有限次元既約ユニタリ表現の同型類全体 $\widehat{\Gamma}_{\mathrm{fin}}$ であり，関数 $f \in L^1(\Gamma)$ に対して以下を満たすものが存在する．

$$f(0) = \int_{\widehat{\Gamma}_{\mathrm{fin}}} \frac{1}{\dim\rho_{\mathrm{fin}}}\,\mathrm{Tr}(\rho_{\mathrm{fin}}(f))\,d\mu(\rho_{\mathrm{fin}}). \tag{5.22}$$

これに対しても $\Gamma = \mathbb{R}$ の場合に対応する式は通常のフーリエ逆変換

$$f(x) = C\int_\mathbb{R} \hat{f}(a)e^{-2\pi\sqrt{-1}\,ax}\,da = C\int_{\hat{\mathbb{R}}} \chi_a(f)\chi_a(-x)\,d\chi_a$$

において $x = 0$ とおいたものである．ここで，$\chi_a(x) = e^{-2\pi\sqrt{-1}\,ax}$, $\chi_a(f) = \hat{f}(a)$ である．さらに，もし $\sigma \in \Gamma$ が Γ のすべての元と可換，すなわち Γ の中心の元であれば，

$$
\begin{aligned}
f(\sigma) &= \int_{\widehat{\Gamma}_{\mathrm{fin}}} \frac{1}{\dim \rho_{\mathrm{fin}}} \mathrm{Tr}(\rho_{\mathrm{fin}}(\sigma^{-1})\rho_{\mathrm{fin}}(f))\, d\mu(\rho_{\mathrm{fin}}) \\
&= \int_{\widehat{\Gamma}_{\mathrm{fin}}} \mathrm{tr}(\rho_{\mathrm{fin}}(\sigma^{-1})\rho_{\mathrm{fin}}(f))\, d\mu(\rho_{\mathrm{fin}}) \\
&= \int_{\widehat{\Gamma}_{\mathrm{fin}}} \mathrm{tr}(\rho_{\mathrm{fin}}(\sigma^{-1}))\, \mathrm{tr}(\rho_{\mathrm{fin}}(f))\, d\mu(\rho_{\mathrm{fin}})
\end{aligned}
$$

であることが式 (5.20) から導かれ，通常のフーリエ逆変換の一般式に対応する形になる．ここで tr は正規化トレース，つまり $\mathrm{tr} = \dfrac{1}{\dim \rho_{\mathrm{fin}}} \mathrm{Tr}$ である．

さらに $\widehat{\Gamma}_{\mathrm{fin}}$ は既述の通り，集合 $\widehat{X} := [0,1] \times [0,1] \times (\mathbb{Q} \cap [0,1])$ で記述できる．また，正値有限加法的測度 μ は，$\widehat{X}$ 上では，

$$
d\mu(x_1, x_2, x_3) = dm(x_1)dm(x_2)d\widetilde{m}(x_3)
$$

と分解する．ここで，m は閉区間 $[0,1]$ 上の通常のルベーグ (Lebesgue) 測度であり，また $\widetilde{m}$ は $\widetilde{m}(\mathbb{Q} \cap [a,b]) = b - a$ を満たす有限加法的測度である．

5.6.4 有限次元既約ユニタリ表現の具体形

次に，$\widehat{X} \ni x = (x_1, x_2, x_3)$ に対応する有限次元既約ユニタリ表現 $\rho_{\mathrm{fin},x}$ を具体的に記述する（[157] 参照）．まず，$x_3 = p/q$ と既約分数であらわしたとき，$\theta = \exp(2\pi\sqrt{-1}\,p/q) = \exp(2\pi\sqrt{-1}\,x_3)$ とおく．次に，$\mathrm{Heis}_3(\mathbb{Z})$ の生成集合 $\{u := \exp(X),\ v := \exp(Y),\ w := \exp(Z)\}$ を

$$
u = \begin{pmatrix} 1 & 1 & 0 \\ 0 & 1 & 0 \\ 0 & 0 & 1 \end{pmatrix}, \quad v = \begin{pmatrix} 1 & 0 & 0 \\ 0 & 1 & 1 \\ 0 & 0 & 1 \end{pmatrix}, \quad w = \begin{pmatrix} 1 & 0 & 1 \\ 0 & 1 & 0 \\ 0 & 0 & 1 \end{pmatrix}
$$

とする．$\rho_{\mathrm{fin},x}$ はこれらの元の像により定まるが，まず $\rho_{\mathrm{fin},x}(w) = \theta$ であり，さらに $\alpha = \exp(2\pi\sqrt{-1}\,x_1/q)$, $\beta = \exp(2\pi\sqrt{-1}\,x_2/q) \in U(1)$ とおけば

$$\rho_{\mathrm{fin},x}(u)=\alpha\begin{pmatrix}0&0&\cdots&0&1\\1&0&0&\cdots&0\\0&1&0&\cdots&0\\\vdots&\ddots&\ddots&\ddots&\vdots\\0&\cdots&0&1&0\end{pmatrix},\quad \rho_{\mathrm{fin},x}(v)=\beta\begin{pmatrix}1&0&\cdots&0\\0&\theta&\cdots&0\\\vdots&\ddots&\ddots&\vdots\\0&\cdots&0&\theta^{q-1}\end{pmatrix}$$

となる．さらに，α,β を一般の $\tilde{\alpha},\tilde{\beta}\in U(1)$ で置き換えたユニタリ表現を $\rho_{\tilde{\alpha},\tilde{\beta}}$ とすれば，$\rho_{\tilde{\alpha},\tilde{\beta}}$ と $\rho_{\tilde{\alpha}',\tilde{\beta}'}$ がユニタリ同値であるための必要十分条件は，$(\tilde{\alpha}^q,\tilde{\beta}^q)=(\tilde{\alpha}'^q,\tilde{\beta}'^q)$ である．

5.6.5 ハイゼンベルグ・リー群のユニタリ表現

ハイゼンベルグ・リー群 $\mathrm{Heis}_3(\mathbb{R})$ の既約ユニタリ表現は以下のように分類される（[154] 参照）．

(1) 指標 χ：これは中心の元 w の表現による像が単位元という条件で特徴づけられる．

(2) シュレディンガー表現 ρ_h：これは表現空間が $L^2(\mathbb{R})$ である無限次元ユニタリ表現で，$\mathbb{R}\setminus\{0\}$ の元 h をパラメーターに持ち，次の形で表示される[47]．

$\mathrm{Heis}_3(\mathbb{R})$ の元を $(x,y,z):=\begin{pmatrix}1&x&z\\0&1&y\\0&0&1\end{pmatrix}$ とする．関数 $f(u)\in L^2(\mathbb{R})$ に対し，

$$(\tilde{\rho}_h(x,y,z)f)(u)=e^{2\pi\sqrt{-1}\,h(z+uy)}f(u+x)$$

とあらわされる．さらに，これは次のようにも表示される．ただし，これらがユニタリ同値であることは，直接計算あるいはストーン (Stone)・フォン・ノイマン (von Neumann) の定理による．

[47] 以下の表示は [154, 2.2.6 Example] でのものとは異なっている．その理由はリー環 $\mathrm{Lie}(\mathrm{Heis}_3(\mathbb{R}))$ の表示の違いに起因し，[154] での表示は第1種の指数座標（exponential coordinates, or canonical coordinates of the first kind, [154, 1.2.4 Example] 参照）に基づくものだからである．

$$(\rho_h(x,y,z)f)(u) = e^{2\pi\sqrt{-1}\,(hz+\sqrt{h}\,uy)} f(u+\sqrt{h}\,x)$$
$$= e^{2\pi\sqrt{-1}\,hz} e^{2\pi\sqrt{-1}\sqrt{h}\,yu} e^{\sqrt{h}\,x\frac{d}{du}} f(u).$$

ここで $e^{\sqrt{h}\,x\frac{d}{du}}$ は $\sqrt{h}$ に関する半群 (semigroup) であり，

$$\left(e^{\sqrt{h}\,x\frac{d}{du}} f\right)(u) = f(u+\sqrt{h}\,x)$$

であることが両辺を $\sqrt{h}$ で微分すればわかる．

このユニタリ表現をリー環 $\mathrm{Lie}(\mathrm{Heis}_3(\mathbb{R}))$ の表現に翻訳すれば

$$\rho_h(X) = \sqrt{h}\,\frac{d}{du}, \quad \rho_h(Y) = 2\pi\sqrt{-1}\sqrt{h}\,u, \quad \rho_h(Z) = 2\pi\sqrt{-1}\,h$$

とあらわされる．この場合のフーリエ逆変換は，$f \in \mathcal{S}$（急減少関数，シュワルツ族 (Schwartz class) ともいう）に対し，

$$f(\sigma) = \int_{\mathbb{R}} \mathrm{Tr}(\rho_h(\sigma^{-1})\rho_h(f))|h|\,dh$$

である．ここで Tr はトレースである．急減少関数に対するフーリエ変換 $\rho_h(f)$ はトレース族 (trace class) に属し，そのトレースは意味を持つことが知られている．

しかし，離散群 $\mathrm{Heis}_3(\mathbb{Z})$ 上の関数 $h \in L^1(\mathrm{Heis}_3(\mathbb{Z}))$ をリー群 $\mathrm{Heis}_3(\mathbb{R})$ 上の関数 f と見なす方法として，例えば基本領域 $\mathcal{D}$ を選び，$f(g) = h(\gamma)$, $g \in \gamma\mathcal{D}$ とするものが考えられるが，このとき f は $L^1(\mathrm{Heis}_3(\mathbb{R}))$ には属するが $\mathcal{S}$ には属さない．このとき，$\rho_h(f)$ はコンパクト作用素 (compact operator) にはなるが，一般にはトレース族には属さない．この理由により，ρ_h を用いた議論は“形式的”なものになるが，これは注意 5.21 により正当化できる．この式とパイトリクのフーリエ逆変換 (5.22) との比較が，次項の議論の理解の助けになるかもしれない．

5.6.6 離散ハイゼンベルグ群のユニタリ表現とハイゼンベルグ・リー群のユニタリ表現の関係

ハイゼンベルグ・リー群 $\mathrm{Heis}_3(\mathbb{R})$ の既約ユニタリ表現 ρ_h はパラメーター h が有理数 $p/q = x_3 \in (0,1]$ であるとき，ρ_h を離散ハイゼンベルグ群 $\mathrm{Heis}_3(\mathbb{Z})$ に

制限するともはや既約ユニタリ表現ではなく，以下のように直積分分解[48]される．

命題 5.20

$h = p/q = x_3 \in \mathbb{Q} \cap [0,1]$ であるとき，

$$\rho_h \big|_{\mathrm{Heis}_3(\mathbb{Z})} \simeq \int_0^1 \int_0^{1\oplus} \rho_{\mathrm{fin},(x_1,\{qx_3x_2\},x_3)}\, dm(x_1)dm(x_2).$$

ここで $\{a\} = a - [a]$ は a の小数部分，すなわち a を小数点表示したときの小数点以下の部分である．この命題の証明は筆者の準備中の論文 [272], [273] にあるが，x_1, x_2 に関する部分は本質的には“アーベル的 (abelian)”な情報ということができる．実際，この命題の証明は以下の2つの同型を適宜うまく解釈することによりなされる．

$$\begin{aligned}
L^2(\mathbb{R}) &\simeq L^2(\mathbb{Z} \times [0,1)) \simeq L^2(\mathbb{Z}) \otimes L^2([0,1)) \\
L^2(\mathbb{Z}) &\simeq L^2((\mathbb{Z}/q\mathbb{Z}) \times q\mathbb{Z}) \simeq L^2(\mathbb{Z}/q\mathbb{Z}) \otimes L^2(q\mathbb{Z}) \\
&\simeq L^2(\mathbb{Z}/q\mathbb{Z}) \otimes L^2(S^1) \simeq L^2(\mathbb{Z}/q\mathbb{Z}) \otimes L^2([0,1)).
\end{aligned}$$

注意 5.21

この定理は一種の近似定理としてみることができる．つまり，上の式において，左辺を右辺の被積分関数の平均と考えると，被積分関数の変動 (fluctuation) の大きさが評価できれば，それが左辺の関数の右辺の被積分関数による近似の誤差の評価を与えていると考えられる．議論のポイントは，被積分関数の違いは5.6.4項での $\rho_{\mathrm{fin},(x_1,x_2,x_3)}$ の定義における α, β であるが，その変動の範囲が $O(1/q)$ であり，$O(p/q)$ ではないことである．すなわち，$x_3 = p/q$ それ自体ではなくその分母である q のみに依存するということである．

さらに，上記の命題で $x_3 = p/q$ は $\mathbb{Q} \cap [0,1]$ の元であるが，この上で定義

48) 直積分の定義に関しては [154] 参照．また，命題 5.20 は表限 ρ_h の分岐則 (brarching rule) と言われる．

された有限加法的測度 $\widetilde{m}$ の性質より，有限集合の $\widetilde{m}$ 測度は 0 であるので，その分母がある固定された定数以下の有理数の集合の測度は 0 である．言い換えると「左辺の無限次元ユニタリ表現であるシュレディンガー表現の制限と右辺の被積分関数である有限次元ユニタリ表現は，任意の h でいくらでも近似できている」と考えてよいことになる．これらから以下が言える．

(a) 数学的には，$\widehat{X}$ 上の関数は，その関数の有限次元既約ユニタリ表現によるフーリエ変換の直積分としてあらわされる[49]．

(b) 有限次元既約ユニタリ表現が自明表現に近づくときの捩れラプラシアンの固有値の挙動を調べる必要があるが，ここに上記の近似に基づき，ハイゼンベルグ・リー群 $\mathrm{Heis}_3(\mathbb{R})$ のシュレディンガー表現 ρ_h に関する捩れラプラシアンを用いて，形式計算を行う．ρ_h においては，表現のパラメーター h を変動させてもそれらの表現空間は共通の空間 $L^2(\mathbb{R})$ であり，また表現もパラメーターに関し滑らかなので，計算が容易になるという利点がある．言い換えると，上記の近似によりここでの議論では，有限次元表現および無限次元表現に対し，それぞれの都合の良い部分が利用できるわけである．

5.6.7 磁場つき離散ラプラシアンとの関係

スペクトル解析の概要　これまでの準備の下で，離散ハイゼンベルグ群 $\mathrm{Heis}_3(\mathbb{Z})$ の場合においてもアーベル拡大のときとある程度同様の議論を用いることができる．

アーベル拡大の場合の議論をふりかえる．自明表現の近くの表現に同伴する捩れラプラシアンの固有値の様子を調べることが重要であり，それを用いてセルバーグ跡公式のスペクトル側を解析した．それと幾何側での議論をあわせて，素閉測地線の数え上げの漸近展開が得られたのであった．

特に固有値の摂動計算において，我々のおかれている状況「作用素は固定されていて，定義域が変動する」を通常の摂動論の設定「定義域は固定されていて作用素が変動する」に変換する必要があった．そのために変動する定義域である直

49) パイトリクの定理による．

線束の切断の空間における標準的切断を1つ選び，これを用いてある種の“ゲージ変換”を行い，固定された作用素を，固定された定義域を持つ変動する作用素に変換し，その摂動計算を実行したのであった．これらのうち，以下の2点がポイントであった．

(a) ゲージ変換のための標準的切断 (canonical section) の構成．

(b) 摂動計算の実行．

(a) については次項以降で説明する．一方，(b) について，特に漸近展開の計算は多少込み入っているので，本書に掲載するのは適さないように思われる[50]．ここではおおよそどのような議論が行われるかについて，以下のモデルを用いて説明する．

ハーパー作用素とグラフの被覆　ユークリッド平面上のラプラシアンの離散モデルである離散ラプラシアン (discrete Laplacian) Δ は $\mathbb{Z}^2$ 格子，すなわち整数値の座標を持つ点（整数点）の集合 $\mathbb{Z}^2 = \{(m,n) \mid m,n \in \mathbb{Z}\}$ を頂点集合とし，頂点 (m,n) と辺で結ばれている点（隣接点）を $(m+1,n)$, $(m-1,n)$, $(m,n+1)$, $(m,n-1)$ の4点とするグラフ $\mathbb{Z}^2$ 上の作用素であり，関数 $u \in \ell^2(\mathbb{Z}^2)$ に対し

$$
\begin{aligned}
(\Delta u)(m,n) = -\bigl(&u(m+1,n) + u(m-1,n) \\
&+ u(m,n+1) + u(m,n-1) - 4u(m,n)\bigr)
\end{aligned}
$$

として定義される．これに対し，ハーパー作用素 (Harper operator) $H_\theta : \ell^2(\mathbb{Z}^2) \to \ell^2(\mathbb{Z}^2)$ は以下の式で定義されるものである[51]．

$$
\begin{aligned}
(H_\theta u)(m,n) = -\bigl(&u(m+1,n) + u(m-1,n) \\
&+ e^{\sqrt{-1}\,\theta m} u(m,n+1) + e^{-\sqrt{-1}\,\theta m} u(m,n-1)\bigr).
\end{aligned}
$$

これは，ユークリッド平面上の定磁場 (constant magnetic field) の下でのラプラシアン（磁場つきラプラシアン (magnetic Laplacian) の離散化である磁場つ

---

[50] 詳細については筆者の準備中の論文 [272], [273] を参照していただきたい．

[51] [238] 参照．ここでの定義は2次元格子 $\mathbb{Z}^2$ 上の関数空間 $L^2(\mathbb{Z}^2)$ における作用素として定義されているが，1次元格子 $\mathbb{Z}$ 上の関数空間 $L^2(\mathbb{Z})$ における作用素や後述のように $L^2(\mathbb{R})$ における作用素としても定義できる．これらは互いにユニタリ同値であるのでそれらのスペクトル構造 (spectral structure) は同じである．

き離散ラプラシアン (discrete magnetic Laplacian) をシフト (shift) した作用素，すなわち磁場つき離散ラプラシアンに恒等作用素 (identity operator) I の 4 倍を引いたもの）であり，パラメーター θ が磁場の強さ (strength of magnetic flux) をあらわしている．

この作用素と前節までの話題との関連は以下の通りである．まず，これまでの議論では連続なラプラシアンを考察していたが，ハーパー作用素は離散作用素 (discrete operator) である．しかし，連続と離散の違いはここでは本質的ではなく，ほぼ同様に議論できることに注意しておく．

さらに，これまでリーマン多様体の被覆を考えていたが，ここではその代わりに底空間 M が頂点が 1 点で辺が 2 本のループであるグラフ[52)]上の $\Gamma = \mathrm{Heis}_3(\mathbb{Z})$ 被覆 $\varpi : X \to M$ を考える．このとき被覆空間 X は $\mathrm{Heis}_3(\mathbb{Z})$ の生成元集合 $\{u, v\}$ に関するケイレーグラフ (Cayley graph)[53)]とみなせる．さらにハーパー作用素 H_θ が定義される正方格子 $\mathbb{Z}^2$ は上記の被覆の中間被覆 (intermediate covering) である．これらの関係は図 5.4 であらわされる．

また，そこにあらわれる X は $(\mathrm{Heis}_3(\mathbb{Z}), \{u, v\})$ のケイレーグラフで，図 5.5 であらわされる．

ハーパー作用素のスペクトルとウィルキンソンの公式 ハーパー作用素のスペクトルは，θ が有理数のときは有限個のバンド（閉区間）の和であらわされ，我々の問題に関係する．一方「θ が無理数の場合，スペクトルはカントール集合 (Cantor set) であるか？」という，カッツ (Kac) の Ten Martini Problem[54)]とよばれる問題があり，かなり長い間未解決であった．しかし，この問題は 2009 年，アヴィーラ (Avila) とジトミルスカヤ (Jitomirskaya) [86] により解決された[55)]．この結果は，アヴィーラのフィールズ賞 (Fields Medal) の受賞業績の 1

[52)] ここではグラフを 1 次元複体とみなしている．このグラフ M は円周 S^1 の 1 点和（$S^1 \vee S^1$，S^1 のブーケ (Bouquet)）ともよばれている．

[53)] 離散群 Γ およびその生成集合 S に対し，それらから定義されるケイレーグラフ (V, E) とは，頂点集合 V が Γ の元全体であり，辺集合 E が直積集合 $V \times V$ の部分集合であり，さらに $(u, v) \in E \Longleftrightarrow uv^{-1} \in S$ または $vu^{-1} \in S$ を満たすものである．

[54)] この予想を解決した人にカッツが 10 杯のマティーニをふるまうことになっていたが，解決されたのは彼の没後であった．

[55)] この問題にはその精密化として Dry 版もあり，そちらはまだ未解決のようである．最近の情報に関

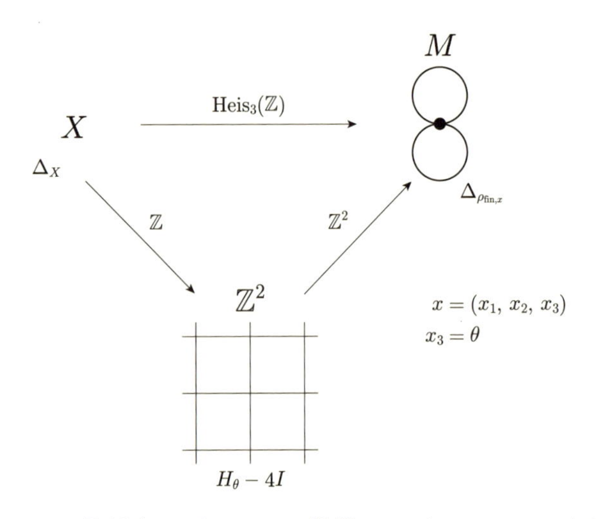

図 5.4　ハーパー作用素 H_θ とグラフの被覆：H_θ は $\Gamma = \mathrm{Heis}_3(\mathbb{Z})$-被覆 $\pi : X \to M$ の中間被覆 $\mathbb{Z}^2$ において定義されている

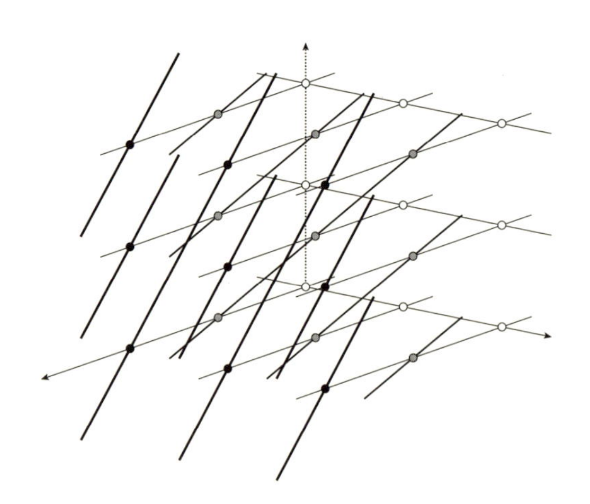

図 5.5　$(\mathrm{Heis}_3(\mathbb{Z}), \{u, v\})$ のケイレーグラフ：次数4の正則グラフ (regular graph) で3次元空間 $\mathbb{R}^3$ 内の1次元複体として実現される．特に，各頂点は4本の辺（実線であらわされている）に接続している．なお，縦の点線は，この空間 $\mathbb{R}^3$ の z 軸の一部をあらわしている．石渡 聡 氏提供．

しては [87] 参照.

図 5.6 ホフスタッター (Hofstadter) の蝶々 (Hofstadter's butterfly) [245]：縦軸は磁場の強さをあらわすパラメーター θ，この図の範囲は閉区間 $[0, 2\pi]$ であるが，これは周期 2π で周期的に実数全体に拡張される．また横軸は各 θ に対し，ハーパー作用素 H_θ のスペクトルの範囲をあらわしている．各スペクトルは閉区間 $[-4, 4]$ 内の閉部分集合である．内藤久資氏提供．

つに数えられている．これらは図 5.6 であらわされる．

さらに，この図のフラクタル構造 (fractal structure) や量子ホール効果 (quantum Hall effect) との関連など，数多くの研究があり，さらに現在でも活発に研究が続いている．

最後に，我々の話題，特に 214 ページ「(b) 摂動計算の実行」の後の文中で述べたモデルとしての側面について述べる．この解析に離散ハイゼンベルグ群 $\mathrm{Heis}_3(\mathbb{Z})$ の既約ユニタリ表現 $\rho_{\mathrm{fin},x}$ が対応し，$x = (x_1, x_2, x_3)$ において $x_3 = \theta/2\pi \in \mathbb{Q}$ である．このとき，ハーパー作用素のスペクトルが有限個のバンドの和になると述べたが，それは次の有限次元作用素 H_x の固有値全体の集合 $\sigma(H_x)$ の和集合 $\bigcup_{x_1, x_2 \in [0,1]} \sigma(H_x)$ と一致する．

$$H_x = -(\rho_{\mathrm{fin},x}(u) + (\rho_{\mathrm{fin},x}(u))^* + \rho_{\mathrm{fin},x}(v) + (\rho_{\mathrm{fin},x}(v))^*).$$

ここで A^* は A のエルミート共役 (Hermitian conjugate) ${}^t\overline{A}$ をあらわす．

また，ハーパー作用素は，

$$\hbar = \theta/2\pi$$

が有理数[56)]の場合，ハイゼンベルグ・リー群 $\mathrm{Heis}_3(\mathbb{R})$ のシュレディンガー表現 ρ_h に対応する次の作用素 $h_\theta : L^2(\mathbb{R}) \to L^2(\mathbb{R})$ とユニタリ同値であることが知られている．

$$\begin{aligned}(h_\theta f)(u) &= -((2\cos(\rho_\hbar(X)) + 2\cos(\rho_\hbar(Y)))f)(u) \\ &= -\left(\left(2\cos\left(\sqrt{\hbar}\frac{d}{\sqrt{-1}du}\right) + 2\cos(2\pi\sqrt{\hbar}u)\right)f\right)(u). \end{aligned} \tag{5.23}$$

この作用素と H_x の関係が命題 5.20 に対応しており，スペクトルがバンド構造 (band structure) を持つことは，この命題より示される．

この作用素の第 n 固有値 E_n の $\theta \to 0$ での漸近展開公式

$$E_n = -4 + (2n+1)\theta + O(\theta^2), \quad n = 0, 1, 2, \ldots. \tag{5.24}$$

が θ をプランク定数 (Planck constant) と見なした半古典近似 (semiclassical approximation) として知られている．

この式を導く計算が 214 ページの項目 (b) で述べた摂動計算のモデルである．この公式は，はじめ物理学者ウィルキンソン (Wilkinson) [417][57)]により与えられ，その後，数学者であるエルフェール (Helffer) とショストランド (Sjöstrand) [241] によりその数学的正当化が与えられた．この公式は，補足 5.22 で説明するように平面上の磁場つきラプラシアンのスペクトルの離散近似を与える．

公式 (5.24) は，形式的には，上の式 (5.23) の $\sqrt{\hbar}$ についてのテーラー展開

$$h_\theta = -4 + 2\left(\left(-\frac{d}{du}\right)^2 + 4\pi^2 u^2\right)\hbar + o(\hbar)$$

により得られる．ただし，この式の左辺にあらわれる作用素 h_θ は有界作用素 (bounded operator) である一方，右辺の第 2 項にあらわれるものは調和振動子とよばれる非有界作用素 (unbounded operator) である．つまり，有界作用素

---

56) 本質的には 1 つのパラメーターに 2 種類の文字 θ と $\hbar$ を使うのは混乱のもとになるかもしれないが，なんとなく気分的な理由で両方用いられる．なお，$\hbar$ はプランク定数を念頭においた文字である．

57) [359] も参照．

を非有界作用素で近似するという形であるので何らかの数学的な正当化が必要である[58].

さらにこの他にも，ハーパー作用素のスペクトルの端点の値を θ の関数として見ると，θ が有理数のとき，この点における右微分と左微分が一致しないこと，また θ が有理数のときはバンド構造を持つので，その1つのバンドの中のどの点の極限を考えればよいかなどの正当化が必要な事情は複数ある．

さて，その数学的正当化の方法であるが，もし仮に，左辺の作用素 h_θ と右辺にあらわれる調和振動子の共通の有限次元不変部分空間の増大列で，全体の空間 $L^2(\mathbb{R})$ を近似するものがあれば，それら共通の有限次元不変部分空間にそれぞれの作用素を制限すると通常の多変数の微積分で取り扱いが可能であり，そのテーラー展開の極限としての意味での正当化可能と思われる．しかし，実際はこのような状況にはない．それを克服するため，エルフェール・ショストランドの議論においては，この仮想的な有限次元不変部分空間の代わりに，調和振動子の固有空間の有限直和空間を考える．この空間は h_θ では不変ではないが，不変性からの誤差が $O(\hbar^\infty)$ であることを示し，この誤差は漸近展開には影響しない，いわば"非摂動的誤差"(non perturbative error) ということでの正当化を与えている．彼らの方法は，調和振動子による局所化 (localization) とよばれるもので，それ自身興味深く，また多くの応用もあるので，補足 5.23 でもう少し詳しく説明する．

これに対し，我々は，命題 5.20 に基づく有限次元近似によってこの公式が正当化されると考えている．つまり，上記の形式的計算はシュレディンガー表現に基づくものと考えるが，注意 5.21 で述べたように，この表現は有限次元ユニタリ表現で任意の精度で近似できるので，有限次元の場合の議論で置き換えられるということが議論の骨子である．なお，上記の非摂動的誤差 $O(\hbar^\infty) = O(\theta^\infty)$ については，我々の場合は，漸近展開が正当化された後にそのことを用いて比較的簡単に導くことができるが，はじめからわかるわけではないことに注意しておく．一方，エルフェール・ショストランドの議論においては，微分作用素

[58] 補足：H_θ は 4 つのユニタリー作用素 (unitary operator) の和であるので漸近公式 (5.24) の左辺 E_n は $|E_n| \leq 4$ を満たす．一方，（θ を固定すれば）右辺第 2 項は $n \to \infty$ で発散する．したがって，剰余項である右辺第 3 項 $O(\theta^2)$ を"誤差"（例えば $O(\theta^2) < \theta$ を満たす）と見なすことができるような θ の範囲は n に依存し，n について一様に選ぶことはできない．

$\dfrac{d}{\sqrt{-1}\,du}$ と掛け算作用素 $2\pi u$ を組にして扱う必要があるのに対し，我々の場合はそれぞれ個別に扱えるという利点があると思われる．このことにより，他の状況での漸近展開に対する適用可能性が広がると期待している．

なお，上の形式的計算はさらに高次の項まで続けることが可能であり，かつその正当化も可能である．これは，調和振動子に付随する生成消滅演算子 (creation and annihilation operators) を用いて微分作用素 $\dfrac{d}{du}$ および掛け算作用素 (multiplication operator) $2\pi\sqrt{-1}\,u$ があらわされ，さらに調和振動子の固有関数に対し，生成消滅演算子の作用は明示的に計算可能ということよりわかる．

補足 5.22　平面上の定磁場の下での磁場つきラプラシアンとその正方格子による離散近似

古典力学においては，平面上の一定の磁場の下では荷電粒子 (charged particle) はサイクロトロン (cyclotron) 軌道と呼ばれる円上を運動することが知られている．これに対応する量子力学においては，荷電粒子のとりうるエネルギーの大きさがそこでのラプラシアンのスペクトルに対応するが，その値は退化し，離散的な値のみをとりうる．この値はランダウレベル (Landau level) とよばれる，調和振動子の固有値の定数倍で書かれることが知られている[59)]．

一方，平面 $\mathbb{R}^2$ の離散版として正方格子 $\mathbb{Z}_\delta$ でその格子間隔 δ であるものを考え，これによる一定の磁場の下での平面上の磁場つきラプラシアンの離散近似を考えよう．ここで δ が 0 に収束する状況は，$\mathbb{Z}_\delta$ の格子間隔を $1/\delta$ して格子間隔 1 の正方格子にうつして考え直すと，そこでの磁場の強さ θ を 0 に収束させることに対応する．また，上記のラプラシアンの離散近似は，正確にはハーパー作用素 H_θ そのものではなく $4I + H_\theta$ に対するものであるので，そのスペクトル $\widetilde{E}_n$ の記述は式 (5.24) から

$$\widetilde{E}_n = 4 + E_n = (2n+1)\theta + O(\theta^2), \quad n = 0, 1, 2, \ldots \tag{5.25}$$

に変わる．この式の右辺第 1 項がランダウレベルに相当し，$\theta \to 0$ で，そ

59) 英語版 Wikipedia，“Landau quantization” `https://en.wikipedia.org/wiki/Landau_quantization` など参照．

れに収束することがわかり，離散近似が正当化される．

補足 5.23 エルフェール・ショストランドによるウィルキンソン公式の数学的正当化の概要

先に述べた調和振動子による局所化について，ごくおおざっぱな説明をしよう．はじめにより簡単な状況として，図 5.7 のグラフであらわされる 2 重井戸 (double well) 型ポテンシャル $W(x)$ を持つシュレディンガー作用素 $\hbar\Delta + W$ の小さい固有値について考える．

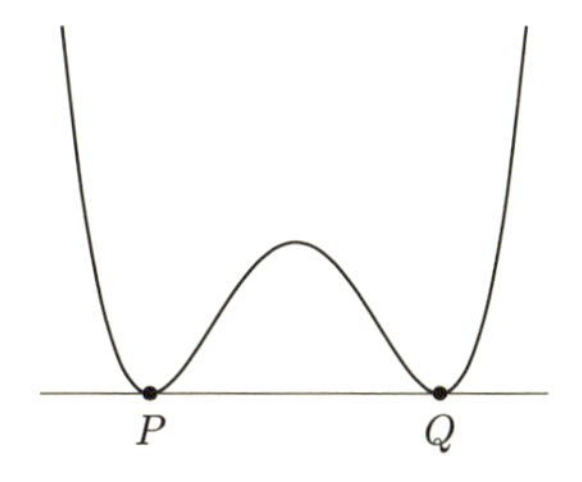

図 5.7　2 重井戸型ポテンシャル $W(x)$.

すると，$\hbar \to 0$ である半古典近似においては，最小固有値がほぼ 0 で，さらにそれに対応する固有関数が，古典力学的対象である W が最小値をとる点 P, Q それぞれに集中した関数 φ_P, φ_Q[60] であろうことはなんとなく推察できるであろう．もし，この 2 つの関数の台の共通部分が空集合であれば，それぞれの固有空間が完全に分離され，それを敷衍して，219 ページの中ほどの段落で述べたような漸近展開における両辺の作用素に関する共通の有限次元不変部分空間が存在すると考えられる．しかし，固有関数はどんな開区間においても恒等的に 0 にはならないため，φ_P, φ_Q の台の共通部分が空になることはない．なぜなら，固有関数がある区間上恒等的に 0 であれば，楕円型微分作用素の一意接続定理 (unique continuation theorem) により，その関数は定義域全体でも恒等的に 0 でなくてはならないからである．したがって，実際の状況では上のようなことは起きないが，それでも φ_P, φ_Q の値は，それぞれ P, Q から離れた点では $\hbar \to 0$ で指数的に減衰，

[60] それぞれ点 P および Q に局所化されているという．

すなわち $O(e^{-1/\hbar})$[61] であることが示され，それらの点では関数の積 $\varphi_P\varphi_Q$ の値がほぼ0となり，近似的にはそれぞれの台の共通部分が空ということになる．この近似誤差が先に述べた非摂動的誤差である．

ハーパー作用素の場合は，その表象 (symbol) は，式 (5.23) において，右辺の微分作用素を余接空間の元 ξ で置き換えた $-(2\cos(\sqrt{\hbar}\xi)+2\cos(2\pi\sqrt{\hbar}u))$ となるが，この関数の最小値をとる点 $(u,\xi)=\left(\frac{n}{\sqrt{\hbar}},\frac{2n\pi}{\sqrt{\hbar}}\right)$, $n\in\mathbb{Z}$ が上記の W における井戸の底の点 P, Q に対応する．このような点は無限個存在するので，いわば無限重井戸 (infinite well) 型ポテンシャルに対する上記のような半古典解析をする必要がある．このときも技術的複雑度は増大するが，やはり上記と同様な議論が可能であり，式 (5.24) が正当化される．

この考え方は，例えば古田幹雄氏の著書 [46] では「超対称調和振動子 (supersymmetric harmonic oscillator) による局所化」として述べられている．ただし，「超対称」の部分はここでの議論とは別の文脈であらわれるものなのでその説明は省略する[62]．さらにこの種の議論は，エルフェール・ショストランドによるウィッテンのモース理論[63]に対する物理的解釈の数学的説明 [240]，サイモン (B. Simon) による一連の仕事 ([387], [388], [389])，ビスミューらによるレイ・シンガー予想 (Ray-Singer conjecture)[64] [105] の別証明およびその拡張など，多くの問題に応用されている．関連研究は，ここで例示したもの以外にもかなり存在すると思われるが，筆者の知識不足のため，述べきれないので読者の調査にまかせる．

5.6.8　リー積分とチェンの反復積分

本節の参考文献は [141], [97], [20] であり，ここでは主に [97] にしたがった．

---

[61] 特に，$O(\hbar^\infty)$ である．

[62] 最近，数学と物理学での超対称性を比較した興味深い文献 [268] を見つけた．

[63] [418] 参照．また，モース理論のサーベイに関しては [35, 第 24 章「測地線・モース理論」] 参照．

[64] コンパクトリーマン多様体上で定義されるライデマイスタートージョン (Reidemeister torsion) と解析的トージョン (analytic torsion) の一致に関する予想で最初の証明は，チーガーとミュラー (Müller) により独立に与えられていた．こちらについては巻末の文献案内における第 2 章の補足説明で述べるウィッテンの講演ビデオでも解説されている．

リー積分の定義

5.4.2 項で行ったアーベル群の場合の標準的切断 s_χ の構成を離散ハイゼンベルグ群 $\mathrm{Heis}_3(\mathbb{Z})$ に拡張するため，式 (5.10) で用いた線積分 $\int_{p_0}^{p} \omega$ の拡張に相当するリー積分 (Lie integral) について説明する．

微分可能多様体 M 上の曲線 $\alpha : [a,b] \to M$ に対し，その定義域である閉区間 $[a,b]$ の分割

$$\Delta : a = t_0 < \cdots < t_n = b$$

を考える．ここで $|\Delta| := \sup\{|t_i - t_{i-1}| \mid i = 1, \ldots, n\}$ とおき，分割 Δ の幅とよぶ．リー群 G のリー環 $\mathrm{Lie}(G)$ に値をとる 1 次微分形式 ω [65]に対し，その右リー積分 (right Lie integral) ${}_R\int_\alpha \omega$ を

$$\begin{aligned}
{}_R\int_\alpha \omega &= {}_R\int_a^b \omega(\alpha'(t))\, dt \\
&= \lim_{|\Delta| \to 0} \prod_{i=n}^{1} \exp(\omega(\alpha'(t_i^*))(t_i - t_{i-1})) \qquad (5.26) \\
&= \lim_{|\Delta| \to 0} \exp(\omega(\alpha'(t_n^*))(t_n - t_{n-1})) \cdots \exp(\omega(\alpha'(t_1^*))(t_1 - t_0))
\end{aligned}$$

で定義する．この式の右辺は，通常のリーマン積分 (Riemann integral) が区間の分割に伴うリーマン和の極限として定義されることの類似であり，通常の和の代わりにリー群における積が用いられている．またそこにあらわれる $t_i^* \in [t_{i-1}, t_i)$ も，リーマン積分の場合と同様，ω が連続であれば，その選び方によらず同じ極限値に収束する．さらに，左リー積分 (left Lie integral) ${}_L\int_c \omega$ も，上式の最右辺の積の順序を逆にしたもの

$$\lim_{|\Delta| \to 0} \exp(\omega(\alpha'(t_1^*))(t_1 - t_0)) \cdots \exp(\omega(\alpha'(t_n^*))(t_n - t_{n-1}))$$

として定義される．

[65] 以下，$\mathrm{Lie}(G)$ 値 1 次微分形式とよぶ．

平行移動による接続の定義

このリー積分 ${}_R\int_\alpha \omega$ は，ω を G 主束 $P=(P,\varpi,M)$ に持ち上げて得られる，$\mathrm{Lie}(G)$ 値1次微分形式 ω を接続形式 (connection form) とする接続に関する平行移動と関連する．これは2.4.3項で述べた接続の2つの導入法のうち

「平行移動を先に定義してそれを用いて共変微分を定義する」

ことに属するものである．以下，その説明を行う．

G 主束 (P,M,ϖ), $\varpi:P\to M$ に対し，その上で定義された接続 $\mathcal{H}$ とは以下の条件を満たす P の接空間 T_pP の直和分解の集まりである．P の点を $p=(x,g)$, $x\in M$, $g\in G$ であらわすとき，

$$
\begin{aligned}
&(1)\quad T_pP = V_p \oplus H_p,\\
&(2)\quad H_{R_h(p)} = d_pR_h(H_p),\\
&(3)\quad p\mapsto H_p \text{は滑らかに依存する．}
\end{aligned}
$$

ここで $V_p=\mathrm{Ker}(d_p\varpi) := (d_p\varpi)^{-1}(0)$ である．この V_p は垂直部分空間 (vertical subspace) とよばれ，ファイバーの接空間と同一視できる．一方 H_p は水平部分空間 (horizontal subspace) とよばれ，M の接空間 $T_{\varpi(p)}M=T_xM$ と線形同型である．また R_h は $h\in G$ による右移動 $R_h(g)=gh$ であり，さらにこれは P への G の右作用 $R_h(p)=R_h((x,g))=(x,gh)$ に持ち上がる．

接続形式

次に P 上のリー環 $\mathrm{Lie}(G)$ 値1次微分形式 $\widetilde{\omega}$ を次で定義する．リー環 $\mathrm{Lie}(G)$ の元は通常 G 上の左不変ベクトル場 Y と同一視されるが，これは G の単位元 e での接空間 T_eG の元 Y_e の右移動 $Y_g=d_eR_g(Y_e)$ であらわされるので，リー環 $\mathrm{Lie}(G)$ はベクトル空間としては T_eG と同一視できる．そこで，$p=(x,g)\in P$ において，接続 $\mathcal{H}$ に関する直和分解

$$
T_pP \ni Y_p = Y_p^v + Y_p^h,\quad Y_p^v\in V_p,\ Y_p^h\in H_p
$$

を考える．そして，条件

$$\widetilde{\omega}_p(Y_p^v) = (d_e R_g)^{-1}(Y_p^v) \in \mathrm{Lie}(G), \quad \widetilde{\omega}_p(Y_p^h) = 0$$

で定まるものとして微分形式 $\widetilde{\omega} = (\widetilde{\omega}_p)_{p \in P}$ を定義する．この微分形式は

$$R_h^* \widetilde{\omega} = \mathrm{ad}^*(h^{-1})\, \widetilde{\omega} \tag{5.27}$$

を満たす．ただし，ad^* は $\mathrm{Lie}(G)$ の双対空間への余随伴作用 (coadjoint action) をあらわす．この微分形式 $\widetilde{\omega}$ を接続 $\mathcal{H}$ の接続形式という．逆に，P 上の $\mathrm{Lie}(G)$ 値 1 次微分形式で (5.27) を満たすものは，ある接続の接続形式になる．

$P \ni p = (x, g)$ と $c(a) = x$ を満たす M 内の曲線 $c : [a, b] \to M$ に対し，P 内の曲線 $\tilde{c} : [a, b] \to P$, $\tilde{c}(a) = p$, $\widetilde{\omega}(\tilde{c}'(t)) \equiv 0$, $\varpi(\tilde{c}) = c$ を満たすものが唯一つ存在する．このとき，p の曲線 c に沿う（$c(t)$ までの）平行移動 $P\big|_{c(a)}^{c(t)}$ を $P\big|_{c(a)}^{c(t)} p = \tilde{c}(t)$ で定義する．ここで，曲線 c に沿う $\mathrm{Lie}(G)$ 値 1 次微分形式 ω を $\omega_{c(t)} = \widetilde{\omega}_{\tilde{c}(t)}$ で定義すると

$$\tilde{c}(t) = \left(c(t), \left({}_R\!\int_{c(a)}^{c(t)} \omega \right) g \right)$$

とあらわされる．これはリー積分の幾何学意味を述べたものと言える．

この定義は曲線 c の選び方に依存するので，このままでは ω が M 上で定義されるわけではないが，もし $\widetilde{\omega}$ の曲率 2 形式 (curvature 2-form) $\widetilde{\Omega} = d\widetilde{\omega} + [\widetilde{\omega}, \widetilde{\omega}]$ が恒等的に 0，すなわち平坦であれば，曲線 c のホモトピー類にしかよらないので，それを指定すれば ω が M 上で定義されることになる．$\widetilde{\omega}$ が平坦のとき，それから定まる ω も平坦，すなわち $d\omega + [\omega, \omega] = 0$ を満たす．逆をたどれば，M 上の平坦な $\mathrm{Lie}(G)$ 値 1 次微分形式から，P 上の $\mathrm{Lie}(G)$ 値 1 次微分形式として平坦な接続形式が定まる．

最後に，2.4.4 項で定義したリーマン接続とここでの接続の関連についての説明する．T_xM の正規直交基底をなすベクトルの組（正規直交枠 (orthonormal frame)）$e_1, \ldots, e_n$ からそれらの元を列ベクトルとする n 次直交行列 O が定まるが，それら全体のなす n 次直交群 $O(n) = O(n)_x$ をファイバーとする $O(n)$ 主束を直交フレーム束 $F_O(M)$ という．この $F_O(M)$ に同伴するベクトル束が接束 TM である．そして，M 上の曲線 c に沿うリーマン接続による平行移

動 $P|_{c(a)}^{c(t)}$ は，ここで定義した $F_O(M)$ での接続による c に沿う平行移動を $\tilde{P}|_{c(a)}^{c(t)}$ とすれば

$$P|_{c(a)}^{c(t)}(v) = d\pi((\tilde{P}|_{c(a)}^{c(t)}(I), v)) \in F_O(M) \times \mathbb{R}^n/\sim\, = TM$$

となる．ここで π は同伴ベクトル束の定義にあらわれる自然な射影 $\pi : F_O(M) \times \mathbb{R}^n \to F_O(M) \times \mathbb{R}^n/\sim\, = TM$ であり，また I は $O(n)$ の単位元，すなわち単位行列である．

π_1-ド・ラームの定理とチェンの反復積分

以下の定理は $\Gamma = H_1(M, \mathbb{Z})$ の場合のド・ラームの定理 (de Rham's Theorem)（の1つの言い換え）の離散べき零群への拡張である．

定理 5.24　π_1-ド・ラームの定理 (π_1-de Rham's Theorem)

コンパクト微分可能多様体 M，離散べき零群 Γ および準同型写像 $\Phi : \pi_1(M) \to \Gamma$ が与えられているとき，ある単連結べき零リー群 G で Γ を一様格子として含むものおよび平坦 Lie(G) 値1次微分形式 ω が存在して，

$$\Phi(\alpha) = {}_R\!\int_\alpha \omega \tag{5.28}$$

と書ける．

ここで，既に述べたように，G は Γ から一意的に定まり，Γ のマルシェフ完備化とよばれている．前項で述べたように式 (5.28) の右辺にあらわれる ω から平坦な接続形式 $\tilde{\omega}$ が定まる．さらに平坦条件より，右辺の右リー積分の値は，始点と終点を結ぶ曲線のホモトピー類にのみ依存する．この定理の証明に関しては参考文献 [97], [141], [20] を参照されたい．ただし，後半の2つの文献では，この定理が別の表現法で述べられている．

リー積分を具体的に計算する方法として K. T. チェン (K. T. Chen) の反復積分 (iterated integral) 表示がある．まず（実数値）1次微分形式 $\eta_1, \ldots, \eta_n$ に対する反復積分を

$$\int_\alpha \eta_1 \cdots \eta_n := \int_S f_1(t_1) \cdots f_n(t_n)\, dt_1 \cdots dt_n$$

で定義する．ここで，S は単体 $\{(t_1, \ldots, t_n) : a \leq t_1 \leq \cdots \leq t_n \leq b\}$ であり，$f_i(t) = \eta_i(\alpha'(t))$ である．これは微積分の講義で学ぶ多重積分に他ならない．また，リー積分の反復積分表示は，上記のように ω を接続形式 $\tilde{\omega}$ と対応させれば，その接続に関する平行移動をあらわす 1 階の常微分方程式を積分方程式 (integral equation) に変換し，その方程式のピカール (Picard) の反復法による解の表示に他ならないことに注意しておく（[20] 参照）[66]．

例 5.25

$G = \mathrm{Heis}_3(\mathbb{R})$ の場合は以下のようになる．まずリー環 $\mathrm{Lie}(\mathrm{Heis}_3(\mathbb{R}))$ 値 1 次微分形式 ω を

$$\omega = \begin{pmatrix} 0 & \omega_1 & \omega_3 \\ 0 & 0 & \omega_2 \\ 0 & 0 & 0 \end{pmatrix}$$

と表示する．ここで ω_i $(i = 1, 2, 3)$ は実数値 1 次微分形式である．

$$\begin{aligned} {}_R\!\int_\alpha \omega &= I + \int_\alpha \omega + \int_\alpha \omega\omega \\ &= \begin{pmatrix} 1 & 0 & 0 \\ 0 & 1 & 0 \\ 0 & 0 & 1 \end{pmatrix} + \begin{pmatrix} 0 & \int_\alpha \omega_1 & \int_\alpha \omega_3 \\ 0 & 0 & \int_\alpha \omega_2 \\ 0 & 0 & 0 \end{pmatrix} + \begin{pmatrix} 0 & 0 & \int_\alpha \omega_2\omega_1 \\ 0 & 0 & 0 \\ 0 & 0 & 0 \end{pmatrix} \\ &= \begin{pmatrix} 1 & \int_\alpha \omega_1 & \int_\alpha \omega_3 + \int_\alpha \omega_2\omega_1 \\ 0 & 1 & \int_\alpha \omega_2 \\ 0 & 0 & 1 \end{pmatrix}. \end{aligned}$$

[66] さらに定義式 (5.26) を見れば，極限をとる前はべき零行列の指数関数の積に他ならないので，リー積分とはおおよそ行列の指数関数であり，以下の例 5.25 の計算は線形代数学でのその計算の類似とも見なせる．

5.6.9 アーベル群と離散ハイゼンベルグ群の対比

離散ハイゼンベルグ群 $\mathrm{Heis}_3(\mathbb{Z})$ に対する標準的切断 s_{ρ_h} の構成は，アーベル群の場合の標準的切断 s_χ の構成 (5.9), (5.10) における1次微分形式の線積分を1次微分形式に関する反復積分あるいはリー積分で置き換え，指標 χ に関連する関数 $\exp(2\pi\sqrt{-1}\int_{p_0}^{p}\omega)$ を $\rho_h({}_R\int_{p_0}^{p}\omega)$ で置き換えればよい．

ただし，アーベル群での平坦条件 (5.28) は ω が閉微分形式という条件であり，さらにその選択は一意的ではない．アーベル群の場合はその選択肢として調和微分形式を用いた．離散ハイゼンベルグ群 $\mathrm{Heis}_3(\mathbb{Z})$ において後者に相当するものは，前項の例 5.25 において ω_1, ω_2 は調和微分形式，ω_3 は余完全微分形式 (co-exact differential form)，すなわちある2次微分形式 η が存在して，$\omega_3 = \delta\eta$ と書けるものである．さらに ω_1, ω_2 は，L^2-内積 (L^2-inner product) に関して直交するように選ぶことができる（[141] 参照）．これらの性質は固有値の摂動計算において，その簡易化に役に立つ．

次に摂動計算の実行手順について説明する．アーベル群の場合 (5.8) での $L_\chi = s_\chi^{-1} \circ \Delta_\chi \circ s_\chi$ は複素数値関数に作用したが，離散ハイゼンベルグ群 $\mathrm{Heis}_3(\mathbb{Z})$ における対応する作用素 L_{ρ_h} は ρ_h の表現空間である $L^2(\mathbb{R})$ 値関数（変数は M の点）に作用することになり，ヘッシアンもそれ自体 $L^2(\mathbb{R})$ に作用する調和振動子になる．この計算は，本質的に（商多様体 (quotient manifold) M の幾何学に関連する計算[67]（[287] 参照）を加味した形での）ハーパー作用素の摂動計算と言えるものであり，物理ではシュレディンガー (Schrödinger) の方法とよばれている ([359], [369])．

これを調和振動子の固有関数展開を用いて分解し，それぞれをアーベル群で用いたラプラスの方法で計算すると，結果として調和振動子の固有値の逆数の2乗の寄与があることがわかる．さらにそのトレースを計算すると，調和振動子のスペクトルゼータ関数の2での値[68]があらわれる．ただし，ここまではあくまで形式計算であり，定理 5.20 および注意 5.21 で述べた議論により有限次元既約ユニタリ表現に置き換えることにより正当化される．さらに，その結果をセル

[67] アーベル群の場合に，5.3.6 項，5.3.7 項で行った計算に類似の計算．

[68] この2は $d/2 = 4/2 = 2$ であり，また $d = 4$ は離散ハイゼンベルグ群 $\mathrm{Heis}_3(\mathbb{Z})$ の多項式増大度である（例 5.8，定理 5.10 参照）．

バーグ跡公式 (5.15) のスペクトル側に適用すれば定理 5.10 が得られる.

また命題 5.11 の証明では，$\Gamma = \mathrm{Heis}_3(\mathbb{Z})$ の中心には属していない元の共役類は，Γ のアーベル商 $\Gamma/[\Gamma,\Gamma]$ の有限拡大群 (finite extension group) の元と同一視できることが比較的簡単な計算によりわかるので，アーベル群 $\Gamma/[\Gamma,\Gamma] \simeq \mathbb{Z}^2$ に対する既存の方法が適用できる[69].

---

[69] 詳しくは筆者の準備中の論文 [272], [273] を参照.

文献案内と今後考えられうる方向性

本書全体が文献案内であるとも言えなくもないが，全体としてかなりの分量であるので，読者の便宜のため，各章のキーとなる文献について説明し，さらに併せて筆者の思いつく今後の研究課題を提示したい[1)]．今後の方向性の提示にあたって，この機会に是非紹介させていただきたい資料がある．1981 年の大域解析シンポジウム報告集にある，青本和彦先生の「積分幾何に関連する問題」[2)]と題する論説である．40 年以上前に書かれたものであるが，何度拝読しても示唆されることが多く，現在でも輝きを失っていないように思う．この素晴らしい論説には及ぶべくもないが，以下で筆者の独断と偏見で考えられうる方向性について私見を述べたい．

第 1 章

幾何学の発展に歴史に関しては砂田 [402]，非ユークリッド幾何学に関しては足立 [2]，曲線および曲面論に関しては梅原・山田 [5] が参考になると思われる．さらにつけ加えて，大森 [10] はガウスの驚愕定理の意味など，幾何学の面白さが生き生きと描写されておりお勧めである．

第 2 章

リーマンの講演に関しては，はじめて読んだとき，ある程度リーマン幾何学を学んだ後，あるいは本書の執筆時などそれぞれ印象が異なるが，リーマン論文集 [61] 所収の他の論文や（[62] にある）ワイルの解説なども参考にしてゆっくり眺められるとよいと思われる．多様体論に関しては本文中にも引用した [28], [52],

---

1) 文献，索引，人名表記については，xii ページ参照．

2) この論説は，青本先生のご承諾と柳田伸太郎さんのご厚意により，彼のウェブページ `https://www.math.nagoya-u.ac.jp/~yanagida/others-j.html` からダウンロード可能である．

[30], [51] の他，新しい教科書として [43], [39] も出版された.

リーマン幾何学の入門書としてはやはり本文中にも引用した [28], [11], [26] の他，[53] にもリーマン幾何の速習コースという章があり，わかりやすくまとまっている.

その他，第 2 章末で紹介したヤウの講演が含まれる

Math-Science Literature Lecture Series

https://cmsa.fas.harvard.edu/event_category/math-science-literature- lecture-series/

の講演中では特に以下のものがお勧めである.

Edward Witten,
Title: Isadore Singer's Work on Analytic Torsion

ウィッテン (Witten) は現代最高ともいわれる物理学者である．彼の物理学の講演は筆者には難しいが，数学に関する講演は他の講演[3] も含めてどれも非常に明快であり，特に推奨できる.

第 3 章

(1) 位相的はめ込みや埋め込みに関して，本文でも述べたようにコーエンの Math-Science Literature Lecture Series での講演 [150] で述べられたはめ込み予想に対して，複数の数学者からその証明の成否に関する疑義が出されている ([158], [313])[4].

(2) ナッシュの等長埋め込み定理に関しては，本文中にも述べたようにデ・レリス [162] が大変明快である．またグロモフ [217] はやはり難しいが，一度は眺めて見られるとよいのではないかと思われる.

---

[3] 例えば [419].

[4] [158] において著者は，上記の講演に関し "Cohen had discussed aspects of his proof that every n-manifold can be immersed in $\mathbb{R}^{2n-\alpha(n)}$, where $\alpha(n)$ denotes the number of 1's in the binary expansion of n." という慎重な言い方をしており，さらにその疑義の根拠となる結果を述べている.

(3) 本文中でも述べたように，ナッシュの方法は，楕円型評価が成立しない状況においても積分による平均による平滑化効果 (smoothing effect) を用いて解析ができることを示している．他に，楕円型評価式の代用と言えそうなものとしては一意接続定理や逆問題 (inverse problem) の解析によく用いられる様々な形のカーレマン評価 (Carleman estimates)[5)] という不等式も知られているが，比較してみると面白いかもしれない．

第 4 章

(1) グロモフ・ハウスドルフ距離は講義録 [211] で紹介され，一気にリーマン幾何学を席巻した．ただし，[211] 以降，深谷，チーガー，コールディングをはじめとする多くの人々の貢献で非常に発展し改めて再録する必要がないと思われたのか，その後の改訂版 [215] では省かれている．グロモフ・ハウスドルフ距離に関係する幾何学の解説は既に数多く出版されており，例えば [47][6)], [189], [190], [368], [9], [19] がある．さらに最近，本多正平氏の著書 [50] が出版された．かなり最近の情報まで紹介されており，現状においてはまずこの文献を眺められることをお勧めする[7)]．

(2) 本文ではあえて強調はしていないが，リーマン幾何学と密接に関連する分野としてスペクトル幾何学とよばれるものがある．参考文献としては和書では [34], [6], [7]，洋書では [101], [126], [102], [430], [361], [155], [386], [227], [228], [431], [173] などがある．

(3) 本文でも取り上げたように深谷のラプラシアンの固有値の収束の研究 [187] の中で測度つきグロモフ・ハウスドルフ距離が導入され，さらにここで述べられたリッチ曲率との固有値の収束に関する予想は，チーガー・コールディングの研究の動機の 1 つとなったと思われる．その後も，このような固有

---

5) [404], [70] などを参照．後者については高瀬裕志氏に教えていただいた．

6) この文献は初期のものであるが，コンパクトにまとまっていて読みやすく，また関連するギャロ (Gallot) の研究についても解説されているので挙げておいた．現在，複数の大学図書館に所蔵されており，大学間ネットワークなどを通じて閲覧可能と思われる．

7) さらにその後の文献として，いくつかの未解決問題に対する研究である [166], [118] を例示したい．また，本多氏は [252] も興味深いのではとのご意見であった．

値，スペクトルなどの解析的不変量と多様体の収束や熱核の研究はアレクサンドロフ空間やRCD空間などの特異空間 (singular space) への拡張を含めてかなり発展している．

(4) 一方，リーマン多様体のスペクトル幾何学の結果の中で，特異空間への拡張が困難であろうと考えられているものは，波動方程式 (wave equation) などの双曲型方程式 (hyperbolic equation) や超局所解析 (microlocal analysis) を用いて得られているものである．多様体に関しては，例えばラプラシアン固有値の数え上げに関するワイルの漸近評価式 (Weyl's asymptotic formula)[8)] は，
  (a) ワイル自身により用られた方法である多様体や領域を分割してユークリッド空間の解析に帰着する方法，
  (b) 熱核の短時間漸近挙動を調べ，それを用いる方法，
  (c) 波動作用素 (wave operator) を用いる方法

の3通りの方法が知られているが，通常 (c) の方法が最も精密な情報を得るのに適しているとされている．おそらく，上記の方法のうち (a), (b) については特異空間への拡張が得られているように思われるが，(c) の場合，特異点の周りでの波の回折 (diffraction) 現象などもあり，直接的な拡張は難しそうである．

(5) 現在 (c) の方法で研究されている話題であっても，問題自体は特異空間でも意味を持つものが多い．例えば，以下のゼルディッチ (Zelditch) の定理 [429]，ヤウの問題 [426] の特異空間版はいかがであろうか？

n 次元測度距離空間 $M = (M, d, m)$ 上のラプラシアンの固有値の値を下から順に並べ，k 番目の値をとる固有値の個数（重複度）を $m_k(M)$ とする．

8) 英語版 Wikipedia，“Weyl law” `https://en.wikipedia.org/wiki/Weyl_law` 参照．

問題 A.1

(a) ある $a > 0$ が存在して

$$m_k(M) = ak^{n-1} + O(k^{n-2})$$

を満たせば M はツォル多様体 (Zoll manifold) であるか？
ただし，ツォル多様体とは測地流 $\varphi_t : UM \to UM$ が周期的な多様体のことである．また測地流 φ_t とは，単位球面束 (unit sphere bundle) UM の点 $x = (p, v)$ に対し，この点を初期値とする測地線 γ，すなわち $\gamma(0) = p$, $\gamma'(0) = v$ を満たすものの t での点 $(\gamma(t), \gamma'(t)) \in UM$ を対応させる写像である．この問題に対して，M がリーマン多様体の場合は [429, Theorem A] で解答が得られている．

(b) ヤウの問題 [426, Problem 41]：M が 2 次元で

$$m_k(M) = m_k(S^2, g_{\mathrm{can}}) = 2k + 1$$

であれば，M は標準球面 $S^2 = (S^2, g_{\mathrm{can}})$ に等長であるか？

(6) グロモフ・ハウスドルフ収束は，非コンパクト空間を含む空間列に関しても定義は同様であるが，この場合，それとは別に点つきグロモフ・ハウスドルフ収束 (pointed Gromov-Hausdorff convergence) という概念もよく用いられている．

その定義はここでは省略する[9)]が，例えて言えば，通常のグロモフ・ハウスドルフ収束がおおよそ関数列の一様収束のようなものとすれば，点つきグロモフ・ハウスドルフ収束は広義一様収束にあたる．関数列の場合同様に目的に応じて使い分ける必要がある．

例えば接錐 (tangent cone) の構成には点つきグロモフ・ハウスドルフ収束が用いられるが，一方，大域的情報である負曲率多様体の無限遠境界 (boundary at infinity) と内部の関係を調べるような場合，通常のグロモフ・ハウスドルフ収束の方が適しているように思われる．他にも非コンパ

[9)] 定義については [189] などを見られたい．

クト多様体上のラプラシアンの本質的スペクトル (essential spectrum) などの大域的量に関しては，グロモフ・ハウスドルフ収束のみが関係する．

(7) グロモフ・ハウスドルフ距離やその拡張である測度つきグロモフ・ハウスドルフ距離があまり有効に働かないと考えられている状況として，
(a) 次元が無限大まで増大するような多様体の列，
(b) 曲率の下限がマイナス無限大まで発散するような多様体の列
の 2 つの場合が知られている．(a) については 4.12 節で，(b) については 4.5 節で述べたが，(a) についてもう少し状況を説明したい．

4.12 節で (a) は「測度の集中現象」というものに動機づけられていると説明したが，この現象と適合する位相として，グロモフは集中位相 (concentration topology)[10] を導入した．

数川大輔 [281] はこの位相に関し，2 つの測度距離空間列 $\{M_n\}$, $\{N_n\}$ のそれぞれが測度距離空間 M, N[11] に収束するとき，直積測度空間列 $\{M_n \times N_n\}$ が $M \times N$ に収束することを示した．この結果は，有限次元的な感覚からは一見自明にも見えるが，[215] でのグロモフの結果を含むことからもそうでないことは明らかと言える．その困難な点に関し，筆者なりに以下のように解釈してみた[12]．

困難の原因は有限次行列ではよく知られた行列式の積公式

$$\det(AB) = \det(A)\det(B) \tag{A.1}$$

が無限次行列では必ずしも成立しないことにあると考える[13]．実際，無限次行列での式 (A.1) の反例には次のようなものがある．

(i) $A = \mathrm{diag}(a_1, a_2, \ldots)$, $B = \mathrm{diag}(b_1, b_2, \ldots)$ が共に対角行列の場合，上式の左辺は $a_1 b_1 a_2 b_2 \cdots$ であり，右辺は $a_1 a_2 \cdots b_1 b_2 \cdots$ であるが，両辺の対数をとれば級数になる．これは和の順序交換に相当し，条件収束

---

10) 4.12 節で述べた観測距離に基づく位相である．

11) 一般的には，極限空間はより一般的な空間概念であるピラミッド (Pyramid) という対象であることが知られている [382]．

12) 集中位相については現状は研究途上であり，この私見が間違っている可能性もあることも心に留めておいていただきたい．

13) この式は直積測度に関してはその密度の積公式と対応していると考えている．

の場合は一般には一致しない.

(ii) $\det(e^A) = e^{\mathrm{tr}(A)}$ およびキャンベル・ベイカー・ハウスドルフ公式 (Campbell-Baker-Hausdorff formula)

$$e^{tA}e^{tB} = e^{t(A+B)+(1/2)t^2[A,B]+o(t^2)}$$

に注意して, $A = e^P$, $B = e^Q$ とおけば上式は $\mathrm{tr}(PQ) = \mathrm{tr}(QP)$ を導く. もちろん有限次行列の場合には, この等式は成立する. 他方, 無限次行列に関しては, 量子力学 (quantum mechanics) の基礎方程式であるハイゼンベルグの交換関係

$$PQ - QP = [P, Q] = \sqrt{-1}\, I$$

において両辺のトレースをとればわかるように, 一般には成立しない[14).]

(8) 以上とは別に, コンセヴィッチ (Kontsevich)・ヴィシック (Vishik) は, 擬微分作用素 (pseudo differential operator) の正規化行列式 (regularized determinant) に関し, [285], [286] で式 (A.1) の成立の可否および不成立の場合に両辺の違いをあらわす不変量の研究をしている. [286] については 2024 年 10 月現在 MathSciNet[15)] での引用数が 105 に達し, 関連研究も数多くある.

以前より, 行列式については膨大な研究[16)]が蓄積されてきているが, 集中位相との関連で新たな観点が得られるかもしれないと個人的には期待している.

第 5 章

(1) 本章の基本文献は砂田 [34] である. この書には本章の前半部分の無限次ア

[14)] [42] では, この議論を用いて量子力学が有限次元では実現できないという説明を与えている.

[15)] アメリカ数学会 (AMS) の有料データベース, 数学科がある大学ではたいてい契約している. アクセスできない場合は無料データベース zb Math (`https://zbmath.org/`) などである程度は代用できる.

[16)] 例えば, p.230 で紹介したウィッテンの講演のタイトルにある analytic torsion（解析的トージョン, レイ・シンガートージョン (Ray-Singer torsion) ともよばれている）も行列式の変種である.

ーベル拡大の話題や等スペクトル多様体 (isospectral manifolds) の構成，さらにはそれらの底流としての数論，幾何学の情報が整理された形で詰め込まれている．是非，この書と比較されながら本章を読まれるとよいと思われる．なお，同著者に関連する文献としては，[274], [401] などがある[17)].

(2) 本章では，チェボタレフの密度定理の幾何学版を，有限次拡大，無限次アーベル拡大，ハイゼンベルグ拡大と一般化している．この先のさらなる拡張に関しては，本章でも少し述べたように，熱核の長時間漸近挙動との対比を考えるとよい．

念のため定式化を復習する．Γ を有限生成離散群とする．

(a) 熱核：コンパクト多様体あるいは有限グラフ M 上の Γ 被覆 $\varpi : X \to M$ に対し，X 上の熱核 $k_X(t,p,q)$[18)] の長時間後の振る舞いを調べる．すなわち，以下の問題を考える．

問題 A.2

$k_X(t,p,q)$ の $t \to \infty$ での漸近挙動はどのようなものであるか？

(b) 素閉測地線：コンパクト負曲率多様体 M および，Γ の元の共役類 α および全射準同型 $\Phi : \pi_1(M) \to \Gamma$ に対し，

$$\pi(x,\Phi,\alpha) = {}^\sharp\{\mathfrak{p} \mid \Phi([\mathfrak{p}]) \subset \alpha,\ \ell(\mathfrak{p}) < x\}$$

とおく．ここで，$\mathfrak{p}$ は M の素閉測地線で，$[\mathfrak{p}]$ は対応する $\pi_1(M)$ の共役類をあらわし，$\ell(\mathfrak{p})$ はその長さをあらわす．このとき，以下の問題を考える．

問題 A.3

$\pi(x,\Phi,\alpha)$ の $x \to \infty$ での漸近挙動はどのようなものであるか？

---

17) 本章は数論と幾何学の交差点に位置する内容である．最近，数論入門事典 [13] および幾何学入門事典 [35] が出版された．適宜参照されたい．

18) p.189，脚注 38) 参照

両者の関係はおおむね以下のようにあらわされる.

$$\frac{\pi(x,\Phi,\alpha)}{\pi(x)} \sim k_X(x,p,q). \tag{A.2}$$

ここで $\pi(x) = {}^\sharp\{\mathfrak{p} \mid \ell(\mathfrak{p}) < x\}$ であり，そのおおよその漸近挙動をあらわすものが素測地線定理であった．例えば $\alpha = 0$ であれば，式 (A.2) の左辺の分子は，M の長さ x 以下の素閉測地線のうち Γ 被覆空間 X にリフトしてもやはり閉測地線になるものを数えており，さらに式 (A.2) はそれらの M の長さ x 以下の素閉測地線全体の中で割合が X 上のブラウン運動（あるいは Γ 上の酔歩）が x 時間後に出発点に戻る確率 $k_X(x,p,p)$ にほぼ等しいということをあらわしたものである.

(3) まず (a) の場合に，1980 年代後半以降に指針となっている結果（[370] 参照）を述べる.

はじめに，次の記号を導入する．$\mathbb{R}$ 上の 2 つの関数 f, g が条件，ある定数 $C_1 > 0, C_2 > 0$ が存在して

$$C_1 f(C_1 x) \le g(x) \le C_2 f(C_2 x)$$

を満たせば，f と g は比較可能である (comparable) とよび，$f \asymp g$ という記号を用いる．このとき，Γ 上の単純酔歩の推移確率 $p(t) = k_\Gamma(t,p,p)$[19] に対し，以下の三分法 (trichotomy) が成立する.

定理 A.4

Γ をリー群 G の一様格子，すなわち G/Γ がコンパクトであるような離散部分群とする．このような離散群は以下の (a), (b), (c) の 3 つのクラスに分類される.

(a) Γ が多項式増大度 d を持てば，$p(t) \asymp \dfrac{1}{t^{d/2}}$ が成り立つ.

(b) Γ が従順群 (amenable group) で指数増大 (exponential growth) ならば，$p(t) \asymp e^{-t^{1/3}}$ が成り立つ.

[19] 出発点に戻ってくる確率 (return probability) ともいわれる.

(c) Γ が非従順群 (non amenable group) ならば，$p(t) \asymp e^{-t}$ が成り立つ．

クラス (a) に属する離散群は概べき零群 (virtually nilpotent group) であり，クラス (b) に属する離散群は多重巡回群 (polycyclic group) とよばれる離散可解群 (discrete solvable group) である．これ以外の離散可解群の中にはリー群 G の一様格子としては実現できないものも数多くあり，$p(t)$ の漸近挙動も上記とは異なる場合もある．この場合に関しては上のような概略的な結果でも，現在までのところ，完全には理解されていないようである．クラス (c) にはいろいろな群が含まれる．例えば種数が 2 以上のリーマン面の基本群[20]もここに含まれる．

(4) 第 5 章の後半で説明した結果（定理 5.17）は離散ハイゼンベルグ群に関する (a) での漸近挙動の精密化である．より一般の離散べき零群に関しては現在論文 [273] を執筆中である．その他にもべき零群に関する結果は数多くある．これらについては，本文中に述べた [330]，および [145] の参考文献などを参照されたい．

(5) 上記の指針 (A.2) と併せると，従順群による拡大に対する $\pi(x, \Phi, \alpha)$ は指数増大することが予想されるが，実際そのことを示した結果がいくつかある．例えば，[171], [355] を参照されたい．

(6) 一方クラス (c) の場合，非従順群場合であり，何となく $\pi(x, \Phi, \alpha)$ はそれほど多くはないだろうと思っていたのであるが，そのことに関してサルナック氏から質問をいただいたので考え直してみた．すると，例えば，注意 5.12 で述べたような種数 2 以上の曲面群から階数 2 の自由群 F_2 への全射準同型写像を考え，その写像に対する F_2 の元の共役類の逆像を考えれば，少なくとも「語の長さ」に関してある程度増大することは，比較的簡単な組合せ的議論でわかりそうである．さらに，「語の長さ」とその語の共役類に対応する閉測地線の「双曲的長さ (hyperbolic length)」の関係は [197] で考察され

[20] 曲面群 (surface group) とよばれる．

ている[21].

(7) 長距離酔歩：捩れのないべき零群 (torsion free nilpotent group) 上の長距離酔歩 (long range random walk) の漸近挙動についても [145] で論じられている．筆者には，アーベル群の場合であっても長距離酔歩に対してブロッホ理論が適用可能かどうか今のところわからない．

(8) その他，昔から興味を持たれているが難問とされている対象として階数が2以上の局所対称空間上の調和解析がある．最近その1つの成果として，これらの空間での"素測地線"定理[22]がダイトマー (Deitmar) や権 寧魯によって得られた [160], [161].

(9) 負曲率多様体の一般化である階数1非正曲率多様体 [363][23]や共役点を持たない (conjugate point free) 曲面 [148] でも"素測地線"定理が得られた．

(10) 素測地線定理の誤差項評価の精密化やそれと密接に関係する双曲力学系の指数的混合性 (exponentially mixing) に関しては数多くの結果がある．ここでは p.163，脚注 4) の中で言及した [256] の再掲と，後者に関する最近の大きな成果である [408] を挙げるにとどめる．

(11) これまでのチェボタレフ型の定理の設定は「全射準同型 $\Phi : \pi_1(M) \to \Gamma$ が与えられた」という仮定の下でのものであったが，サルナック [371] は準同型の代わりに擬準同型 (quasi-morphism) $\Psi : \pi_1(M) \to \Gamma$，すなわち「$\Psi$ は群の演算を保つとは限らないが，その準同型からのずれは一様に評価できる」という状況での密度定理を考察した．

この結果は，ジス (Ghys) の 2006 年の国際数学者会議の基調講演 (plenary lecture) [198] に刺激を受けたものである．この講演では，三葉結び目 (trefoil knot) に関連する絡み数 (linking number)，ある種の力学系の閉軌道，およびラーデマッハー記号 (Rademacher symbol) とよばれる数論

---

[21] この返答に対するサルナックの反応は，文献 [197] はご存じなかったそうであるが，他の議論はおおむね想定内というものであった．

[22] 正確には数えているものは素閉測地線ではなく平坦トーラスのようなこの空間での対応物である．

[23] p.147 で既に説明した．

にあらわれる対象が見事に結びつけられている．このラーデマッハー記号が擬準同型と準同型の差をあらわしている．最近，松坂俊輝と植木 潤はこれらを，トーラス結び目 (torus knot) に拡張する結果 [308] を得た．私見では，この方面のさらなる研究は今後有望ではないかと思われる．

(12) 擬準同型：例えば定理 5.6 や定理 5.10 の証明の中で用いられたド・ラームの定理（5.4.3 項参照）や π_1-ド・ラームの定理 5.24 は「基本群 $\pi_1(M)$ の表現が与えられたとき，それをモノドロミー表現 (monodromy representation)[24] として持つ平坦接続を求めよ」というリーマン・ヒルベルト問題 (Riemann-Hilbert problem) の解を与えたものととらえられる．

一方，擬準同型の「準同型からのずれ」を「平行移動が曲線のホモトピー類だけでは決まらないことによる基本群のケイレーグラフ上でのホロノミー (holonomy) の違い」と考えれば，この違いは「離散的曲率 (discrete curvature)」と考えられる．ジスの講演の設定では，これが上記のラーデマッハー記号にあたる．松坂・植木は，この一般化を与えた．

逆に，擬準同型が与えられたときに，このような平行移動を実現する（平坦とは限らない）接続を求める問題を「変形リーマン・ヒルベルト問題 (modified Riemann-Hilbert problem)[25]」として考察するという方針はいかがであろうか？

ジスの設定ではデデキント (Dedekind) のエータ関数 (eta function) の対数 $\log\eta$ が，また松坂・植木の場合は調和マース形式 (harmonic Maass form) から得られる対象が上記の「変形リーマン・ヒルベルト問題」の解を与えていると思われる．なお，これらの話題については，筆者の準備中の論文 [273] でもう少し詳細を述べる予定である．

擬準同型に関しては，別の流れでもいくつか既存の研究もある．さらに最

---

[24] M 上のベクトル束 $E = (E, M, \pi)$ および E 上の接続 ω に対し，点 $p \in M$ およびその上のファイバー $E_p = \pi^{-1}(p)$ および p を基点とする M 上の閉曲線 c を考える．このとき，c に沿う平行移動から E_p 上の作用が定義されるが，これら全体は作用の合成を積としてリー群をなすことがわかる．このリー群は ω に付随するホロノミー群 (holonomy group) Φ_p とよばれるが，p を動かしても Φ_p は互いに同型である．特に ω が平坦接続であれば，上記の作用は閉曲線 c のホモトピー類にのみ依存するので，これから $\pi_1(M)$ から Φ_p への準同型が定義される．これを $\pi_1(M)$ のモノドロミー表現とよぶ．

[25] ただし，この名前はここで筆者が一時的に名づけたものでおそらく一般的ではない．

近でも，トポロジーやシンプレクティック幾何学との関連[26]など活発に成果が得られている．

(13) チェビシェフの偏り：ディリクレの算術級数定理の素数定理版である定理 5.3 によれば，等差数列の公差を固定したとき，その初項 α が異なっていても，$\pi(x,\alpha)$ の挙動は大きくは違わないこと[27]がわかる．

このことに関してもう少し詳しい挙動に着目したのがチェビシェフ (Chebyshev) である．例えばオイラーが考察した x 以下の 4 で割って 1 余る素数の個数 $\pi(x,1;4)$ と x 以下の 4 で割って 3 余る素数の個数 $\pi(x,3;4)$ の大小を x ごとに比較する[28]．おおよそ 99.59% については $\pi(x,3;4) > \pi(x,1;4)$ であるが，$x \to \infty$ において，いつまでもそれらの大小が入れ替わる区間が生じる．すなわち，素数レースの決着はつかない．この話題に関しては，ルビンシュタイン (Rubinstein)・サルナックの論説 [364] が知られている．また，最近，青木美穂，金子生弥，小山信也，黒川は深リーマン予想 (deep Riemann hypothesis) に関連して興味深い結果を得た．ただし比較対象は $\pi(x,\alpha)$ とは少し異なる数え上げである [85], [289], [262]．これらに関して小山氏は YouTube 動画[29]をアップロードされている．

(14) 論説 [364] には，定理 5.6 にあらわれる $\pi(x,\alpha)$ についても，リーマン面のホモロジー類 α, β が異なれば，十分大きな x に関しては大小は固定され，上記のように無限回入れ替わるようなことはないとコメントされている．実際，ホモロジー類の“大きさ”が異なれば，このことは漸近展開 (5.1) の第 2 項の係数を調べればわかる[30]．一方，ホモロジー類の“大きさ”がほぼ同じ場合は，第 2 項の係数の比較による議論ではうまくいかないように思われる．リーマン面の双曲計量全体の空間をリーマンモジュライ空間 (Riemannian moduli space) とよぶが，この空間の点である双曲計量の選び方

[26] 例えば [280], [307] 参照．

[27] $\alpha \neq \beta$ でも，$\pi(x,\alpha)/\pi(x,\beta) \to 1$ ということを意味する．

[28] チェビシェフの偏り (Chebyshev bias) とよばれるが，「素数レース (prime number race)」と言われることもある．

[29] `https://youtu.be/8poQFGt-cPo`

[30] もっと極端な状況として，ホモロジー類が x とともに動く場合を考えれば，その漸近挙動は中心極限定理や大偏差原理として表現される（[296], [88] 参照）．

に依存する可能性もあると考えられる．このようなことが具体例で示されれば，興味深いと思われる．

(15) ホフスタッターの蝶々[31)]：通常のフロッケ・ブロッホ理論は，離散アーベル群 $\Gamma = \mathbb{Z}^d$ の対称性を持つ周期的作用素 (periodic operator) の解析に用いられる．これはバンド理論ともよばれ，固体物理の教科書にも掲載されていて，おそらく物理学科では必ず学ぶトピックであろう．実際の物性物理の研究では，元の作用素の分解にあらわれる個別の関数空間上の捩れ作用素の固有値の指標 χ に関する振る舞いが調べられている[32)]．その解析において特徴的なキーワードを挙げるとすれば，「フェルミ面 (Fermi surface)」，「平坦バンド (flat band)」，「ディラック錐 (Dirac cone)」などがある[33)]．

これに対し，ホフスタッターの蝶々も離散ハイゼンベルグ群の対称性の分解をあらわしているが，どの程度明確に意識されているかは判然としないところがある．これをある程度説明しているものが，パイトリクの定理 5.19 や命題 5.20 である．

ホフスタッターの蝶々は，1970 年代にホフスタッターにより発見されたが，それが実現されるのは現実離れした強磁場という環境でのものであるため，実験として実現するのは不可能であると長年信じられてきた．しかし，2010 年代半ばに，実現可能な環境でも，グラフェン[34)](graphene)，すなわち六角格子 (honeycom lattice) 状の 2 次元物質をずらして重ね合わせるという状況の電子状態として，よく似たフラクタル (fractal) 状のスペクトル構造を持つ作用素が見いだされ，実験でも実現された [159]．ずらす角度をうまく選ぶとあたかも大きな分子が周期的に配置されているような状況が生じる．これらはモアレ模様 (Moiré pattern) とよばれ，またこのときの角度をマジック角 (magic angle) とよぶ．その後，超電導との関連も見い

[31)] p.216，図 5.6 参照． p.139 の脚注 21) での almost flat manifold 同様，通常日本語でもホフスタッターの蝶々より Hofstadter butterfly とよばれることが多い．

[32)] 指標全体のなす群はユニタリ双対 $\widehat{\Gamma}$ であるが，ブリルアン領域，あるいは指標 χ による分解はフーリエ理論では平面波 (plane wave) 分解と同一視できるので波数空間 (wave number space) ともよばれている．さらに，逆格子空間 (reciprocal lattice space)，k 空間 (k-space) ともよばれている．

[33)] 数学の文献としては [290], [181] などを参照．また関連文献として [16] もある．

[34)] [21] 参照．

だされ，かなり（特に物理の）論文が量産された（数学の文献としては [95] などを参照）.

(16) 一方，元のハーパー作用素に関しても多くの研究があり，最近 [367] という書も出版された．さらにこれ以降も [172] など物理学者による研究も続いている．一方，数学側では，第 5 章でも述べたように，基本的な未解決問題の一つであったカッツの Ten Martini Problem がアヴィーラとジトミルスカヤにより解決されたが，その一人であるジトミルスカヤは 2022 年度の国際数学者会議 (ICM 2022) の基調講演[35)]の中で，いつものようにホフスタッターの蝶々は複数のノーベル賞と 1 つのフィールズ賞に関係していると述べた後に，これからも若い野心的な人はこれを研究対象にするとよいかもしれないと発言している．第 5 章で述べたように，これが非 I 型群のユニタリ表現とも関係していることを鑑みれば，完全解明は程遠いように思われ，彼女の言われるようにまだまだお宝が眠っているかもしれない.

[35)] ICM 2022 のウェブページ https://www.mathunion.org/icm/icm-2022 よりたどり着ける.

参考文献

[1] 阿賀岡芳夫,「リーマン多様体の等長埋め込み論小史, あるいは外史」, http://www.math.tsukuba.ac.jp/~tasaki/yuzawa/2004/agaoka-v3.3.pdf (p. 88)

[2] 足立恒雄,『よみがえる非ユークリッド幾何』, 日本評論社. (pp. 5, 165, 230)

[3] 足立正久,『埋め込みとはめ込み』, 岩波書店, 1984. (p. 122)

[4] 梅原雅顕・一木俊助,『これからの集合と位相』, 裳華房, 2022. (p. 20)

[5] 梅原雅顕・山田光太郎,『曲線と曲面 改訂版—微分幾何的アプローチ—』, 裳華房, 2015. (pp. 6, 14, 230)

[6] 浦川 肇,『ラプラス作用素とネットワーク』, 裳華房, 1996. (p. 232)

[7] 浦川 肇,『スペクトル幾何』(共立講座 数学の輝き 3), 共立出版, 2015. (p. 232)

[8] 太田慎一,「フィンスラー多様体上の幾何解析」,『数学』64 巻 4 号, 337–356, 2012. (p. 153)

[9] 大津幸男・山口孝男・塩谷 隆・加須栄篤・深谷賢治,『リーマン多様体とその極限』(数学メモアール 3), 日本数学会, 2004. (pp. 125, 232)

[10] 大森英樹,『力学的な微分幾何 新装版』, 日本評論社, 2010. (pp. 8, 230)

[11] 加須栄篤,『リーマン幾何学』, (数学レクチャーノート 基礎編 2), 培風館, 2001. (pp. 15, 231)

[12] 加藤文元,『リーマンの数学と思想』(リーマンの生きる数学 4), 共立出版, 2017. (p. 15)

[13] 加藤文元・砂田利一 (編),『数論入門事典』, 朝倉書店, 2023. (p. 237)

[14] 河田敬義,『数論—古典数論から類体論へ—』, 岩波書店, 1992. (p. 196)

[15] 久賀道郎,「弱対称リーマン空間における位相解析とその応用 (A. Selberg の仕事 [3] の紹介)」,『数学』9 巻 3 号, 166–185, 1958. (p. 202)

[16] 窪田陽介,『物性物理とトポロジー—非可換幾何学の視点から—』(SGC ライブラリ 184), サイエンス社, 2023. (p. 243)

[17] 黒川信重,『ガロア理論と表現論—ゼータ関数への出発—』, 日本評論社, 2014. (p. 175)

[18] 黒川信重,『リーマンと数論』(リーマンの生きる数学 1), 共立出版, 2016. (p. 160)

[19] 桑江一洋・塩谷 隆・太田慎一・高津飛鳥・桒田和正,『最適輸送理論とリッチ曲

率』(数学メモアール 8), 日本数学会, 2017. (pp. 125, 154, 232)

[20] 河野俊丈,『反復積分の幾何学』(シュプリンガー現代数学シリーズ 14), シュプリンガー・ジャパン, 2012. (pp. 222, 226)

[21] 越野幹人,『グラフェンの物理学—ディラック電子とトポロジカル物性の基礎—』(物質・材料テキストシリーズ), 内田老鶴圃, 2023. (p. 243)

[22] 小林　治,「Mohr-Mascheroni の定理, Apollonius コンパス, Dürer コンパス—梅原雅顕氏, 山田光太郎氏への返礼—」, 2021 年度福岡大学微分幾何研究集会 (Geometry and Analysis), https://fukuoka-u.app.box.com/s/l38u9i3ayu75sh5x2scrkkcv6d4qvf2n および https://fukuoka-u.app.box.com/s/wsn6pdjh718fdff4tsdjqbfywleoryrm (p. 8)

[23] 小林 治, 芥川和雄, 井関裕靖,『山辺の問題』(数学メモアール 7), 日本数学会, 2013. (p. 156)

[24] 小山信也,『セルバーグ・ゼータ関数—リーマン予想への架け橋—』, 日本評論社, 2018. (p. 202)

[25] 斎藤 憲, 三浦伸夫 (訳・解説),『原論 I–VI』, エウクレイデス全集 1, 東京大学出版会, 2008. (pp. 2, 5)

[26] 酒井 隆,『リーマン幾何学 (数学選書 11)』, 裳華房, 1992. (pp. 15, 135, 137, 231)

[27] 佐藤隆夫,『基本群と被覆空間』, 裳華房, 2023. (p. 178)

[28] 塩谷 隆, 重点解説 基礎微分幾何—曲面, 多様体, テンソル, 微分形式, リーマン幾何—』(SGC ライブラリ 70), サイエンス社, 2009. (pp. 15, 26, 230)

[29] 塩谷 隆,『測度距離空間の幾何学への招待—高次元および無限次元空間へのアプローチ—』(SGC ライブラリ 195), サイエンス社, 2024. (p. 159)

[30] 志賀浩二,『多様体論』(岩波基礎数学選書), 岩波書店, 1990. (pp. 15, 20, 26, 77, 231)

[31] 志賀啓成,『リーマンと解析学』(リーマンの生きる数学 2), 共立出版, 2020. (p. 197)

[32] 清水英男,『保型関数』, 岩波書店, 2017. (p. 199)

[33] N. E. スティーンロッド (大口邦雄 訳),『ファイバー束のトポロジー』(数学叢書 26), 吉岡書店, 1995. (p. 77)

[34] 砂田利一,『基本群とラプラシアン—幾何学における数論的方法』, 紀伊國屋書店, 1988. (pp. 161, 172, 196, 178, 189, 195, 232, 236)

[35] 砂田利一・加藤文元 (編),『幾何学入門事典』, 朝倉書店, 2023. (pp. 56, 222, 237)

[36] 関真一朗,『グリーン・タオの定理』(朝倉数学ライブラリー), 朝倉書店, 2023. (p. 177)

[37] 玉木 大,『広がりゆくトポロジーの世界—言語としてのホモトピー論—』, 現代数学社, 2012. (p. 87)

[38] 玉木 大,『ファイバー束とホモトピー』, 現代数学社, 2020. (p. 77)
[39] L. W. トゥー（枡田幹也・阿部 拓・堀口達也 訳),『トゥー 多様体』, 裳華房, 2019. (p. 231)
[40] S. ナサール（塩川 優 訳),『ビューティフル・マインド—天才数学者の絶望と奇跡—』, 新潮文庫, 2013. (p. 94)
[41] 日本数学史学会（編),『数学史事典』, 丸善出版, 2020. (pp. 2, 5)
[42] 廣島文生,『フォン・ノイマン (1) 知の巨人と数理の黎明』(双書 19・大数学者の数学), 現代数学社, 2021. (p. 236)
[43] 藤岡 敦,『具体例から学ぶ 多様体』, 裳華房, 2017. (pp. 26, 231)
[44] 藤森祥一,「目で視る曲線と曲面（連載第 12 回） Theorema Egreguim」,『数学セミナー』vol. 62, no. 3, 61–67, 日本評論社, 2023. (p. 6)
[45] 藤原耕二,『離散群の幾何学』(現代基礎数学 5), 朝倉書店, 2021. (p. 147)
[46] 古田幹雄,『指数定理』, 岩波書店, 2018. (pp. 83, 222)
[47] M. ベルジェ（述, 辻下 徹 記),『リッチ曲率と位相—M. Berger 教授講義録—』, 大阪大学理学部数学教室, 1982. (p. 232)
[48] 本多正平,「Ricci 曲率が有界な空間の構造」,『数学』67 巻 2 号, 154–178, 2015. (p. 125)
[49] 本多正平,「Ricci 曲率が下に有界である特異空間」,『数学』72 巻 2 号, 158–181, 2020. (pp. 114, 125, 154)
[50] 本多正平,『多様体の収束』(朝倉数学ライブラリー), 朝倉書店, 2023. (pp. 125, 154, 232)
[51] 松島与三,『多様体入門 新装版』(数学選書 5), 裳華房, 2017. (pp. 15, 26, 231)
[52] 松本幸夫,『多様体の基礎』(基礎数学 5), 東京大学出版会, 1988. (pp. 15, 26, 39, 230)
[53] J. ミルナー（志賀浩二 訳),『モース理論—多様体上の解析学とトポロジーとの関連—』(数学叢書 8), 吉岡書店, 2004. (pp. 60, 195, 204, 231)
[54] J. ミルナー・J. D. スタシェフ（佐伯 修・佐久間一浩 訳),『特性類講義』(シュプリンガー数学クラシックス), 丸善出版, 2012. (p. 77)
[55] 日本語版ウィキペディア「明示公式」, `https://ja.wikipedia.org/wiki/%E6%98%8E%E7%A4%BA%E5%85%AC%E5%BC%8F` (p. 197)
[56] 森 重文・藤野 修,「対談：森理論について—森理論誕生から最近の発展まで—」,『数学』69 巻 3 号, 294–319, 2017. (p. 158)
[57] S. T. ヤウ・S. ネイディス（久村典子 訳),『宇宙の隠れた形を解き明かした数学者—カラビ予想からポアンカレ予想まで—』, 日本評論社, 2020. (p. 159)
[58] 山田澄生,『相対論とリーマン幾何学』(数学と物理の交差点 3), 共立出版, 2023. (p. 149)
[59] 山田澄生,「ガウスの Theorema Egreguim」,『数学者の選ぶ「とっておきの数

学」』，数学セミナー編集部（編），98–101，日本評論社，2023. (p. 6)

[60] J. ジョルゲンソン・S. ラング（若山正人 訳），「どこでも熱核」，『数学の最先端 21 世紀への挑戦 2』，136–177，シュプリンガー・フェアラーク東京，2002. (p. 191)

[61] B. リーマン（足立恒雄・杉浦光夫・長岡亮介 編訳），『リーマン論文集』（数学史叢書），朝倉書店，2004. (p. 230)

[62] B. リーマン（菅原正巳 訳），『幾何学の基礎をなす仮説について』，ちくま学芸文庫，筑摩書房，2013. (pp. 15, 44, 230)

[63] B. リーマン（杉浦光夫 訳），「与えられた限界以下の素数の個数について」，[61, pp. 155–185]. (p. 160)

[64] B. リーマン（山本敦之 訳），「幾何学の基礎にある仮説について」，[61, pp. 295–311]. (p. 15)

[65] B. リーマン（矢野健太郎 訳・解説），「幾何学の基礎をなす仮定について」，『リーマン幾何学とその応用』（現代数学の系譜 10），共立出版，1971. (p. 15)

[66] H. ワイル（田村二郎 訳），『リーマン面』，岩波書店，1974. (p. 26)

[67] U. Abresch and D. Gromoll, On complete manifolds with nonnegative Ricci curvature, *J. Amer. Math. Soc.* 3, no. 2, 355–374, 1990. (p. 151)

[68] T. Adachi and T. Sunada, Twisted Perron-Frobenius theorem and L-functions, *J. Funct. Anal.* 71, no. 1, 1–46, 1987. (p. 165)

[69] T. Adachi and T. Sunada, Homology of closed geodesics in a negatively curved manifold, *J. Differential Geom.* 26, no. 1, 81–99, 1987. (p. 166)

[70] S. Alexakis, A. Feizmohammadi and L. Oksanen, Lorentzian Calderón problem under curvature bounds, *Invent. Math.* 229, no. 1, 87–138, 2022. (p. 232)

[71] S. Alexander, V. Kapovitch and A. Petrunin, *An invitation to Alexandrov geometry: CAT(0) spaces*, Springer Briefs in Mathematics, Springer, Cham, 2019. (p. 145)

[72] S. Alexander, V. Kapovitch and A. Petrunin, *Alexandrov Geometry: Foundations*, Graduate Studies in Mathematics 236, American Mathematical Society, Providence, RI, 2024. (p. 145)

[73] S. Alinhac and P. Gérard, *Pseudo-differential operators and the Nash-Moser theorem*, Graduate Studies in Mathematics 82, American Mathematical Society, Providence, RI, 2007. (pp. 111, 112)

[74] S. L. Aletheia-Zomlefer, L. Fukshansky and S. R. Garcia, The Bateman-Horn Conjecture: Heuristics, History, and Applications, *Expo. Math.* 38, 430–479, 2020. arXiv:1807.08899. (p. 177)

[75] L. Ambrosio, N. Gigli and G. Savaré, Metric measure spaces with Riemannian Ricci curvature bounded from below, *Duke Math. J.* 163, no. 7,

1405–1490, 2014. (p. 153)

[76] L. Ambrosio, S. Honda, J. W. Portegies and D. Tewodrose, Embedding of $\mathrm{RCD}^*(K, N)$ spaces in L^2 via eigenfunctions, *J. Funct. Anal.* 280, no. 10, Paper No. 108968, 2021. (p. 114)

[77] N. Anantharaman, Precise counting results for closed orbits of Anosov flows, *Ann. Sci. École Norm. Sup.* (4) 33, no. 1, 33–56, 2000. (p. 166)

[78] M. Anderson, Ricci curvature bounds and Einstein metrics on compact manifolds, *J. Amer. Math. Soc.* 2, no. 3, 455–490, 1989. (p. 150)

[79] M. Anderson, Short geodesics and gravitational instantons, *J. Differential Geom.* 31, no. 1, 265–275, 1990. (p. 151)

[80] M. Anderson, Metrics of positive Ricci curvature with large diameter, *Manuscripta Math.* 68, no. 4, 405–415, 1990. (p. 151)

[81] M. Anderson, Convergence and rigidity of manifolds under Ricci curvature bounds, *Invent. Math.* 102, no. 2, 429–445, 1990. (p. 151)

[82] M. Anderson and J. Cheeger, C^α-compactness for manifolds with Ricci curvature and injectivity radius bounded below, *J. Differential Geom.* 35, no. 2, 265–281, 1992. (p. 151)

[83] M. Anderson, A. Katsuda, Y. Kurylev, M. Lassas and M. Taylor, Boundary regularity for the Ricci equation, geometric convergence, and Gel'fand's inverse boundary problem, *Invent. Math.* 158, no. 2, 261–321, 2004. (p. 119)

[84] B. Andrews and C. Hopper, *The Ricci flow in Riemannian geometry: A complete proof of the differentiable 1/4-pinching sphere theorem*, Lecture Notes in Mathematics, Springer, Heidelberg, 2011. (p. 54)

[85] M. Aoki and S. Koyama, Chebyshev's Bias against Splitting and Principal Primes in Global Fields, arXiv:2203.12266. (p. 242)

[86] A. Avila and S. Jitomirskaya, The Ten Martini Problem, *Ann. of Math.* (2) 170, no. 1, 303–342, 2009. (p. 215)

[87] A. Avila, J. You and Q. Zhou, Dry Ten Martini Problem in the non-critical case, arXiv:2306.16254. (p. 216)

[88] M. Babillot and F. Ledrappier, Lalley's theorem on periodic orbits of hyperbolic flows, *Ergodic Theory Dynam. Systems* 18, no. 1, 17–39, 1998. (pp. 166, 242)

[89] D. Bakry and M. Émery, Diffusions hypercontractives, in *Séminaire de Probabilités XIX* (Ed. J. Azéma and M. Yor), Lecture Notes in Mathematics 1123, 177–206, Springer-Verlag, New York, 1985. (p. 152)

[90] W. Ballmann, *Lectures on spaces of nonpositive curvature*, with an appendix by Misha Brin. DMV Seminar 25, Birkhäuser, Basel, 1995. (p. 147)

[91] R. Bamler, Recent developments in Ricci flows, arXiv:2102.12615. (p. 159)

[92] S. Bando, Real analyticity of solutions of Hamilton's equation, *Math. Z.* 195, no. 1, 93–97, 1987. (p. 119)

[93] S. Bando, A. Kasue and H. Nakajima, On a construction of coordinates at infinity on manifolds with fast curvature decay and maximal volume growth, *Invent. Math.* 97, no. 2, 313–349, 1989. (p. 150)

[94] J. C. Baez, The Octonions, *Bull. Amer. Math. Soc.* 39, 145–205, 2002. Errata, *Bull. Amer. Math. Soc.* 42, 213, 2005. (pp. 29, 76)

[95] S. Becker, M. Embree, J. Wittsten and M. Zworski, Mathematics of magic angles in a model of twisted bilayer graphene, *Probab. Math. Phys.* 3, no. 1, 69–103 2022. (p. 244)

[96] J. Bemelmans, Min-Oo and E. Ruh, Smoothing Riemannian metrics, *Math. Z.*, 188, no. 1, 69–74, 1984. (p. 119)

[97] D. Benardete and J. Mitchell, Asymptotic homotopy cycles for flows and Π_1 de Rham theory, *Trans. Amer. Math. Soc.* 338, no. 2, 495–535, 1993. (pp. 222, 226)

[98] P. Bérard, G. Besson and S. Gallot, Embedding Riemannian manifolds by their heat kernel, *Geom. Funct. Anal.* 4, no. 4, 373–398, 1994. (p. 113)

[99] V. Bergelson and F. K. Richter, Dynamical generalizations of the Prime Number Theorem and disjointness of additive and multiplicative semigroup actions, arXiv:2002.03498. (p. 163)

[100] M. Berger, Les variétés Riemanniennes (1/4)-pincées, *Ann. Scuola Norm. Sup. Pisa Cl. Sci.* (3) 14, 161–170, 1960. (pp. 129, 158)

[101] M. Berger, P. Gauduchon and E. Mazet, *Le spectre d'une variété riemannienne*, Springer Lecture Note in Math. 194, Springer-Verlag, New York, 1974. (p. 232)

[102] M. Berger, *A panoramic view of Riemannian geometry*, Springer-Verlag, Berlin, 2003. (pp. 63, 125, 232)

[103] L. Bessières, G. Besson, S. Maillot, M. Boileau and J. Porti, *Geometrisation of 3-manifolds*, EMS Tracts in Mathematics 13, European Mathematical Society (EMS), Zürich, 2010. (p. 159)

[104] J.-M. Bismut, Hypoelliptic Laplacian and probability, *J. Math. Soc. Japan* 67, no. 4, 1317–1357, 2015. (p. 202)

[105] J.-M. Bismut and W. Zhang, *An extension of a theorem by Cheeger and Müller*, Astérisque 205, Société Mathématique de France, Paris, 1992. (p. 222)

[106] S. Bochner, Vector fields and Ricci curvature, *Bull. Amer. Math. Soc.* 52, 776–797, 1946. (pp. 148, 154)

[107] C. Böhm and B. Wilking, Manifolds with positive curvature operators are space forms, *Ann. of Math.* (2) 167, no. 3, 1079–1097, 2008. (p. 159)

[108] Y. G. Bonthonneau, C. Guillarmou, J. Hilgert and T. Weich, Ruelle-Taylor resonances of Anosov actions, arXiv:2007.14275. (p. 147)

[109] V. Borrelli, S. Jabrane, F. Lazarus and B. Thibert, Flat tori in three-dimensional space and convex integration, *Proc. Nat. Acad. Sci. USA* 109, 7218–7223, 2012. (p. 90)

[110] C. Brena, N. Gigli, S. Honda and X. Zhu, Weakly non-collapsed RCD spaces are strongly non-collapsed, arXiv:2110.02420. (p. 153)

[111] S. Brendle and R. Schoen, Manifolds with 1/4-pinched curvature are space forms, *J. Amer. Math. Soc.* 22, no. 1, 287–307, 2009. (pp. 130, 159)

[112] S. Brendle, Ricci flow with surgery on manifolds with positive isotropic curvature, *Ann. of Math.* (2) 190, no. 2, 465–559, 2019. (p. 159)

[113] E. Breuillard, B. Green and T. Tao, The structure of approximate groups, *Publ. Math. Inst. Hautes Études Sci.* 116, 115–221, 2012. (p. 151)

[114] M. R. Bridson and A. Haefliger, *Metric spaces of non-positive curvature*, Grundlehren der mathematischen Wissenschaften 319, Springer-Verlag, Berlin, 1999. (p. 148)

[115] E. H. Brown and F. P. Peterson, Relations among characteristic classes I, *Topology* 3, 39–52, 1964. (p. 85)

[116] E. H. Brown and F. P. Peterson, A universal space for normal bundles of n-manifolds, *Comment. Math. Helv.* 54, 405–430, 1979. (p. 85)

[117] R. Brown, Immersions and embeddings up to cobordism, *Canad. J. Math.* 23, 1102–1115, 1971. (p. 85)

[118] E. Bruè, A. Naber and D. Semola, Six dimensional counterexample to the Milnor Conjecture, arXiv:2311.12155. (p. 232)

[119] Y. Burago, M. Gromov and G. Perelman, A. D. Aleksandrov spaces with curvatures bounded below, *Russian Math. Surveys* 47, no. 2, 1–58, 1992. (pp. 121, 142, 144, 145)

[120] C. Burstin, A contribution to the problem of embedding of Riemannian spaces in Euclidean spaces, *Rec. Math.* (*Mat. Sbornik*) 38, 74–85, 1931. (p. 88)

[121] P. Buser, *Geometry and Spectra of Compact Riemann Surfaces*, Birkhäuser, Boston, MA, 2010. (p. 199)

[122] P. Buser and H. Karcher, *Gromov's almost flat manifolds*, Astérisque 81, Société Mathématique de France, Paris, 1981. (p. 139)

[123] H. D. Cao and X. P. Zhu, A complete proof of the Poincaré and geometrization conjectures—application of the Hamilton-Perelman theory of the Ricci

flow, *Asian J. Math.* 10, no. 2, 165–492, 2006. Erratum, *Asian J. Math.* 10, no. 4, 663, 2006. (p. 159)

[124] E. Cartan, Sur la possibilité de plonger un espace riemannien donné dans un espace euclidien, *Ann. Soc. Polon. Math.* 6, 1–7, 1927. (p. 88)

[125] P. Cartier and A. Voros, Une nouvelle interprétation de la formule des traces de Selberg, in *The Grothendieck Festschrift, Vol. II* (Ed. P. Cartier, N. M. Katz, Y. I. Manin, L. Illusie, G. Laumon and K. A. Ribet), 1–67, Progress in Mathematics 87, Birkhäuser, Boston, MA, 1990. (p. 202)

[126] I. Chavel, *Eigenvalues in Riemannian geometry*, including a chapter by Burton Randol, with an appendix by Jozef Dodziuk, Pure and Applied Mathematics 115, Academic Press, Inc., Orlando, FL, 1984. (p. 232)

[127] 英語版 Wikipedia "Chebotarev's density theorem" `https://en.wikipedia.org/wiki/Chebotarev%27s_density_theorem`. (p. 175)

[128] J. Cheeger, Pinching theorems for a certain class of Riemannian manifolds, *Amer. J. Math.* 91, 807–834, 1969. (p. 124)

[129] J. Cheeger and T. Colding, On the structure of spaces with Ricci curvature bounded below. I, *J. Differential Geom.* 46, no. 3, 406–480, 1997. (pp. 118, 150, 150)

[130] J. Cheeger and T. Colding, On the structure of spaces with Ricci curvature bounded below. II, *J. Differential Geom.* 54, no. 1, 13–35, 2000. (pp. 118, 150)

[131] J. Cheeger and T. Colding, On the structure of spaces with Ricci curvature bounded below. III, *J. Differential Geom.* 54, no. 1, 37–74, 2000. (pp. 118, 150)

[132] J. Cheeger, T. Colding and G. Tian, On the singularities of spaces with bounded Ricci curvature, *Geom. Funct. Anal.* 12(5), 873–914, 2002. (p. 151)

[133] J. Cheeger and D. G. Ebin, *Comparison theorems in Riemannian geometry*, revised reprint of the 1975 original, AMS Chelsea Publishing, Providence, RI, 2008. (pp. 54, 64, 137)

[134] J. Cheeger, K. Fukaya and M. Gromov, Nilpotent structures and invariant metrics on collapsed manifolds, *J. Amer. Math. Soc.* 5, no. 2, 327–372, 1992. (p. 141)

[135] J. Cheeger and D. Gromoll, The splitting theorem for manifolds of non-negative Ricci curvature, *J. Differential Geometry* 6, 119–128, 1971/72. (p. 148)

[136] J. Cheeger and D. Gromoll, On the structure of complete manifolds of non-negative curvature, *Ann. of Math.* (2) 96, 413–443, 1972. (p. 142)

[137] J. Cheeger and M. Gromov, Collapsing Riemannian manifolds while keeping their curvature bounded. I, *J. Differential Geom.* 23, no. 3, 309–346, 1986. (p. 141)

[138] J. Cheeger and M. Gromov, Collapsing Riemannian manifolds while keeping their curvature bounded. II, *J. Differential Geom.* 32, no. 1, 269–298, 1990. (p. 141)

[139] J. Cheeger and A. Naber, Regularity of Einstein manifolds and the codimension 4 conjecture, *Ann. of Math.* (2) 182, no. 3, 1093–1165, 2015. (p. 152)

[140] B. L. Chen, S. H. Tang and X. P. Zhu, Complete classification of compact four-manifolds with positive isotropic curvature, *J. Differential Geom.* 91, no. 1, 41–80, 2012. (p. 159)

[141] K. T. Chen, Iterated path integrals, *Bull. Amer. Math. Soc.* 83, 831–878, 1977. (pp. 222, 226, 228)

[142] X. Chen, S. Donaldson and S. Sun, Kähler-Einstein metrics on Fano manifolds. I: Aproximation of metrics with cone singularities, *J. Amer. Math. Soc.* 28, no. 1, 183–197, 2015. (p. 152)

[143] X. Chen, S. Donaldson and S. Sun, Kähler-Einstein metrics on Fano manifolds. II: Limits with cone angle less than 2π, *J. Amer. Math. Soc.* 28, no. 1, 199–234, 2015. (p. 152)

[144] X. Chen, S. Donaldson and S. Sun, Kähler-Einstein metrics on Fano manifolds. III: Limits as cone angle approaches 2π and completion of the main proof, *J. Amer. Math. Soc.* 28, no. 1, 235–278, 2015. (p. 152)

[145] Z-Q. Chen, T. Kumagai, L. Saloff-Coste, J. Wang and T. Zheng, *Limit theorems for some long range random walks on torsion free nilpotent groups*, SpringerBriefs in Mathematics, Springer, Cham, 2023. (p. 240)

[146] S. S. Chern and N. H. Kuiper, Some theorems on the isometric imbedding of compact Riemann manifolds in Euclidean space, *Ann. of Math.* 56, 422–430, 1952. (p. 88)

[147] P. Chernoff, Essential self-adjointness of powers of generators of hyperbolic equations, *J. Funct. Anal.* 12, 401–414, 1973. (p. 187)

[148] V. Climenhaga, G. Knieper and K. War, Closed geodesics on surfaces without conjugate points, arXiv:2008.02249. (p. 240)

[149] R. Cohen, The immersion conjecture for differentiable manifolds, *Ann. of Math.* (2) 122, no. 2, 237–328, 1985. (p. 85)

[150] R. Cohen, Immersions of manifolds and homotopy theory, lecture video `https://cmsa.fas.harvard.edu/literature-lecture-series/` (pp. 77, 84, 231)

[151] R. Cohen, the latest version of the notes. Version date: February, 2023, Its tentative title is "Bundles, Homotopy, and Manifolds" `http://math.stanford.edu/~ralph/book.pdf` (p. 78)

[152] T. H. Colding and A. Naber, Sharp Hölder continuity of tangent cones for spaces with a lower Ricci curvature bound and applications, *Ann. of Math.* (2) 176, no. 2, 1173–1229, 2012. (pp. 118, 151)

[153] T. H. Colding and A. Naber, Characterization of tangent cones of noncollapsed limits with lower Ricci bounds and applications, *Geom. Funct. Anal.* 23, no. 1, 134–148, 2013. (p. 150)

[154] L. J. Corwin and F. P. Greenleaf, *Representations of nilpotent Lie groups and their applications. Part 1: Basic theory and examples*, Cambridge Studies in Advanced Mathematics 18, Cambridge University Press, Cambridge, 1990. (pp. 167, 181, 210, 212)

[155] H. L. Cycon, R. G. Froese, W. Kirsch and B. Simon, *Schrödinger operators: With application to quantum mechanics and global geometry*, Texts and Monographs in Physics, Springer Study Edition, Springer-Verlag, Heidelberg, 1987. (p. 232)

[156] X. Dai, Z. M. Shen and G. Wei, Negative Ricci curvature and isometry group, *Duke Math. J.* 76, 59–73, 1994. (p. 154)

[157] K. R. Davidson, *C^*-algebras by example*, Fields Institute Monographs 6, American Mathematical Society, Providence, RI, 1996 (p. 209)

[158] D. M. Davis and S. W. Wilson, Stiefel-Whitney classes and immersions of orientable and spin manifolds, *Topology Appl.* 307, Paper No. 107780, 2022. (pp. 86, 231)

[159] C. R. Dean, L. Wang, P. Maher, C. Forsythe, F. Ghahari, Y. Gao, J. Katoch, M. Ishigami, P. Moon, M. Koshino, T. Taniguchi, K. Watanabe, K. L. Shepard, J. Hone and P. Kim, Hofstadter's butterfly and the fractal quantum Hall effect in moiré superlattices, *Nature* 497, 598–602, 2013. (p. 243)

[160] A. Deitmar, A prime geodesic theorem for higher rank spaces, *Geom. Funct. Anal.* 14, no. 6, 1238–1266, 2004. (p. 240)

[161] A. Deitmar and Y. Gon, A prime geodesic theorem for $\mathrm{SL}_3(\mathbb{Z})$, *Forum Math.* 31, no. 5, 1179–1201, 2019. (p. 240)

[162] C. De Lellis, The Masterpieces of John Forbes Nash Jr., in *The Abel Prize 2013–2017* (Ed. H. Holden and R. Piene), 391–499, 2019. `https://www.math.ias.edu/delellis/sites/math.ias.edu.delellis/files/Nash_Abel_75.pdf` (pp. 89, 91, 94, 95, 97, 101, 104, 106, 110, 231)

[163] C. De Lellis and L. Székelyhidi, High dimensionality and h-principle in PDE,

Bull. Amer. Math. Soc. (N.S.) 54, no. 2, 247–282, 2017. (p. 122)

[164] C. De Lellis, What is the h-principle? Youtube `https://www.ias.edu/video/what-h-principle` (p. 122)

[165] Q. Deng, Hölder continuity of tangent cones in RCD(K, N) spaces and applications to non-branching, arXiv:2009.07956. (pp. 118, 154)

[166] Q. Deng, J. Santos-Rodríguez, S. Zamora and X. Zhao, Margulis Lemma on RCD(K, N) spaces, arXiv:2308.15215. (p. 232)

[167] C. Deninger, A pro-algebraic fundamental group for topological spaces. To appear in a proceedings volume of the Steklov mathematical institute on the occasion of A. N. Parshin's eightieth birthday; arXiv:2005.1389. (p. 178)

[168] D. M. De Turck, Deforming metrics in the direction of their Ricci tensors, *J. Differential Geom.* 18, no. 1, 157–162, 1983. (p. 95)

[169] A. J. Di Scala, On an assertion in Riemann's Habilitationsvortrag, *Enseign. Math.* (2) 47, no. 1–2, 57–63, 2001. (p. 64)

[170] S. Donaldson, *Riemann surfaces*, Oxford Graduate Texts in Mathematics 22, Oxford University Press, Oxford, 2011. (p. 28)

[171] R. Dougall and R. Sharp, Anosov flows, growth rates on covers and group extensions of subshifts, *Invent. Math.* 223, no. 2, 445–483, 2021. (p. 239)

[172] Z. Duan, J. Gu, Y. Hatsuda and T. Sulejmanpasic, Instantons in the Hofstadter butterfly: difference equation, resurgence and quantum mirror curves, *J. High Energy Phys.*, no. 1, 079, 2019. (p. 244)

[173] S. Dyatlov and M. Zworski, *Mathematical theory of scattering resonances*, Graduate Studies in Mathematics 200, American Mathematical Society, Providence, RI, 2019. (p. 232)

[174] M. Einsiedler and T. Ward, *Functional analysis, spectral theory, and applications*, Graduate Texts in Mathematics 276, Springer, Cham, 2017. (p. 196)

[175] Y. Eliashberg and N. Mishachev, *Introduction to the h-principle*, Graduate Studies in Mathematics 48, American Mathematical Society, Providence, RI, 2002. (p. 122)

[176] N. D. Elkies, Distribution of supersingular primes, in *Journées Arithmétiques de Luminy, 17–21 Juillet 1989*, Astérisque 198–200, 127–132, Société Mathématique de France, Paris, 1991. (p. 176)

[177] C. L. Epstein, Asymptotics for closed geodesics in a homology class, the finite volume case, *Duke Math. J.* 55, no. 4, 717–757, 1987. (p. 166)

[178] D. B. A. Epstein, J. W. Cannon, D. F. Holt, S. V. F. Levy, M. S. Paterson and W. P. Thurston, *Word processing in groups*, Jones and Bartlett

Publishers, Boston, MA, 1992. (p. 147)

[179] P. Erdös, On a Tauberian theorem connected with the new proof of the prime number theorem, *J. Indian Math. Soc.* (N.S.) 13, 131–144, 1949. (pp. 161, 196)

[180] H. Federer, *Geometric measure theory*, Die Grundlehren der mathematischen Wissenschaften 153, Springer-Verlag, 1969. (p. 94)

[181] C. L. Fefferman and M. I. Weinstein, Honeycomb lattice potentials and Dirac points, *J. Am. Math. Soc.* 25, no. 4, 1169–1220, 2012. (p. 243)

[182] E. Frenkel, Lectures on the Langlands program and conformal field theory, in *Frontiers in number theory, physics, and geometry II: On conformal field theories, discrete groups and renormalization* (Ed. P. Cartier, B. Julia, P. Moussa and P. Vanhove), 387–533, Springer-Verlag, Berlin, 2007. Papers from the meeting held in Les Houches, March 9–21, 2003. (p. 176)

[183] B. Fresse, V. Turchin and T. Willwacher, On the rational homotopy type of embedding spaces of manifolds in $\mathbb{R}^n$, arXiv:2008.08146. (p. 87)

[184] T. Fujioka, A fibration theorem for collapsing sequences of Alexandrov spaces, *J. Topol. Anal.* 15, no. 1, 265–298, 2023. (p. 145)

[185] K. Fujiwara and T. Shioya, Graph manifolds as ends of negatively curved Riemannian manifolds, *Geom. Topol.* 24, no. 4, 2035–2074, 2020. (p. 147)

[186] K. Fukaya, Collapsing Riemannian manifolds to ones of lower dimensions, *J. Differential Geom.* 25, no. 1, 139–156, 1987. (pp. 118, 140)

[187] K. Fukaya, Collapsing of Riemannian manifolds and eigenvalues of Laplace operator, *Invent. Math.* 87, no. 3, 517–547, 1987. (pp. 141, 149, 151, 232)

[188] K. Fukaya, A boundary of the set of the Riemannian manifolds with bounded curvatures and diameters, *J. Differential Geom.* 28, no. 1, 1–21, 1988. (p. 140)

[189] K. Fukaya, Hausdorff convergence of Riemannian manifolds and its applications, in *Recent topics in differential and analytic geometry* (Ed. T. Ochiai), Advanced Studies in Pure Mathematics 18-I, 143–238, Academic Press, Boston, MA, 1990. (pp. 125, 232)

[190] K. Fukaya, Metric Riemannian geometry, in *Handbook of differential geometry, Vol. II* (Ed. F. J. E. Dillen and L. C. A. Verstraelen), 189–313, Elsevier/North-Holland, Amsterdam, 2006. (pp. 125, 232)

[191] K. Fukaya and T. Yamaguchi, Almost nonpositively curved manifolds, *J. Differential Geom.* 33, no. 1, 67–90, 1991. (p. 141)

[192] K. Fukaya and T. Yamaguchi, The fundamental groups of almost nonnegatively curved manifolds, *Ann. of Math.* (2) 136, no. 2, 253–333, 1992. (p. 148)

[193] K. Fukaya and T. Yamaguchi, Isometry groups of singular spaces, *Math. Z.* 216, no. 1, 31–44, 1994. (p. 155)

[194] M. Gaffney, A special Stokes' theorem for complete Riemannian manifolds, *Ann. of Math.* 60, 140–145, 1954. (p. 187)

[195] M. Gaffney, The heat equation method of Milgram and Rosenbloom for open Riemannian manifolds, *Ann. of Math.* 60, 458–466, 1954. (p. 187)

[196] L. Z. Gao and S. T. Yau, The existence of negatively Ricci curved metrics on three-manifolds, *Invent. Math.* 85, 637–652, 1986. (p. 154)

[197] I. Gekhtman, S. J. Taylor and G. Tiozzo, Central limit theorems for counting measures in coarse negative curvature, arXiv:2004.13084. (p. 239)

[198] É. Ghys, Knots and dynamics, in *Proceedings of the International Congress of Mathematicians Madrid, August 22–30, 2006, Vol. I* (Ed. M. Sanz-Solé, J. Soria, J. L. Varona and J. Verdera), 247–277, European Mathematical Society Press, 2007. (p. 240)

[199] N. Gigli, K. Kuwada and S. Ohta, Heat flow on Alexandrov spaces, *Comm. Pure Appl. Math.* 66, no. 3, 307–331, 2013. (p. 153)

[200] P. Giulietti, C. Liverani and M. Pollicott, Anosov flows and dynamical zeta functions, *Ann. of Math.* (2) 178, no. 2, 687–773, 2013. (p. 163)

[201] T. G. Goodwillie, J. R. Klein, and M. S. Weiss, Spaces of smooth embeddings, disjunction and surgery, in *Surveys on Surgery Theory, Vol. 2: Papers Dedicated to C. T. C. Wall* (Ed. S. Cappell, A. Ranicki and J. Rosenberg), Annals of Mathematics Studies 149, 221–284, Princeton University Press, Princeton, NJ, 2001. (p. 86)

[202] B. Green and T. Tao, The primes contain arbitrarily long arithmetic progressions, *Ann. of Math.* (2) 167, no. 2, 481–547, 2008. (p. 177)

[203] R. E. Greene and H. Wu, Lipschitz convergence of Riemannian manifolds, *Pacific J. Math.* 131, no. 1, 119–141, 1988. Addendum, *Pacific J. Math.* 140, no. 2, 398, 1989. (pp. 117, 138)

[204] A. Grigor'yan, Heat equation on a non-compact Riemannian manifold, *Math. USSR Sb.* 72, no. 1, 47–77, 1992 (Translated from Russian *Matem. Sbornik* 182, no. 1, 55–87, 1991). (p. 153)

[205] A. Grigor'yan, *Heat kernel and analysis on manifolds*, AMS/IP Studies in Advanced Mathematics 47, American Mathematical Society, Providence, RI / International Press, Boston, MA, 2009. (p. 189)

[206] D. Gromoll and W. Meyer, On complete open manifolds of positive curvature, *Ann. of Math.* (2) 90, 75–90, 1969. (p. 142)

[207] M. Gromov, Almost flat manifolds, *J. Diff. Geom.* 13, no. 2, 231–241, 1978. (pp. 132, 139)

[208] M. Gromov, Synthetic geometry in Riemannian manifolds, *Proceedings of the International Congress of Mathematicians Helsinki, 1978, Vol. I*, 415–419, Acad. Sci. Fennica, Helsinki, 1980. (p. 141)

[209] M. Gromov, Groups of polynomial growth and expanding maps, *Publ. Math. Inst. Hautes Études Sci.* No. 53, 53–73, 1981. (p. 168)

[210] M. Gromov, Curvature, diameter and Betti numbers, *Comment. Math. Helv.* 56, no. 2, 179–195, 1981. (p. 150)

[211] M. Gromov, *Structures métriques pour les variétés riemanniennes*, CEDIC, Paris, 1981. (pp. 117, 124, 139, 140, 232)

[212] M. Gromov, Filling Riemannian manifolds, *J. Differential Geom.* 18, no. 1, 1–147, 1983. (p. 120)

[213] M. Gromov, Hyperbolic groups, in *Essays in Group Theory* (Ed. S. M. Gersten), Mathematical Sciences Research Institute Publications 8, 75–263, Springer, 1988. (p. 147)

[214] M. Gromov, *Partial differential relations*, Springer, 1986. (p. 122)

[215] M. Gromov, *Metric structures for Riemannian and non-Riemannian spaces*, Birkhäuser, Based on the 1981 French original [211], 1999. (pp. 159, 232, 235)

[216] M. Gromov, *Geometric group theory, Vol. 2: Asymptotic invariants of infinite groups* (Proceedings of the symposium held in Sussex, 1991), London Mathematical Society lecture note series 182, Cambridge University Press, Cambridge, 1993. (p. 148)

[217] M. Gromov, Geometric, algebraic, and analytic descendants of Nash isometric embedding theorems, *Bull. Amer. Math. Soc.* (N.S.) 54, no. 2, 173–245, 2017. (pp. 94, 231)

[218] M. Gromov, A dozen problems, questions and conjectures about positive scalar curvature, in *Foundations of mathematics and physics one century after Hilbert: New Perspectives* (Ed. J. Kouneiher), 135–158, Springer, Cham, 2018. (p. 156)

[219] M. Gromov, Four Lectures on Scalar Curvature, arXiv:1908.1061. (p. 156)

[220] M. Gromov and B. Lawson, The classification of simply connected manifolds of positive scalar curvature, *Ann. of Math.* 111, 423–434, 1980. (p. 155)

[221] M. Gromov and B. Lawson (ed.), *Perspectives in Scalar Curvature, Vol. I, II*, World Scientific, 2023. (p. 156)

[222] M. Gromov and V. Rokhlin, Embeddings and immersions in Riemannian geometry, *Russian Math. Surveys* 25, no. 5, 1–57, 1970. (p. 95)

[223] M. Gromov and W. Thurston, Pinching constants for hyperbolic manifolds, *Invent. Math.* 89, no. 1, 1–12, 1987. (p. 132)

[224] K. Grove and P. Petersen, Bounding homotopy types by geometry, *Ann. of Math.* (2) 128, no. 1, 195–206, 1988. (p. 142)

[225] K. Grove and K. Shiohama, A generalized sphere theorem, *Ann. of Math.* (2) 106, no. 2, 201–211, 1977. (p. 142)

[226] L. Guijarro and J. Santos-Rodríguez, On the isometry group of $\mathrm{RCD}^*(K, N)$-spaces, *Manuscripta Math.* 158, 441–461, 2019. (p. 155)

[227] V. Guillemin and S. Sternberg, *Geometric asymptotics*, Mathematical Surveys and Monographs 14, American Mathematical Society, Providence, RI, 1977. (p. 232)

[228] V. Guillemin and S. Sternberg, *Semi-classical analysis*, International Press, Boston, MA, 2013. (p. 232)

[229] L. Guillopé, Fonctions zêta de Selberg et surfaces de géométrie finie, in *Zeta functions in geometry* (Ed. N. Kurokawa and T. Sunada, Proceedings of the conference held in Tokyo, 1990), 33–70, Advanced Studies in Pure Mathematics 21, Kinokuniya Co., Tokyo, 1992. (p. 163)

[230] M. Günther, On the perturbation problem associated to isometric embeddings of Riemannian manifolds, *Ann. Global Anal. Geom.* 7, no. 1, 69–77, 1989. (pp. 95, 111)

[231] M. Günther, Isometric embeddings of Riemannian manifolds, in *Proceedings of the International Congress of Mathematicians, August 21–29, 1990, Kyoto, Japan, Vol. II* (Ed. I. Satake), 1137–1143, The Mathematical Society of Japan, 1991. (p. 95)

[232] Y. Guo, The Measure preserving isometry groups of metric measure spaces, *SIGMA: Symmetry Integrability Geom. Methods Appl.* 16, Paper No. 114, 2020. (p. 155)

[233] R. S. Hamilton, The inverse function theorem of Nash and Moser, *Bull. Amer. Math. Soc.* (N.S.) 7, no. 1, 65–222, 1982. (p. 95)

[234] R. S. Hamilton, Three-manifolds with positive Ricci curvature, *J. Differential Geom.* 17, no. 2, 255–306, 1982. (pp. 95, 158)

[235] R. S. Hamilton, The Harnack estimate for the Ricci flow, *J. Differential Geom.* 37, no. 1, 225–243, 1993. (p. 158)

[236] R. S. Hamilton, The formation of singularities in the Ricci flow, in *Proceedings of the conference on geometry and topology held at Harvard University, April 23–25, 1993* (Ed. C.-C. Hsiung and S.-T. Yau), Surveys in Differential Geometry 2, 7–136, International Press, Somerville, MA, 1995. (p. 158)

[237] R. S. Hamilton, Four-manifolds with positive isotropic curvature, *Comm. Anal. Geom.* 5, no. 1, 1–92, 1997. (p. 158)

[238] P. G. Harper, Single band motion of conduction electrons in a uniform

magnetic field, *Proc. Phys. Soc. London* A68, 874–892, 1955. (p. 214)

[239] R. Haslhofer, E. Kopfer and A. Naber, Differential Harnack Inequalities on Path Space, arXiv:2004.07065. (p. 157)

[240] B. Helffer and J. Sjöstrand, Puits multiples en mécanique semi-classique. IV. Étude du complexe de Witten, *Comm. Partial Differential Equations* 10, no. 3, 245–340, 1985. (p. 222)

[241] B. Helffer and J. Sjöstrand, Analyse semi-classique pour l'équation de Harper (avec application à l'équation de Schrödinger avec champ magnétique), *Mém. Soc. Math. France* (N.S.) no. 34, 1988. (p. 218)

[242] N. Higson, A counterfactual history of the hypoelliptic Laplacian, `https://www.youtube.com/watch?v=-fPatG4z98o&t=180s` (p. 202)

[243] D. Hilbert, Ueber Flächen von Constanter Gaussscher Krümmung (On surfaces of constant negative curvature), *Trans. Amer. Math. Soc.* 2, 87–99, 1901. (p. 88)

[244] M. W. Hirsch, Immersion of manifolds, *Trans. Amer. Math. Soc.* 93, 242–276, 1959. (p. 79)

[245] D. Hofstadter, Energy levels and wave functions of Bloch electrons in rational and irrational magnetic fields, *Phys. Rev. B* 14, 2239–2249, 1976. (p. 217)

[246] S. Honda, A weakly second-order differential structure on rectifiable metric measure spaces, *Geom. Topol.* 18, no. 2, 633–668, 2014. (p. 152)

[247] S. Honda, Ricci curvature and L^p-convergence, *J. Reine Angew. Math.* 705, 85–154, 2015. (p. 152)

[248] S. Honda, Ricci curvature and orientability, *Calc. Var. Partial Differential Equations* 56, no. 6, Paper No. 174, 2017. (p. 157)

[249] S. Honda, New differential operator and noncollapsed RCD spaces, *Geom. Topol.* 24, no. 4, 2127–2148, 2020. (p. 153)

[250] H. Huber, Zur analytischen Theorie hyperbolischen Raumformen und Bewegungsgruppen, *Math. Ann.* 138, 1–26, 1959. (p. 162)

[251] H. Huber, Über die Isometriegruppe einer kompakten Mannigfaltigkeiten negativer Krümmung, *Helv. Phys. Acta* 45, 277–288, 1972. (p. 154)

[252] E. Hupp, A. Naber and K. H. Wang, Lower Ricci Curvature and Nonexistence of Manifold Structure, arXiv:2308.03909. (p. 232)

[253] Y. Ihara, *On congruence monodromy problems*, MSJ Memoirs, 18, Mathematical Society of Japan, Tokyo, 2008. (p. 174)

[254] H. C. Im Hof, Über die Isometriegruppe bei kompakten Mannigfaltigkeiten negativer Krümmung, *Comment. Math. Helv.* 48, 14–30, 1973. (p. 154)

[255] T. Iwamoto, Manifolds collapsing to a torus, *Bull. Fukuoka Univ. Ed. III*

46, 11–21, 1997. (p. 141)

[256] H. Iwaniec, Prime geodesic theorem, *J. Reine Angew. Math.* 349, 136–159, 1984. (p. 163)

[257] H. Izeki, Isometric group actions with vanishing rate of escape on CAT(0) spaces, *Geom. Funct. Anal.* 33, no. 1, 170–244, 2023. (p. 148)

[258] M. Janet, Sur la possibilité de plonger un espace riemannien donné dans un espace euclidien, *Ann. Soc. Polon. Math.* 5, 38–43, 1926. (p. 88)

[259] J. Jost (ed.), *On the Hypotheses Which Lie at the Bases of Geometry*, Birkhäuser, Cham, 2016. (p. 15)

[260] N. Juillet, Geometric inequalities and generalized Ricci bounds in the Heisenberg group, *Int. Math. Res. Not.* 2009, no. 13, 2347–2373, 2009. (p. 153)

[261] T. Kajiwara, Fourier inversion formula for discrete nilpotent groups, *J. Austral. Math. Soc.* Ser. A 46, no. 3, 415–422, 1989. (p. 207)

[262] I. Kaneko and S. Koyama, Chebyshev's Bias for Elliptic Curves, arXiv: 2206.05445. (p. 242)

[263] M. Kaneko, Supersingular j-invariants as singular moduli mod p, *Osaka J. Math.* 26, no. 4, 849–855, 1989. (p. 176)

[264] V. Kapovitch, Perelman's stability theorem, in *Metric and comparison geometry* (Ed. J. Cheeger and K. Grove), Surveys in differential geometry 11, 103–136, International Press, Somerville, MA, 2007. (p. 145)

[265] V. Kapovitch, Regularity of limits of noncollapsing sequences of manifolds, *Geom. Funct. Anal.* 12, no. 1, 121–137, 2002. (p. 145)

[266] V. Kapovitch, Restrictions on collapsing with a lower sectional curvature bound, *Math. Z.* 249, 519–539, 2005. (p. 145)

[267] V. Kapovitch and B. Wilking, Structure of fundamental groups of manifolds with Ricci curvature bounded below, arXiv:1105.5955. (p. 151)

[268] M. Kapranov, Supergeometry in mathematics and physics, in *New spaces in physics: formal and conceptual reflections* (Ed. M. Anel and G. Catren), 114–152, Cambridge University Press, Cambridge, 2021. (p. 222)

[269] A. Kasue, A convergence theorem for Riemannian manifolds and some applications, *Nagoya Math. J.* 114, 21–51, 1989. (p. 138)

[270] A. Katsuda, Gromov's convergence theorem and its application, *Nagoya Math. J.* 100, 11–48, 1985. (p. 121)

[271] A. Katsuda, The isometry groups of compact manifolds with negative Ricci curvature, *Proc. Amer. Math. Soc.* 104, 587–588, 1988. (p. 154)

[272] A. Katsuda, An extension of the Bloch-Floquet theory to the Heisenberg group and its applications to geometric Chebotarev density theorems and

long time asymptotics of the heat kernels, Preprint. (pp. 161, 212, 214, 229)

[273] A. Katsuda, An extension of the Floquet-Bloch theory to nilpotent groups and its applications, in preparation. (pp. 161, 212, 171, 171, 214, 229, 241)

[274] A. Katsuda and P. W. Sy, An overview of Sunada's work up to age 60, in *Spectral analysis in geometry and number theory*, Contemporary Mathematics 484, 7–42, American Mathematical Society, Providence, RI, 2009. (p. 237)

[275] A. Katsuda and T. Kobayashi, The isometry groups of compact manifolds with almost negative Ricci curvature, *Tohoku Math. J.* (2) 70, no. 3, 391–400, 2018. (p. 154)

[276] A. Katsuda and T. Nakamura, A rigidity theorem for Killing vector fields on compact manifolds with almost nonpositive Ricci curvature, *Proc. Amer. Math. Soc.* 149, no. 3, 1215–1224, 2021. (p. 154)

[277] A. Katsuda and T. Sunada, Homology and closed geodesics in a compact Riemann surface, *Amer. J. Math.* 110, no. 1, 145–155, 1988. (pp. 166, 196)

[278] A. Katsuda and T. Sunada, Closed orbits in homology classes, *Publ. Math. Inst. Hautes Études Sci.* No. 71, 5–32, 1990. (p. 166)

[279] N. M. Katz, Lang-Trotter revisited, *Bull. Amer. Math. Soc.* (N.S.) 46, no. 3, 413–457, 2009. (p. 176)

[280] M. Kawasaki and M. Kimura, G-invariant quasimorphisms and symplectic geometry of surfaces, *Israel J. Math.* 247, no. 2, 845–871, 2022. (p. 242)

[281] D. Kazukawa, Concentration of product spaces, *Anal. Geom. Metr. Spaces* 9, no. 1, 186–218, 2021. (p. 235)

[282] B. Kleiner and J. Lott, Notes on Perelman's papers, *Geom. Topol.* 12, no. 5, 2587–2855, 2008. (p. 159)

[283] W. Klingenberg, Über Riemannsche Mannigfaltigkeiten mit positiver Krümmung, *Comment. Math. Helv.* 35, 47–54, 1961. (pp. 129, 158)

[284] S. Kobayashi and K. Nomizu, *Foundations of differential geometry, Vol. I*, Interscience Publishers, a division of John Wiley & Sons, New York, NY, 1963. (p. 48)

[285] M. Kontsevich and S. Vishik, Determinants of elliptic pseudo-differential operators, arXiv:hep-th/9404046. (p. 236)

[286] M. Kontsevich and S. Vishik, Geometry of determinants of elliptic operators, in *Functional analysis on the eve of the 21st century, Vol. 1* (Ed. S. Gindikin, J. Lepowsky and R. L. Wilson, Proceedings of the conference held in New Brunswick, NJ, 1993), 173–197, Progress in Mathematics 131, Birkhäuser, Boston, MA, 1995. (p. 236)

[287] M. Kotani and T. Sunada, Albanese maps and off diagonal long time asymp-

totics for the heat kernel, *Comm. Math. Phys.* 209, no. 3, 633–670, 2000. (pp. 179, 228)

[288] M. Kotani, A note on asymptotic expansions for closed geodesics in homology classes, *Math. Ann.* 320, no. 3, 507–529, 2001. (p. 166)

[289] S. Koyama and N. Kurokawa, Chebyshev's Bias for Ramanujan's τ-function via the Deep Riemann Hypothesis, arXiv:2203.12791. (p. 242)

[290] P. A. Kuchment, An Overview of Periodic Elliptic Operators. *Bull. Amer. Math. Soc.* 53, 343–414, 2016. (p. 243)

[291] N. H. Kuiper, On C^1-isometric imbeddings I, II, *Indag. Math.* 58, 545–556; 683–689, 1955. (pp. 88, 89)

[292] R. Kulkarni, Shripad Curvature and metric, *Ann. of Math.* (2) 91, 311–331, 1970. (p. 63)

[293] K. Kuwae and T. Shioya, On generalized measure contraction property and energy functionals over Lipschitz maps, *Potential Anal.* 15, no. 1–2, 105–121, 2001. (p. 153)

[294] K. Kuwae, Y. Machigashira and T. Shioya, Sobolev spaces, Laplacian, and heat kernel on Alexandrov spaces, *Math. Z.* 238, no. 2, 269–316, 2001. (p. 145)

[295] S. Lang and H. F. Trotter, *Frobenius distributions in GL_2-extensions*, Lecture Notes in Mathematics, 504, Springer, Berlin, 1976. (p. 176)

[296] S. Lalley, Closed geodesics in homology classes on surfaces of variable negative curvature, *Duke Math. J.* 58, 795–821, 1989. (pp. 166, 242)

[297] M. C. Lee, A. Naber and R. Neumayer, d_p convergence and ε-regularity theorems for entropy and scalar curvature lower bounds, arXiv:2010.15663. (p. 156)

[298] A. Lichnerowicz, *Géométrie des groupes de transformations*, Travaux et Recherches Mathématiques III, Dunod, Paris, 1958. (p. 148)

[299] A. Lichnerowicz, Spineurs harmoniques, *C. R. Acad. Sci. Paris* 257, 7–9, 1963. (p. 155)

[300] C. Y. Lin and C. Sormani, From Varadhan's Limit to Eigenmaps: A Guide to the Geometric Analysis behind Manifold Learning, arXiv:2210.10405. (p. 114)

[301] J. Lohkamp, Metrics of negative Ricci curvature, *Ann. of Math.* 140, 655–683, 1994. (p. 154)

[302] J. Lott and C. Villani, Ricci curvature for metric-measure spaces via optimal transport, *Ann. of Math.* (2) 169, no. 3, 903–991, 2009. (p. 152)

[303] A. Lytchak and K. Nagano, Geodesically complete spaces with an upper curvature bound, *Geom. Funct. Anal.* 29, no. 1, 295–342, 2019. (p. 148)

[304] A. Lytchak and K. Nagano, Topological regularity of spaces with an upper curvature bound, *J. Eur. Math. Soc.* 24, no. 1, 137–165, 2022. (p. 148)

[305] M. Maeda, The isometry groups of compact manifolds with non-positive curvature, *Proc. Japan Acad.* 51, 790–794, 1975. (p. 154)

[306] A. Manning, Topological entropy for geodesic flows, *Ann. of Math.* (2) 110, no. 3, 567–573, 1979. (p. 162)

[307] S. Maruyama, T. Matsushita and M. Mimura, SCL and mixed SCL are not equivalent for surface groups, arXiv:2203.09221. (p. 242)

[308] T. Matsusaka and J. Ueki, Modular knots, automorphic forms, and the Rademacher symbols for triangle groups, *Res. Math. Sci.* 10, no. 1, Paper No. 4, 2023. (p. 241)

[309] R. McNamara, A dynamical proof of the prime number theorem, arXiv: 2002.04007. (p. 196)

[310] G. A. Margulis, On some applications of ergodic theory to the study of manifolds on negative curvature, *Fun. Anal. Appl.* 3, 89–90, 1969. (p. 162)

[311] G. A. Margulis, On some aspects of the theory of Anosov systems, with a survey by Richard Sharp: Periodic orbits of hyperbolic flows, Translated from the Russian by Valentina Vladimirovna Szulikowska, Springer Monographs in Mathematics, Springer-Verlag, Berlin, 2004. (p. 162)

[312] W. S. Massey, On the Stiefel-Whitney classes of a manifold, *Amer. J. Math.* 82, 92–102, 1960. (p. 84)

[313] H. Miller, Speculations around the immersion conjecture, `https://math.mit.edu/~hrm/papers/immersion-conjecture2.pdf` (pp. 86, 231)

[314] E. Milman, The Quasi Curvature-Dimension Condition with applications to sub-Riemannian manifolds, arXiv:1908.01513. (p. 153)

[315] M. J. Micallef and J. D. Moore, Minimal two-spheres and the topology of manifolds with positive curvature on totally isotropic two-planes, *Ann. of Math.* (2) 127, no. 1, 199–227, 1988. (p. 158)

[316] 英語版 Wikipedia "Exotic sphere" `https://en.wikipedia.org/wiki/Exotic_sphere` (p. 26)

[317] J. Milnor, A note on curvature and fundamental group, *J. Diff. Geom.* 2, 1–7, 1968. (p. 148)

[318] A. Mitsuishi, Orientability and fundamental classes of Alexandrov spaces and its applications, arXiv:1610.08024. (p. 157)

[319] A. Mitsuishi and T. Yamaguchi, Collapsing three-dimensional closed Alexandrov spaces with a lower curvature bound, *Trans. Amer. Math. Soc.* 367, no. 4, 2339–2410, 2015. (p. 145)

[320] J. Morgan and G. Tian, *Ricci flow and the Poincaré conjecture*, Clay Math-

ematics Monographs 3, American Mathematical Society, Providence, RI; Clay Mathematics Institute, Cambridge, MA, 2007. (p. 159)

[321] J. Morgan and G. Tian, *The geometrization conjecture*, Clay Mathematics Monographs 5, American Mathematical Society, Providence, RI; Clay Mathematics Institute, Cambridge, MA, 2014. (p. 159)

[322] S. Mori, Projective manifolds with ample tangent bundles, *Ann. of Math.* (2) 110, no. 3, 593–606, 1979. (p. 158)

[323] J. Moser, A new technique for the construction of solutions of nonlinear differential equations, *Proc. Nat. Acad. Sci. USA* 47, 1824–1831, 1961. (p. 94)

[324] S. B. Myers and N. E. Steenrod, The group of isometries of a Riemannian manifold, *Ann. of Math.* 40, no. 2, 400–416, 1939. (p. 155)

[325] S. B. Myers, Riemannian Manifold with Positive mean curvature, *Duke Math. J.* 8, 401–404, 1941. (p. 148)

[326] A. Naber, Characterizations of Bounded Ricci Curvature on Smooth and NonSmooth Spaces, arXiv:1306.6512. (p. 157)

[327] A. Naber, Conjectures and open questions on the structure and regularity of spaces with lower Ricci curvature bounds, *SIGMA: Symmetry Integrability Geom. Methods Appl.* 16, Paper No. 104, 2020. (p. 152)

[328] A. Naber and R. Zhang, Topology and ε-regularity theorems on collapsed manifolds with Ricci curvature bounds, *Geom. Topol.* 20, no. 5, 2575–2664, 2016. (p. 152)

[329] H. Nakajima, Hausdorff convergence of Einstein 4-manifolds, *J. Fac. Sci. Univ. Tokyo, Sect. 1 A, Math.* 35, no. 2, 411–424, 1988. (p. 150)

[330] R. Namba, Edgeworth expansions for non-symmetric random walks on covering graphs of polynomial volume growth, *J. Theoret. Probab.* 35, 1898–1938, 2022. (pp. 191, 239)

[331] J. Nash, C^1 isometric imbeddings, *Ann. of Math.* 60, 383–396, 1954. (pp. 87, 88, 89, 89)

[332] J. Nash, The imbedding problem for Riemannian manifolds, *Ann. of Math.* 63, 20–63, 1956. (pp. 87, 88, 93)

[333] I. G. Nikolaev, Parallel translation and smoothness of the metric of spaces of bounded curvature, *Dokl. Akad. Nauk SSSR* 250, 1056–1058, 1980 = *Soviet Math. Dokl.* 21, 263–265, 1980. (p. 138)

[334] I. G. Nikolaev, Smoothness of the metric of spaces with bilaterally bounded curvature in the sense of A. D. Aleksandrov, *Sibirsk. Mat. Zh.* 24, no. 2, 114–132, 1983 = *Siberian Math. J.* 24, no. 2, 247–263, 1983. (p. 138)

[335] M. Obata, Certain conditions for a riemannian manifold to be isometric

with a sphere, *J. Math. Soc. Japan* 14, no. 14, 333–340, 1962. (p. 148)

[336] Y. Odaka and Y. Oshima, Collapsing K3 surfaces, Tropical geometry and Moduli compactifications of Satake, Morgan-Shalen type, arXiv:1810.07685. (p. 152)

[337] K. Ohshika, The origin of the notion of manifold: from Riemann's Habilitationsvortrag onward, in *From Riemann to differential geometry and relativity* (Ed. L. Ji, A. Papadopoulos and S. Yamada), 295–309, Springer, Cham, 2017. (p. 20)

[338] S. Ohta, On the measure contraction property of metric measure spaces, *Comment. Math. Helv.* 82, no. 4, 805–828, 2007. (p. 153)

[339] Y. Otsu, K. Shiohama and T. Yamaguchi, A new version of differentiable sphere theorem, *Invent. Math.* 98, no. 2, 219–228, 1989. (pp. 121, 142)

[340] Y. Otsu, On manifolds of positive Ricci curvature with large diameter, *Math. Z.* 206, no. 2, 255–264, 1991. (p. 151)

[341] Y. Otsu and T. Shioya, The Riemannian structure of Alexandrov spaces, *J. Differential Geom.* 39, no. 3, 629–658, 1994. (pp. 144, 145)

[342] T. Ôtsuki, Isometric imbedding of Riemann manifolds in a Riemann manifold, *J. Math. Soc. Japan* 6, 221–234, 1954. (p. 88)

[343] P. Pansu, Effondrement des variétés riemanniennes, d'après J. Cheeger, et M. Gromov, in *Séminaire Bourbaki, Vol. 1983/84, exposés 615–632*, Astérisque 121–122, 63–82, Société Mathématique de France, Paris, 1985. (p. 139)

[344] W. Parry and M. Pollicott, An analogue of the prime number theorem for closed orbits of Axiom A flows, *Ann. of Math.* (2) 118, no. 3, 573–591, 1983. (p. 163)

[345] W. Parry and M. Pollicott, The Chebotarov theorem for Galois coverings of Axiom A flows, *Ergodic Theory Dynam. Systems* 6, no. 1, 133–148, 1986. (p. 165)

[346] G. Perelman, Construction of manifolds of positive Ricci curvature with big volume and large Betti numbers, in *Comparison geometry* (Ed. K. Grove and P. Petersen), Mathematical Sciences Research Institute Publications 30, 157–163, Cambridge University Press, Cambridge, 1997. (p. 151)

[347] G. Perelman, A complete Riemannian manifold of positive Ricci curvature with Euclidean volume growth and nonunique asymptotic cone, in *Comparison geometry* (Ed. K. Grove and P. Petersen), Mathematical Sciences Research Institute Publications 30, 165–166, Cambridge University Press, Cambridge, 1997. (p. 151)

[348] G. Perelman, The entropy formula for the Ricci flow and its geometric

applications, arXiv:math/0211159. (pp. 146, 158)

[349] G. Perelman, Finite extinction time for solutions to the Ricci flow on certain three-manifolds, arXiv:math/0307245. (pp. 146, 158)

[350] G. Perelman, Ricci flow with surgery on three-manifolds, arXiv: math/0303109. (pp. 146, 158)

[351] S. Peters, Convergence of riemannian manifolds, *Compositio Mathematica* 62, no. 1, 3–16, 1987. (pp. 117, 138)

[352] A. Petrunin, Semiconcave functions in Alexandrov's geometry, in *Metric and comparison geometry* (Ed. J. Cheeger and K. Grove), Surveys in Differential Geometry 11, 137–201, International Press, Somerville, MA, 2007. (p. 145)

[353] R. Phillips and P. Sarnak, Geodesics in homology classes, *Duke Math. J.* 55, no. 2, 287–297, 1987. (p. 166)

[354] M. Pollicott, Homology and closed geodesics in a compact negatively curved surface, *Amer. J. Math.* 113, no. 3, 379–385, 1991. (p. 166)

[355] M. Pollicott, Amenable covers for surfaces and growth of closed geodesics, *Adv. Math.* 319, 599–609, 2017. (p. 239)

[356] M. Pollicott and R. Sharp, Exponential error terms for growth functions on negatively curved surfaces, *Amer. J. Math.* 120, no. 5, 1019–1042, 1998. (p. 163)

[357] M. Pollicott and R. Sharp, Asymptotic expansions for closed orbits in homology classes, *Geom. Dedicata* 87, no. 1–3, 123–160, 2001. (p. 166)

[358] T. Pytlik, A Plancherel measure for the discrete Heisenberg group, *Colloq. Math.* 42, 355–359, 1979. (p. 207)

[359] R. Rammal and J. Bellissard, An Algebraic Semi-Classical Approach to Bloch Electrons in a Magnetic Field, *J. de Phys. France* 51, 1803–1830, 1990. (pp. 218, 228)

[360] H. E. Rauch, A contribution to differential geometry in the large. *Ann. of Math.* (2) 54, 38–55, 1951. (p. 129)

[361] M. Reed and B. Simon, *Methods of modern mathematical physics, IV, Analysis of operators*, Academic Press [Harcourt Brace Jovanovich, Publishers], New York-London, 1978. (p. 232)

[362] F. Richter, A new elementary proof of the prime number theorem, arXiv: 2002.03255. (p. 196)

[363] R. Ricks, Counting closed geodesics in a compact rank-one locally CAT(0) space, *Ergodic Theory Dynam. Systems* 42, no. 3, 1220–1251, 2022. (p. 240)

[364] M. Rubinstein and P. Sarnak, Chebyshev's bias, *Exp. Math.* 3, 173–197, 1994. (p. 242)

[365] E. A. Ruh, Almost flat manifolds, *J. Differential Geometry* 17, no. 1, 1–14,

1982. (p. 139)

[366] J. Sacks and K. Uhlenbeck, The existence of minimal immersions of 2-spheres, *Ann. of Math.* (2) 113, no. 1, 1–24, 1981. (p. 158)

[367] I. Satija, *Butterfly in the Quantum World*, Morgan and Claypool Publishers, San Rafael, CA, 2016. (p. 244)

[368] T. Sakai, *Riemannian geometry*, [26] の著者による英訳, Translations of Mathematical Monographs 149, American Mathematical Society, Providence, RI, 1996. (pp. 121, 137, 232)

[369] J. Sakurai and J. Napolitano, *Modern quantum mechanics, 2nd ed.*, Addison Wesley, San Francisco, CA, 2011. (p. 228)

[370] L. Saloff-Coste, Analysis on Riemannian co-compact covers, in *Eigenvalues of Laplacians and other geometric operators* (Ed. A. Grigor'yan and S.-T. Yau), Surveys in Differential Geometry 9, 351–384, International Press, Somerville, MA, 2004. (p. 238)

[371] P. Sarnak, Linking numbers of modular knots, *Commun. Math. Anal.* 8, no. 2, 136–144, 2010. (p. 240)

[372] L. Schlaefli, Nota alla Memoria del sig. Beltrami, 《Sugli spazzi di curvatura costante》, *Ann. di Mat. Pura Appl.* (2) 5, 178–193, 1871. (p. 87)

[373] R. Schoen and S.-T. Yau, On the structure of manifolds with positive scalar curvature, *Manuscripta Math.* 28, 159–183, 1979. (p. 155)

[374] R. Schoen and S.-T. Yau, Complete three-dimensional manifolds with positive Ricci curvature and scalar curvature, in *Seminar on Differential Geometry* (Ed. S.-T. Yau), Annals of Mathematics Studies 102, 209–228, Princeton University Press, Princeton, NJ, 1982. (p. 148)

[375] R. Schoen and S.-T. Yau, Positive Scalar Curvature and Minimal Hypersurface Singularities, arXiv:1704.05490v1. (p. 156)

[376] A. Selberg, An elementary proof of the prime-number theorem for arithmetic progressions, *Canad. J. Math.* 2, 66–78, 1950. (pp. 161, 196)

[377] A. Selberg, Harmonic analysis and discontinuous groups in weakly symmetric Riemannian spaces with applications to Dirichlet series, *J. Indian Math. Soc.* (N.S.) 20, 47–87, 1954 (pp. 160, 162, 202)

[378] J. P. Serre, Quelques applications du théorème de densité de Chebotarev, *Publ. Math. Inst. Hautes Études Sci.* No. 54, 323–401, 1981. (p. 176)

[379] J. P. Serre, Minerva Lectures, 2012, Talk 1: Equidistribution: `https://www.youtube.com/watch?v=RxI3BemTjfk` / Talk 2: How to use linear algebraic groups: `https://www.youtube.com/watch?v=5IWogUgYoZI&t=43s` / Talk 3: Counting solutions mod p and letting p tend to infinity: `https://www.youtube.com/watch?v=vyVbMmm73hg&t=191s`(pp. 177, 186)

[380] J.-P. Sha and D. Yang, Examples of manifolds of positive Ricci curvature, *J. Differential Geom.* 29, no. 1, 95–103, 1989. (p. 150)

[381] Y. Shikata, On a distance function on the set of differentiable structures, *Osaka Math. J.* 3, 65–79, 1966. (p. 124)

[382] T. Shioya, *Metric measure geometry: Gromov's theory of convergence and concentration of metrics and measures*, IRMA Lectures in Mathematics and Theoretical Physics 25, European Mathematical Society (EMS), Zürich, 2016. (pp. 159, 235)

[383] T. Shioya, Problems in metric measure geometry, to appear in *Tohoku Series in Mathematical Sciences.* (p. 159)

[384] T. Shioya and T. Yamaguchi, Collapsing three-manifolds under a lower curvature bound, *J. Differential Geom.* 56, no. 1, 1–66, 2000. (p. 145)

[385] T. Shioya and T. Yamaguchi, Volume collapsed three-manifolds with a lower curvature bound, *Math. Ann.* 333, no. 1, 131–155, 2005. (p. 145)

[386] M. A. Shubin, Pseudo-differential operators and spectral theory, Springer-Verlag, Berlin, 1987. (p. 232)

[387] B. Simon, Semiclassical analysis of low lying eigenvalues. I. Nondegenerate minima: asymptotic expansions *Ann. Inst. H. Poincaré* Sect. A (N.S.) 38, no. 3, 295–308, 1983. (p. 222)

[388] B. Simon, Semiclassical analysis of low lying eigenvalues. II. Tunneling, *Ann. of Math.* (2) 120, no. 1, 89–118, 1984. (p. 222)

[389] B. Simon, Semiclassical analysis of low lying eigenvalues. III. Width of the ground state band in strongly coupled solids, *Ann. Physics* 158, no. 2, 415–420, 1984. (p. 222)

[390] Y.-T. Siu and S.-T. Yau, Compact Kähler manifolds of positive bisectional curvature, *Invent. Math.* 59, no. 2, 189–204, 1980. (p. 157)

[391] S. Smale, The classification of immersions of spheres in Euclidean spaces, *Ann. of Math.* (2) 69, 327–344, 1959. (p. 79)

[392] G. Sosa, The isometry group of an RCD* space is Lie, *Potential Anal.* 49, 267–286, 2018. (p. 155)

[393] S. Stolz, A conjecture concerning positive Ricci curvature and the Witten genus, *Math. Ann.* 304, no. 4, 785–800, 1996. (p. 157)

[394] S. Stolz and P. Teichner, What is an elliptic object?, in *Topology, Geometry and Quantum Field Theory: Proceedings of the 2002 Oxford Symposium in Honour of the 60th Birthday of Graeme Segal* (Ed. U. Tillmann), London Mathematical Society Lecture Note Series 308, 247–343, Cambridge University Press, Cambridge, 2004. (p. 157)

[395] S. Stolz and P. Teichner, Supersymmetric field theories and generalized

cohomology, arXiv:1108.0189 (p. 157)

[396] R. S. Strichartz, Analysis of the Laplacian on the complete Riemannian manifold, *J. Func. Anal.* 52, no. 1, 48–79, 1983. (p. 187)

[397] K. T. Sturm, On the geometry of metric measure spaces I, *Acta Math.* 196, no. 1, 65–131, 2006. (p. 152)

[398] K. T. Sturm, On the geometry of metric measure spaces II, *Acta Math.* 196, no. 1, 133–177, 2006. (p. 152)

[399] K. T. Sturm, Remarks about synthetic upper Ricci bounds for metric measure spaces, arXiv:1711.0170. (p. 155)

[400] T. Sunada, Spherical means and geodesic chains on a Riemannian manifold. *Trans. Amer. Math. Soc.* 267, no. 2, 483–501, 1981. (p. 116)

[401] T. Sunada, *Topological crystallography: With a view towards discrete geometric analysis*, Surveys and Tutorials in the Applied Mathematical Sciences 6. Springer, Tokyo, 2013. (p. 237)

[402] T. Sunada, From Euclid to Riemann and beyond: how to describe the shape of the universe, in *Geometry in history* (Ed. S. G. Dani and A. Papadopoulos), 213–304, Springer, Cham, 2019 (pp. 1, 230)

[403] T. Tao, A Banach algebra proof of the prime number theorem, `https://terrytao.wordpress.com/2014/10/25/a-banach-algebra-proof-of-the-prime-number-theorem/` (p. 196)

[404] D. Tataru, Unique continuation problems for partial differential equations, in *Geometric methods in inverse problems and PDE control* (Ed. C. B. Croke, M. S. Vogelius, G. Uhlmann and I. Lasiecka), The IMA Volumes in Mathematics and its Applications 137, 239–255, Springer, New York, NY, 2004. (p. 232)

[405] W. P. Thurston, Three-dimensional manifolds, Kleinian groups and hyperbolic geometry, *Bull. Amer. Math. Soc.* (N.S.) 6, no. 3, 357–381, 1982. (pp. 146, 158)

[406] G. Tian, K-stability and Kähler-Einstein metrics, *Comm. Pure Appl. Math.* 68, no. 7, 1085–1156, 2015. (p. 152)

[407] C. Tompkins, Isometric embedding of flat manifolds in Euclidian space, *Duke Math. J.* 5, 58–61, 1939. (p. 88)

[408] M. Tsujii and Z. Zhang, Smooth mixing Anosov flows in dimension three are exponentially mixing, *Ann. of Math.* (2) 197, no. 1, 65–158, 2023. (p. 240)

[409] W. Tuschmann, Collapsing, solvmanifolds and infrahomogeneous spaces, *Differential Geom. Appl.* 7, no. 3, 251–264, 1997. (p. 141)

[410] A. Tuzhilin, Who Invented the Gromov–Hausdorff Distance?, arXiv:

1612.00728. (p. 124)

[411] S. R. S. Varadhan, On the behavior of the fundamental solution of the heat equation with variable coefficients, *Comm. Pure Appl. Math.* 2, 431–455, 1967. (p. 115)

[412] C. Villani, The Extraordinary Theorems of John Nash, Lecture video, `https://www.youtube.com/watch?v=iHKa8F-RsEM` (p. 90)

[413] H. Whitney, Differentiable manifolds, *Ann. of Math.* (2) 37, no. 3, 645–680, 1936. (p. 77)

[414] H. Whitney, On regular closed curves in the plane, *Comput. Math.* 4, 276–284, 1937. (p. 121)

[415] H. Whitney, The self-intersections of a smooth n-manifold in $2n$-space, *Ann. of Math.* (2) 45, 220–246, 1944. (p. 79)

[416] H. Whitney, The singularities of a smooth n-manifold in $(2n-1)$-space, *Ann. of Math.* (2) 45, 247–293, 1944. (pp. 79, 84)

[417] M. Wilkinson, Critical properties of electron eigenstates in incommensurate systems, *Proc. Royal Soc. Loud.* A391, 305–330, 1984. (p. 218)

[418] E. Witten, Supersymmetry and Morse theory, *J. Differential Geometry* 17, no. 4, 661–692, 1982. (p. 222)

[419] E. Witten, On The Work Of Narasimhan and Seshadri, `https://www.youtube.com/watch?v=QZTZJ4mT7tk`(p. 231)

[420] T. Yamaguchi, On the number of diffeomorphism classes in a certain class of Riemannian manifolds, *Nagoya Math. J.* 97, 173–192, 1985. (p. 117)

[421] T. Yamaguchi, Collapsing and pinching under a lower curvature bound, *Ann. of Math.* (2) 133, no. 2, 317–357, 1991. (p. 142)

[422] T. Yamaguchi, A convergence theorem in the geometry of Alexandrov spaces, in *Actes de la table ronde de Géométrie Différentielle: en l'honneur de Marcel Berger* (Ed. A. L. Besse), Séminaires et Congrès 1, 601–642, Société Mathématique de France, Paris, 1996. (p. 145)

[423] T. Yamaguchi, Isometry groups of spaces with curvature bounded above, *Math. Z.* 232, no. 2, 275–286, 1999. (p. 155)

[424] T. Yamaguchi, Collapsing 4-manifolds under a lower curvature bound, arXiv:1205.0323. (p. 145)

[425] S.-T. Yau, On the Ricci curvature of a compact Kähler manifold and the complex Monge-Ampère equation, I, *Comm. Pure Appl. Math.* 31, no. 3, 339–411, 1978. (p. 149)

[426] S.-T. Yau, Open problems in geometry, in *Differential Geometry: Partial Differential Equations on Manifolds*, Proceedings of Symposia in Pure Mathematics 54, part 1, 1–28, American Mathematical Society, Providence,

RI, 1992. (p. 149)

[427] S.-T. Yau, Shiing Shen Chern as a Great Geometer of 20th Century, Lecture video, `https://www.youtube.com/watch?v=YHQtmsGBsqs` (pp. 69, 77)

[428] D. Zagier, Newman's short proof of the prime number theorem, *Amer. Math. Monthly* 104, no. 8, 705–708, 1997. (p. 196)

[429] S. Zelditch, Maximally degenerate Laplacians, *Ann. Inst. Fourier* 46, no. 2, 547–587, 1996. (p. 233)

[430] S. Zelditch, *Eigenfunctions of the Laplacian on a Riemannian manifold*, CBMS Regional Conference Series in Mathematics 125, American Mathematical Society, Providence, RI, 2017. (p. 232)

[431] M. Zworski, *Semiclassical analysis*, Graduate Studies in Mathematics 138, American Mathematical Society, Providence, RI, 2012. (p. 232)

事 項 索 引

■ 数字・英字

a priori estimate 97
$\hat{A}$-genus 155
Abel Jacobi map 195
Abel prize 94
abelian 212
abelian extension 161
abelian group 166
abelian quotient 167
absolute Galois group 175
adjacency matrix 201
adjoint vector bundle 75
Albanese torus 195
Alexandrov space 121
algebraic closure 175
algebraic extension 164
algebraic field 172
algebraic geometry 25
algebraic topology 80
algebraic variety 25
almost flat manifold theorem 139
almost nonpositively curved manifold 141
amenable group 238
ample 158
analysis 5
analytic continuation 160
analytic geometry 1
analytic invariant 43
analytic torsion 222
Anosov action 147
Anosov flow 147
Anosov representation 147
antipodal points 28
approximation theorem 90
arclength 9
arithmetic progression 161
arXiv 154
asymptotic behavior 165
asymptotic expansion 166
automatic group 147
Axiom A flow 163
axiom of mobility 68
axiom of separation 20
Banach algebra 196
Banach space 100
band structure 218
band theory 179
barycentric division 91
base space 72
Betti number 150
biholomorphic 158
Bloch theory 179
boundary at infinity 234
bounded operator 218
Brillouin zone 181
Brownian motion 189
building 147
bundle map 74
Calabi-Yau space 149

calculus　1
calculus of functors　86
Campbell-Baker-Hausdorff formula　236
canonical embedding　70
canonical section　214
Cantor set　215
Carleman estimates　232
CAT space　146
Cayley graph　215
Cayley projective line　29
Cayley projective plane　29, 129
Cayley transformation　198
CD condition　153
CD(K, N) space　152
central limit theorem　166
character　181
characteristic class　76
charged particle　220
Chebyshev bias　242
Christoffel's symbol　49
closed differential form　195
closed geodesic　58
closed manifold　77
co-differential　186
co-exact differential form　228
coadjoint action　225
cobordant　85
cobordism theory　85
cohomology class　195
cohomology ring　84
collapsing theory　139
commutator group　167
compact　28
compact operator　211
compact rank one symmetric space　129
compact-open topology　80
compactification　134
comparable　238
comparison theorem　134
comparison triangle　143
complete　62
completion　134
complex geometry　152
complex projective space　29, 129
concentration topology　235
Condensed Mathematics　156
configuration space　29
congruence class　163
conjugacy class　160
conjugate invariant　175
conjugate point free　240
connected　126
connected sum　28
connection　44
connection form　224
constant curvature　132
constant magnetic field　214
constant vector field　52
contact　9
continuous　22
continuous deformation　47
continuous group　161
continuous spectrum　188
convergence　21
cosine formula　5
cotangent space　42
cotangent vector　43
counting function　160
covariant derivative　46
covering manifold　177
covering space　177
covering transformation　177
covering transformation group　177
creation and annihilation operators　220
critical point　58
curvature circle　9

curvature of plane curve　6
curvature operator　158
curvature radius　9
curvature tensor　52
cut locus　118
cyclotomic extension　164
cyclotomic field　164
cyclotron　220
de Rham cohomology group　195
de Rham's Theorem　226
deep Riemann hypothesis　242
deformation theorem　96
delta function　189
density　175
density theorem　164
diameter　133
diffeomorphic　26
diffeomorphism　26
diffeomorphism group　154
differentiable manifold　20
differentiable map　41
differentiable sphere theorem　142
differentiable structure　24
differential　41
differential algebra　184
differential geometry　69
differential map　41
differential operator　38
differential relation　121
differential structure　24
differential topology　122
diffraction　233
dilatation　169
Dirac cone　243
Dirac operator　155
direct integral　181
direct integral decomposition　181
Dirichlet series　160
discontinuos group　160
discrete approximation　163
discrete curvature　241
discrete geometric analysis　123
discrete group　161
discrete Heisenberg group　161
discrete Laplacian　214
discrete magnetic Laplacian　215
discrete manifold　123
discrete nilpotent group　167
discrete operator　215
discrete solvable group　239
discrete space　177
discrete subgroup　139
discrete topology　23
distance space　125
distribution　131
double commutator group　167
double well　221
dual space　42
dynamical system　162
ε-approximation map　128
ε-dense　127
ε-discrete　127
eigen-equation　194
eigenfunction　187
eigenfunction expansion　188
eigenspace　188
eigenvalue　187
eigenvalue estimate　204
Einstein equation　149
Einstein manifold　133
Einstein metric　133
Elements　1
elliptic　106
elliptic differential operator　105
elliptic estimate　105
elliptic geometry　2

embedding 71
embedding calculus 86
energy 57
Engel group 170
equivalence class 28
equivalence relation 28
equivalent 28
error term 163
essential spectrum 235
essentially self-adjoint 187
eta function 241
Euclidean distance 119
Euclidean geometry 1
Euclidean space 6
Euclidean topology 23
even function 183
evolution equation 97
exotic sphere 26
explicit formula 160
exponential growth 238
exponential map 57
extension degree 172
extension of field 164
exterior differential operator 184
exterior product 184
extrinsic 6
Fermi surface 243
fiber 72
fiber bundle 74
Fields Medal 215
finite algebraic extension 174
finite extension 174
finite extension field 172
finite extension group 229
finite field 123
finite group 165
finite oriented graph 201
finite volume 166
finitely generated 165
finitely generating system 168
first Betti number 148
first eigenvalue 148
fixed point theorem 100
flat band 243
flat line bundle 181
flat manifold 132
flat torus 88
flat vector bundle 180
Floquet theory 179
fluid dynamics 122
foliation 122
formal adjoint operator 186
Fourier expansion 188
Fourier inversion 207
Fourier transform 188
fractal 243
fractal structure 217
fractional L^p derivative 119
free 95
free group 172
free homotopy 164
free homotopy class 162
Frobenius conjugacy class 173
Frobenius homomorphism 164
Frobenius permutation 173
function space 179
functional 58
fundamental domain 199
fundamental group 148
fundamental solution 188
fundamental theorem of ordinary differential equations 57
Galois covering 178
Galois extension 172
Galois group 164
Galois theory 174

gauge theory 48
gauge transformation 192
Gauss lemma 60
Gauss map 13
general linear group 29
generalized eigenfunction expansion 188
Generalized Riemann Hypothesis 176
genus 166
geodesic 44
geodesic curvature 8
geodesic flow 147
geodesic normal coordinates 117
geodesic segment 143
geodesic space 142
geodesic triangle 142
geodesically complete 62
geometric formulation 164
geometric group theory 147
geometric side 201
global analysis 230
global information 43
global isometric embedding 88
global Riemannian geometry 43
Goodwillie calculus 86
graph 202
graph manifold 147
graphene 243
Grassman manifold 29
great circle 61
Gromov-Hausdorff distance 123
Gromov-Hausdorff limit 117
Hölder index 95
Hölder continuous 117
harmonic analysis 160
harmonic coordinates 117
harmonic differential form 193
harmonic Maass form 241
harmonic map 158
harmonic oscillator 169
Harper operator 214
Hausdorff dimension 151
Hausdorff distance 127
Hawaiian earring 179
heat distribution 189
heat flow 153
heat kernel 188
heat transfer equation 188
Heisenberg extension 167
Heisenberg group 161
Heisenberg Lie group 161
Hessian 14
holomorphic bisectional curvature 157
holomorphic sectional curvature 157
holonomic relations 121
holonomy 241
homeomorphic 21
homeomorphism 21
homogeneous space 129
homology class 193
homology group 166
homotopy class 47
homotopy group 80
homotopy principle 121
honeycom lattice 243
Hopf fibration 76
hyperbolic dynamical system 163
hyperbolic equation 233
hyperbolic geometry 2
hyperbolic group 147
hyperbolic length 239
hyperbolic metric 197
hyperbolic plane 4, 61
hyperbolic Riemann surface 162
hyperbolic space 54
hyperboloid 27
hyperboloid of one sheet 27

hyperboloid of two sheets 27
hypo-elliptic differential operator 153
ICM 2022 244
identity immersion 81
identity operator 215
immersion 71
implicit function theorem 94
incompressible space form 159
indefinite projective special unitary group 199
index theorem 155
indiscrete topology 23
induced metric 52
inductive limit 83
inertia group 175
infinite abelian extension 200
infinite extension 164
infinite extension field 175
infinite well 222
information theory 123
infra-nilmanifold 132
initial value 189
initial value problem 188
inner product 11
integer ring 172
integral equation 227
integral geometry 230
integral kernel 189
integral transformation 189
intermediate covering 215
intrinsic 6
inverse Fourier transform 182
inverse problem 232
inversion 81
inversion of spheres 80
invertible element 163
isometric 63
isometric embedding 87
isometric immersion 89
isometry 63
isometry group 154
isospectral manifolds 237
isotropic curvature 158
iterated integral 226
iteration method 94
Jacobi field 64
Jacobi torus 166
Jacobian 14
Jacobian matrix 10
k-space 243
Kähler-Einstein metric 152
Kählerian manifold 157
K3 surface 152
Kant philosophy 5
knot theory 86
Krull topology 174
L^2-inner product 228
Landau level 220
Laplace method 192
Laplace-Beltrami operator 186
Laplacian 184
large deviation principle 166
left Lie integral 223
Leibniz rule 38
Lie algebra 169
Lie bracket 50
Lie group 29
Lie integral 223
limit 22
limit cone 27
limiting parallel 3
line integral 193
linear connection 48
linear fractional transformation 198
linear ordinary differential equation 47
linking number 240

Lobachevsky plane　88
local coordinates　25
local coordinates expression　41
local coordinates neighborhood　21
local coordinates system　39
local coordinates transformation　41
local diffeomorphism　117
local isometric embedding　87
local operator　38
local quantity　43
local system　180
localization　219
locally finite　185
locally symmetric space　147
long line　20
long range random walk　240
long time asymptotic behavior　190
loop space　157
Lorentzian metric　149
lower central series　167
L^p-space　131
Möbius bundle　74
machine learning　114
magic angle　243
magnetic Laplacian　214
Malcev completion　167
manifold　15
manifolds learning　114
material science　123
Math-Science Literature Lecture Series　69
MCP　153
mean curvature　6
measure concentration phenomenon　159
measure contraction property　153
measured Gromov-Hausdorff distance　141
metric connection　50
metric measure space　153
metric space　62
metric structure　180
microlocal analysis　233
minimal eigenvalue　187
minimal embeddable dimension　79
minimal immersive dimension　79
minimal surface　13
minimax principle　191
mod p reduction　158
model　54
modified Riemann-Hilbert problem　241
moduli　30
Moiré pattern　243
mollified characteristic function　204
mollifier　100
monodromy representation　241
Morse theory　28
Morse's lemma　195
multiplication operator　220
Newton iteration　94
nilmanifold　139
nilpotent Lie group　139
non abelian group　191
non amenable group　239
non commutative infinite group　167
non Euclidean geometry　1
non holonomic relations　122
non perturbative error　219
non-branching　118
non-orientable　28
nonlinear ordinary differential equation　57
nonpositively curved manifold of rank one　147
normal bundle　82
normal bundle map　84
normal covering　178

normal curvature　8
normal curve　9
normal extension　172
Novikov conjecture　156
number theory　5
observable distance　159
octonion　29
octonion projective line　29
octonion projective plane　29, 129
odd function　183
open ball　22
open covering　73
open neighborhood　21
open set　21
operator　192
operator algebra　156
optimal transport theory　153
orbifold　144
orientable　28
orthogonal coordinates　24
orthogonal frame bundle　140
orthogonal group　29
orthogonal projection　121
p-adic geometry　123
π_1-de Rham's Theorem　226
parabolic　118
paracompact　20
parallel axiom　2
parallel transport　13, 45
parallel transport along a curve　45
parallel vector field　47
partition of unity　185
periodic operator　243
perturbation　192
Pfaffian form　88
pinching condition　129
pinching problem　124
Planck constant　218
plane curve　8
plane wave　243
plenary lecture　240
Poincaré disc　198
Poincaré metric　197
Poincaré upper half plane　88
pointed Gromov-Hausdorff convergence　234
polycyclic group　239
polynomial growth　148
polynomial growth order　168
Pontryagin class　157
positive characteristic　158
positive mass theorem　156
positivity　125
postulate　2
precompactness theorem　130
prime closed geodesic　160
prime geodesic theorem　161
prime ideal　172
prime number　160
prime number race　242
prime number theorem　160
primitive ℓ-th root of unity　164
principal bundle　74
principal curvature　6
probability theory　189
profinite infinite cyclic group　176
projective geometry　1
projective space　75
projective special linear group　198
proper　178
properly discontinuous　178
pseudo differential operator　112
pull back vector bundle　74
pyramid　159
QCD condition　153
Quantum Hall effect　217

quantum mechanics　236
quartic oscillator　170
quasi convex　153
quasi-morphism　240
quaternion　29
quaternion projective space　29, 129
quotient group　165
quotient manifold　228
quotient singularity　140
quotient topological space　28
ℝ-tree　147
Rademacher symbol　240
ramification index　172
random walk　189
rational field　164
Ray-Singer conjecture　222
Ray-Singer torsion　236
RCD space　153
real Heisenberg group　161
real projective plane　28
real projective space　28
reciprocal lattice space　243
regular graph　216
regular homotopy　121
regularity theorem　148
regularized determinant　236
Reidemeister torsion　222
relativity　149
representation space　179
representation theory　5
representative　39
return probability　238
Ricci curvature　133
Ricci flat　149
Ricci flow　95
Ricci flow with surgery　158
Ricci limit space　149
Riemann hypothesis　160
Riemann integral　223
Riemann surface　26
Riemann zeta function　160
Riemann-Hilbert problem　241
Riemannian connection　46
Riemannian covering　178
Riemannian distance　62
Riemannian integral　181
Riemannian manifold　47
Riemannian measure　186
Riemannian metric　20
Riemannian moduli space　242
Riemannian normal covering　180
Riemannian structure　21
Riemannian submanifold　148
Riemannian sum　181
Riemannian volume measure　186
right Lie integral　223
right regular representation　180
rigidity　147
scalar curvature　133
Schrödinger representation　207
section　41
sectional curvature　4
Selberg trace formula　162
Selberg zeta function　160
semiclassical approximation　218
semigroup　211
series　163
short embedding　90
short immersion　89
short time asymptotic behavior　190
short time asymptotic expansion　114
shortest closed curve　164
shortest geodesic　62
simplicial decomposition　91
simply connected　47
singular space　233

singularity 140
smoothing 94
Sobolev space 131
sociology of manifolds 132
solid state physics 179
solvable Lie group 141
solvmanifold 141
Sorgenfrey line 20
space of constant curvature 54
special linear group 29
spectral analysis 179
spectral side 192
spectral structure 214
spectral zeta function 168
sphere 4
sphere theorem 124
spin structure 155
splitting theorem 148
stability theorem 117
stable normal bundle map 83
standard sphere 26
star like neighborhood 91
Stiefel manifold 81
Stolz-Teichner Conjecture 157
strainer 121
stratified 169
strength of magnetic flux 215
structure group 74
subcovering 178
submersion 140
subRiemannian geometry 153
super Ricci flow 155
supersingular elliptic curve 176
supersymmetric harmonic oscillator 222
support 185
surface group 239
symbol 119
symbolic dynamics 163
symmetric space 129
symmetric tensor product 102
symmetry 125
synthetic 152
synthetic differential geometry 152
tangent 9
tangent bundle 38
tangent cone 150
tangent plane 11
tangent space 37
tangent vector 8
tangential vector field 40
Tauberian theorem 196
tautological bundle 75
Taylor expansion 39
Ten Martini Problem 215
tensor 52
tensor analysis 14
tensor product 96
the first Bianchi identity 53
the first fundamental form 6
the first variational formula 58
the second Bianchi identity 53
the second countable axiom 20
the second fundamental form 12
the second variational formula 62
Theorema Egregium 6
thermodynamical formalism 163
topological embedding 78
topological entropy 162
topological group 29
topological immersion 79
topological manifold 26
topological obstruction 155
topological space 20
topological structure 21
topology 5
topos theory 152

torsion　50
torsion free condition　50
torsion free nilpotent group　240
torus　27
torus knot　241
total Betti number　150
total space　72
totally bounded　133
totally disconnected　174
trace class　211
transition probability　189
transitive　173
tree　147
trefoil knot　240
triangle inequality　125
trichotomy　238
trivial　175
trivial bundle　74
trivial representation　183
trivial topology　23
tubular neighborhood　121
twin prime conjecture　177
twisted Laplacian　191
ultra-filter　147
unbounded operator　218
uniform lattice　167
uniformization theorem　199
unique continuation theorem　221
unit normal vector　7
unitary dual　181
unitary operator　219
unitary representation　161
universal covering　162
unramified　173
upper structure　24
variant form　177
variation　58
variational method　58
variational vector field　58
vector bundle　72
vector field　40
vector product　12
vector space　28
vertical subspace　224
virtual normal bundle　82
virtually nilpotent group　168
volume　134
volume growth　134
wave equation　233
wave number space　243
wave operator　233
weak homotopy equivalent　80
weakly mixing　163
weakly symmetric space　160
wedge product　184
Weyl's asymptotic formula　233
Whitney sum　82
Witten genus　157
word length　168
Yang-Mills connection　48
Zariski topology　25
Zoll manifold　234
Zygmund space　119

■ア行

アーベル・ヤコビ写像 (Abel Jacobi map)　195
アーベル拡大 (abelian extension)　161, 164, 171, 175, 206, 207, 213
アーベル群 (abelian group)　166–168, 171, 179, 181, 191, 193, 203, 207, 223, 228, 229, 240
アーベル商 (abelian quotient)　167, 175, 229
アーベル賞 (Abel prize)　94
アーベル的 (abelian)　212

アーベル被覆 (abelian cover)　191
ℝ-木 (ℝ-tree)　147
アインシュタイン計量 (Einstein metric)　133
アインシュタイン多様体 (Einstein manifold)　133, 150
アインシュタイン方程式 (Einstein equation)　149
アノソフ作用 (Anosov action)　147
アノソフ表現 (Anosov representation)　147
アノソフ流 (Anosov flow)　147, 162, 166, 196
アルバネーゼトーラス (Albanese torus)　195
アレクサンドロフ空間 (Alexandrov space)　121, 131, 138, 142-146, 150, 152, 153, 155-157, 233
安定性定理 (stability theorem)　117, 120, 121, 130-132, 137, 139, 140, 145, 151
安定法束写像 (stable normal bundle map)　83, 85
異種球面 (exotic sphere)　26
位相エントロピー (topological entropy)　162, 163
位相空間 (topological space)　20, 21, 23, 24, 28, 29
位相群 (topological group)　29, 175
位相構造 (topological structure)　21-24, 26, 79, 174, 180
位相多様体 (topological manifold)　26
位相的埋め込み (topological embedding)　70, 77, 78, 86, 87
位相的障害 (topological obstruction)　155
位相的制約 (topological restriction)　155
位相的はめ込み (topological immersion)　79
一意化定理 (uniformization theorem)　199
一意接続定理 (unique continuation theorem)　221, 232
1 次分数変換 (linear fractional transformation)　198
1 重延長多様体　18
1 の分解 (partition of unity)　185, 186
一様格子 (uniform lattice)　167-170, 226, 238, 239
一葉双曲面 (hyperboloid of one sheet)　27
一般固有関数展開 (generalized eigenfunction expansion)　188
一般線形群 (general linear group)　29, 180
一般的量　16, 21
一般リーマン予想 (Generalized Riemann hypothesis)　176
イデアル (ideal)　173
ε-近似写像 (ε-approximation map)　128
ε-疎 (ε-discrete)　127
ε-ネット (ε-net)　123, 127, 135, 136
ε-密 (ε-dense)　127, 134, 136, 137
陰関数定理 (implicit function theorem)　94, 95, 100, 113
ウィッテン種数 (Witten genus)　157
ウェッジ積 (wedge product)　184
埋め込み (embedding)　70-72, 77-79, 83, 86, 87, 89, 92, 93, 101, 113-115, 117-121, 138, 140
埋め込み解析 (embedding calculus)　86
裏返しはめ込み (inversion)　81
h 原理 (homotopy principle)　121
エータ関数 (eta function)　241
A ハット種数 ($\hat{A}$-genus)　155
A ルーフ種数 ($\hat{A}$-genus)　155
n 階のべき零群 (n-step nilpotent group)　167
n 重延長多様体　20, 30, 33, 35
n 重延長量　17, 25, 64

エネルギー (energy)　57, 58, 62
L^2-内積 (L^2-inner product)　228
L^p-空間 (L^p-space)　131
エンゲル群 (Engel group)　170
円分拡大 (cyclotomic extension)　164
円分体 (cyclotomic field)　164
オートマティック群 (automatic group)　147

■ カ行

カーレマン評価 (Carleman estimates)　232
開球体 (open ball)　22
開近傍 (open neighborhood)　21
外在的 (extrinsic)　6, 7, 12, 14
開集合 (open set)　21-25, 28
階数 (rank)　240
階数 1 非正曲率多様体 (nonpositively curved manifold of rank one)　147, 240
外積 (exterior product)　184
解析学 (analysis)　5
解析幾何学 (analytic geometry)　1
解析接続 analytic continuation)　160, 196
解析的トージョン (analytic torsion)　222, 236
解析的不変量 (analytic invariant)　43, 124
回折 (diffraction)　233
概非正曲率多様体 (almost nonpositively curved manifold)　141
開被覆 (open covering)　73, 90, 185
外微分 (exterior differential)　186
外微分作用素 (exterior differential operator)　184
概べき零群 (virtually nilpotent group)　168, 239
概べき零多様体 (infra-nilmanifold)　132, 139, 140
ガウス・ボンネの定理 (Gauss-Bonnet theorem)　44, 68, 124, 166, 195
ガウス驚愕の定理 (Gauss's Theorema Egregium)　6, 230
ガウス曲率 (Gaussian curvature)　4, 6-8, 13, 14, 44, 55, 56, 90, 132
ガウス写像 (Gauss map)　13, 14
ガウスの補題 (Gauss lemma)　60
可解多様体 (solvmanifold)　141
可解リー群 (solvable Lie group)　141
可逆元 (invertible element)　163
拡大 (dilatation)　169, 170
拡大次数 (extension degree)　172
拡大体 (extension field)　172
確率論 (probability theory)　189
掛け算作用素 (multiplication operator)　220
仮想法束 (virtual normal bundle)　82
数え上げ (counting)　175, 190, 197, 203, 205, 213
数え上げ関数 (counting function)　160, 161
滑層化 (stratified)　169, 170
荷電粒子 (charged particle)　220
可動性の公理 (axiom of mobility)　68
カラビ・ヤウ空間 (Calabi-Yau space)　149
絡み数 (linking number)　240
ガロア拡大 (Galois extension)　172
ガロア群 (Galois group)　164, 172-176
ガロア被覆 (Galois covering)　178
ガロア理論 (Galois theory)　174
関手の微積分 (calculus of functors)　86
管状近傍 (tubular neighborhood)　121, 138, 140
関数空間 (function space)　179, 214
関数等式 (functional equation)　160
完全微分式　35

完全不連結 (totally disconnected)　174
観測距離 (observable distance)　159, 235
カントール集合 (Cantor set)　215
カント哲学 (Kant philosophy)　5
完備 (complete)　61, 62, 133, 148, 154, 187, 189, 197
完備化 (completion)　134
木 (tree)　147
機械学習 (machine learning)　114
幾何学側 (geometric side)　201, 202, 205, 206
幾何学群論 (geometric group theory)　147
幾何学的定式化 (geometric formulation)　164
奇関数 (odd function)　183, 184
記号力学系 (symbolic dynamics)　163
擬準同型 (quasi-morphism)　240, 241
基調講演 (plenary lecture)　240, 244
軌道体 (orbifold)　144
擬凸 (quasi convex)　153
帰納的極限 (inductive limit)　83
擬微分作用素 (pseudo differential operator)　112, 236
基本解 (fundamental solution)　188, 189
基本群 (fundamental group)　148, 151, 160, 164, 171, 178, 193, 199, 202, 239, 241
基本領域 (fundamental domain)　179, 199, 200
逆格子空間 (reciprocal lattice space)　243
逆フーリエ変換 (inverse Fourier transform)　182
逆問題 (inverse problem)　232
CAT 空間 (CAT space)　146, 147, 155
キャンベル・ベイカー・ハウスドルフ公式 (Campbell-Baker-Hausdorff formula)　236
級数 (series)　163
球面 (sphere)　4, 8, 27, 28, 34, 36, 37, 46, 54, 61, 66, 68, 75, 77, 80, 81, 89, 129
球面三角法 (spherical trigonometry)　4
球面定理 (sphere theorem)　124, 126, 158
球面の裏返し (inversion of spheres)　80, 81
共変微分 (covariant derivative)　43, 46-49, 52, 117, 224
共役点を持たない (conjugate point free)　240
共役不変 (conjugate invariant)　175
共役類 (conjugacy class)　160, 164, 165, 168, 170, 171, 173, 202, 206, 229, 237
極限 (limit)　22
極限錐 (limit cone)　27
極小曲面 (minimal surface)　13, 155
局所化 (localization)　219, 221, 222
局所系 (local system)　180
局所座標 (local coordinates)　25
局所座標近傍 (local coordinates neighborhood)　21, 24, 38, 39, 41, 49, 54, 73, 77
局所座標系 (local coordinates system)　39, 42, 55, 57, 184-186, 204
局所座標表示 (local coordinates expression)　41, 47, 49, 52, 54, 187
局所座標変換 (local coordinates transformation)　41
局所作用素 (local operator)　38
局所対称空間 (locally symmetric space)　147, 240
局所的量 (local quantity)　43, 124, 128
局所等長埋め込み (local isometric embedding)　87
局所微分同相写像 (local diffeomorphism)　117, 138
局所有限 (locally finite)　185
曲線に沿う平行移動 (parallel transport

along a curve)　44, 45, 47, 51, 52
曲面群 (surface group)　239
曲率 (curvature)　33, 35, 124, 128, 132, 143, 157
曲率円 (curvature circle)　9, 10
曲率作用素 (curvature operator)　158, 159
曲率次元空間 (CD space)　152-154, 156
曲率次元条件 (CD condition)　153
曲率テンソル (curvature tensor)　43, 52-54, 63, 117, 143
曲率半径 (curvature radius)　9
距離 (distance)　123, 125-128, 133-135, 143, 153
距離空間 (metric space)　62, 125-128, 130, 133, 134, 140, 142, 149, 152, 155, 156
近似定理 (approximation theorem) 90-92
偶関数 (even function)　183, 184
グットウィリー解析 (Goodwillie calculus) 86, 87
グラスマン多様体 (Grassman manifold) 29
グラフ (graph)　202, 214-216
グラフェン (graphene)　243
グラフ多様体 (graph manifold)　147
クリストッフェルの記号 (Christoffel's symbol)　49, 51, 54, 56
クルル位相 (Krull topology)　174, 175
グロモフ・ハウスドルフ極限 (Gromov-Hausdorff limit)　117, 142, 144, 145, 147
グロモフ・ハウスドルフ距離 (Gromov-Hausdorff distance) 123-128, 130, 131, 133-138, 140, 142, 144, 147, 149, 150, 232, 235
グロモフ・ハウスドルフ収束 (Gromov-Hausdorff convergence) 141, 150, 234, 235
形式的随伴作用素 (formal adjoint operator)　186
計量関係　21, 30
計量構造 (metric structure)　180
計量接続 (metric connection)　50, 51
k 空間 (k-space)　243
ゲージ変換 (gauge transformation)　192
ゲージ理論 (gauge theory)　48
K3 曲面 (K3 surface)　152
ケーラー・アインシュタイン計量 (Kähler-Einstein metric)　152
ケーラー多様体 (Kählerian manifold)　157
ケーレーグラフ (Cayley graph)　215, 216, 241
ケーレー変換 (Cayley transformation) 198
限界平行線 (limiting parallel)　3, 4
原始 ℓ 乗根 (primitive ℓ-th root of unity) 164
『原論』(*Elements*)　1
交換関係 (commutator relation)　236
交換子群 (commutator group)　167, 175
公準 (postulate)　2
剛性 (rigidity)　147
構造群 (structure group)　74
恒等作用素 (identity operator)　215
恒等はめ込み (identity immersion)　81
合同類 (congruence class)　163
公理 A 流 (Axiom A flow)　163
国際数学者会議 (ICM 2022)　244
国際数学者会議 (International Congress of Mathematicians, ICM)　240
誤差項 (error term)　163
固体物理 (solid state physics)　179, 243
弧長 (arclength)　9, 13, 58, 59
語の長さ (word length)　168, 239
コホモロジー環 (cohomology ring)　84

コホモロジー類 (cohomology class)　195
コボルダント (cobordant)　85
コボルディズム理論 (cobordism theory)　85
固有 (proper)　178
固有関数 (eigenfunction)　187, 189, 192, 220
固有関数展開 (eigenfunction expansion)　188, 228
固有空間 (eigenspace)　188
固有値 (eigenvalue)　187, 189, 191, 192, 201, 203, 213, 217, 218, 228, 232, 233, 243
固有値評価 (eigenvalue estimate)　204
固有不連続 (properly discontinuous)　178, 180
固有方程式 (eigenequation)　194
コンパクト (compact)　28, 62, 77, 78, 80, 106, 113, 115, 137, 142, 144, 153-155, 157, 158, 162, 164, 166, 170, 174, 178, 179, 185, 187-191, 195, 197, 199, 200, 202, 206, 226
コンパクト化 (compactification)　134, 140, 142, 149, 152
コンパクト開位相 (compact-open topology)　80, 86
コンパクト階数 1 の対称空間 (compact rank one symmetric space)　129
コンパクト作用素 (compact operator)　211

■ サ行

サイクロトロン (cyclotron)　220
最小埋め込み次元 (minimal embeddable dimension)　79
最小固有値 (minimal eigenvalue)　187-189, 191, 192, 204
最小最大原理 (minimax principle)　191
最小跡 (cut locus)　118
最小はめ込み次元 (minimal immersive dimension)　79, 81, 84, 86
最短測地線 (shortest geodesic)　62
最短閉曲線 (shortest closed curve)　164
最適輸送理論 (optimal transport theory)　153
材料科学 (material science)　123
作用素 (operator)　192, 193, 201, 213-215, 217-219, 228
作用素環 (operator algebra)　156, 207
ザリスキ位相 (Zariski topology)　25
3ε-密 (3ε-dense)　136, 137
三角形比較定理 (triangle comparison theorem)　124, 142
三角不等式 (triangle inequality)　125, 126, 135, 137
3 重延長多様体　19
3 重延長量　16
算術級数 (arithmetic progression)　161, 163, 176, 242
三分法 (trichotomy)　238
三葉結び目 (trefoil knot)　240
ジグムント空間 (Zygmund space)　119
次元延長量　16
四元数 (quaternion)　29
四元数射影空間 (quaternion projective space)　29, 129
指数写像 (exponential map)　57, 60, 64, 137, 149
指数増大 (exponential growth)　238, 239
指数定理 (index theorem)　155
指数的混合性 (exponentially mixing)　240
沈め込み (submersion)　140
実射影空間 (real projective space)　28, 81, 86
実射影平面 (real projective plane)　28
実ハイゼンベルグ群 (real Heisenberg

group) 161
磁場つきラプラシアン (magnetic Laplacian) 214, 218, 220
磁場つき離散ラプラシアン (discrete magnetic Laplacian) 213–215
磁場の強さ (strength of magnetic flux) 215, 217
指標 (character) 181, 182, 191, 193, 203, 207, 208, 210, 228
自明 (trivial) 175
自明束 (trivial bundle) 74, 75, 82, 92, 180
自明表現 (trivial representation) 183, 192, 204, 213
射影幾何学 (projective geometry) 1
射影空間 (projective space) 75, 76
射影特殊線形群 (projective special linear group) 198
弱混合的 (weakly mixing) 163, 166
弱対称空間 (weakly symmetric space) 160
弱ホモトピー同値 (weak homotopy equivalent) 80
弱ホモトピー同値写像 (weak homotopy equivalent map) 80
自由 (free) 95
自由埋め込み (free embedding) 96–100, 104, 111, 112
周期関数 (periodic function) 188
周期的作用素 (periodic operator) 243
自由群 (free group) 172
従順群 (amenable group) 238, 239
重心細分 (barycentric division) 91
収束 (convergence) 21, 22
集中位相 (concentration topology) 235, 236
自由ホモトピー (free homotopy) 164
自由ホモトピー類 (free homotopy class) 162, 164, 165
主曲率 (principal curvature) 6, 7, 13, 44
手術つきリッチ流 (Ricci flow with surgery) 158, 159
種数 (genus) 166, 170, 171, 195, 199, 200, 202
主束 (principal bundle) 72, 74, 75, 82, 83, 140
シュトルツ・タイヒナー予想 (Stolz-Teichner Conjecture) 157
シュレディンガー作用素 (Schrödinger operator) 221
シュレディンガー表現 (Schrödinger representation) 207, 210, 213, 218, 219
シュワルツ超関数 (distribution) 131
準曲率次元条件 (QCD condition) 153
準楕円型微分作用素 (hypo-elliptic differential operator) 153, 168–170, 202
準同型 (homomorphism) 237, 239–241
準同型写像 (homomorphism) 172, 178, 179, 226
商位相空間 (quotient topological space) 28
商空間 (quotient space) 178, 180, 197
商群 (quotient group) 165, 167, 176, 178
商多様体 (quotient manifold) 228
商特異点 (quotient singularity) 140
常微分方程式 (ordinary differential equation) 47, 57, 61, 97, 100, 113, 119, 227
常微分方程式の基本定理 (fundamental theorem of ordinary differential equations) 57
上部構造 (upper structure) 24
情報理論 (information theory) 123
ショート埋め込み (short embedding) 90

ショートはめ込み (short immersion)　89
初期値 (initial value)　189
初期値問題 (initial value problem)　188, 189
シンプレクティック幾何学 (symplectic geometry)　122
シンボル (symbol)　119
深リーマン予想 (deep Riemann hypothesis)　242
推移確率 (transition probability)　189, 238
推移的 (transitive)　173
垂直部分空間 (vertical subspace)　224
水平部分空間 (horizontal subspace)　224
酔歩 (random walk)　189
スーパーリッチ流 (super Ricci flow)　155
数理物理 (mathematical physics)　149, 156, 163
数論 (number theory)　5, 123, 146, 160, 165, 172, 174-176, 191, 197, 199
スカラー曲率 (scalar curvature)　43, 52, 114, 132, 133, 155, 156
スティーフェル・ホイットニー類 (Stiefel-Whitney class)　83, 84, 157
スティーフェル多様体 (Stiefel manifold)　81
ストレーナー (strainer)　121
スピン構造 (spin structure)　155-157
スペクトル (spectrum)　193, 215, 217-219, 233
スペクトル解析 (spectral analysis)　179, 191, 213
スペクトル側 (spectral side)　192, 201, 204, 206, 213, 229
スペクトル幾何学 (spectral geometry)　232, 233
スペクトル構造 (spectral structure)　214
スペクトルゼータ関数 (spectral zeta function)　168, 169, 228
正規化行列式 (regularized determinant)　236
正規拡大 (normal extension)　172
正規曲線 (normal curve)　9, 13
正規被覆 (normal covering)　178
正質量定理 (positive mass theorem)　156
星状近傍 (star like neighborhood)　91
整数環 (integer ring)　172
生成消滅演算子 (creation and annihilation operators)　220
正則グラフ (regular graph)　216
正則写像 (holomorphic map)　158
正則性定理 (regularity theorem)　148
正則双断面曲率 (holomorphic bisectional curvature)　157
正則断面曲率 (holomorphic sectional curvature)　157
正則ホモトピー (regular homotopy)　121
正値性 (positivity)　125
正標数 (positive characteristic) p への還元 (mod p reduction)　158
積分核 (integral kernel)　189
積分幾何 (integral geometry)　230
積分変換 (integral transformation)　189
積分方程式 (integral equation)　227
接空間 (tangent space)　37, 38, 42, 45, 53, 54, 64, 184, 224
接触 (contact)　9, 10
接錐 (tangent cone)　150, 234
接する (tangent)　9, 10
接束 (tangent bundle)　38, 41, 42, 48, 77, 158, 225
接続 (connection)　43, 44, 48, 180, 224-227
接続形式 (connection form)　224-227
絶対ガロア群 (absolute Galois group)　175

切断 (section)　41, 42, 73, 77, 96, 180, 181, 184, 187, 188, 192-194, 214
摂動 (perturbation)　192, 194, 207, 213, 214, 217, 218, 228
接平面 (tangent plane)　11, 12, 37, 45, 52
接ベクトル (tangent vector)　8-13, 37-46, 57, 58, 61, 132
接ベクトル場 (tangential vector field)　40
セルバーグゼータ関数 (Selberg zeta function)　160, 196
セルバーグ跡公式 (Selberg trace formula)　162, 196, 200, 202, 203, 206, 213, 228
漸近挙動 (asymptotic behavior)　165, 166, 190, 237
漸近線 (asymptotic line)　4
漸近展開 (asymptotic expansion)　166, 196, 213, 214, 218, 219, 221
全空間 (total space)　72
線形常微分方程式 (linear ordinary differential equation)　47, 50
線形接続 (linear connection)　48, 50, 52, 53
先験評価 (a priori estimate)　97, 103, 104
線積分 (line integral)　193, 223, 228
線素 (line element)　31-36, 43, 64, 67, 68
全ベッチ数 (total Betti number)　150
全有界 (totally bounded)　133, 136
素イデアル (prime ideal)　172-174
双曲型方程式 (hyperbolic equation)　233
双曲幾何学 (hyperbolic geometry)　2-5, 146, 197
双曲空間 (hyperbolic space)　54, 190
双曲群 (hyperbolic group)　147
双曲計量 (hyperbolic metric)　197, 242
双曲的長さ (hyperbolic length)　239
双曲平面 (hyperbolic plane)　4, 61, 205
双曲面 (hyperboloid)　27
双曲リーマン面 (hyperbolic Riemann surface)　162
双曲力学系 (hyperbolic dynamical system)　163, 240
総合的 (synthetic)　152, 156
総合的微分幾何学 (synthetic differential geometry)　152
双正則 (biholomorphic)　157, 158
相対性理論 (relativity)　149
増大度 (growth order)　148, 205
双対空間 (dual space)　42, 77, 184, 225
束写像 (bundle map)　74, 80
測地空間 (geodesic space)　142, 143
測地三角形 (geodesic triangle)　142, 143, 146
測地正規座標 (geodesic normal coordinates)　117, 118
測地線 (geodesic)　33, 44, 46, 56-62, 118, 120, 121, 124, 130, 132, 154, 197-199
測地線分 (geodesic segment)　143
（測地）直線 ((geodesic) line)　148
測地的曲率 (geodesic curvature)　8
（測地的に）完備 ((geodesically) complete)　62
測地流 (geodesic flow)　147, 162, 202, 234
測度距離空間 (metric measure space)　152, 153, 156
測度集中現象 (measure concentration phenomenon)　159
測度縮小性 (measure contraction property)　153
測度つきグロモフ・ハウスドルフ距離 (measured Gromov-Hausdorff distance)　141, 149-151, 232, 235
測度つきグロモフ・ハウスドルフ収束 (measured Gromov-Hausdorff convergence)　152, 156
測度の集中 (measure concentration)　235
素数 (prime number)　160, 161, 163, 164,

175-177, 197
素数定理 (prime number theorem) 160, 161, 163, 196, 242
素数レース (prime number race) 242
素測地線定理 (prime geodesic theorem) 160, 161, 163, 165, 205, 238, 240
素閉測地線 (prime closed geodesic) 160, 162, 163, 165, 166, 190, 200, 203, 205, 213, 237, 238, 240
ソボレフ空間 (Sobolev space) 131
ゾルゲンフライ直線 (Sorgenfrey line) 20

■ タ行

台 (support) 185
大域解析 (global analysis) 230
大域的情報 (global information) 43
大域的等長埋め込み (global isometric embedding) 88
大域リーマン幾何学 (global Riemannian geometry) 43, 69, 124
第一基本形式 (the first fundamental form) 6, 7, 10-13, 37, 43, 52
第一固有値 (first eigenvalue) 148
第一ビアンキ恒等式 (the first Bianchi identity) 53
第一ベッチ数 (first Betti number) 148
第一変分公式 (the first variational formula) 58, 59, 62
大円 (great circle) 61
対角行列 (diagonal matrix) 235
対称空間 (symmetric space) 129, 147
対称性 (symmetry) 125, 129
対称テンソル積 (symmetric tensor product) 102
代数拡大 (algebraic extension) 164, 172, 173
代数幾何学 (algebraic geometry) 25, 123, 149, 158
代数体 (algebraic field) 172
代数多様体 (algebraic variety) 25
代数トポロジー (algebraic topology) 80, 87, 122
代数閉包 (algebraic closure) 175
体積 (volume) 134, 135, 137, 151, 162, 166, 168, 195
体積増大率 (volume growth) 134
対蹠点 (antipodal points) 28
第二可算公理 (the second countable axiom) 20
第二基本形式 (the second fundamental form) 12, 13, 44, 55
第二ビアンキ恒等式 (the second Bianchi identity) 53
第二変分公式 (the second variational formula) 62, 63, 124
体の拡大 (extension of field) 164, 178
代表元 (representative) 39, 41, 45
大偏差原理 (large deviation principle) 166, 242
タウバー型の定理 (Tauberian theorem) 196
楕円型 (elliptic) 105, 118, 119
楕円型微分作用素 (elliptic differential operator) 105, 113, 118, 186, 221
楕円型評価 (elliptic estimate) 232
楕円型評価式 (elliptic estimate) 105, 106, 232
楕円幾何学 (elliptic geometry) 2, 4, 5
多価解析関数 18
多項式増大 (polynomial growth) 148
多項式増大度 (polynomial growth order) 168-171, 228, 238
多重延長多様体 17, 18
多重延長量 16-18, 21
多重巡回群 (polycyclic group) 239
惰性群 (inertia group) 175

畳み込み積 (convolution)　204
多様体 (manifold)　15, 17-21, 24-26, 29-38, 41, 42, 63, 65-67, 70, 72, 74, 75, 77, 80, 82, 86, 97, 123, 124, 128, 140, 146, 150, 157, 178, 179, 188
多様体学習 (manifold learning)　114
多様体の社会学 (sociology of manifolds)　132
単位法ベクトル (unit normal vector)　7, 9, 10, 12, 13
短時間漸近挙動 (short time asymptotic behavior)　190, 233
短時間漸近展開 (short time asymptotic expansion)　114
単射半径 (injectivity radius)　137-139
単純酔歩 (simple random walk)　238
単体分割 (simplicial decomposition)　91
断面曲率 (sectional curvature)　4, 5, 43, 44, 52-55, 63, 64, 68, 88, 90, 117, 126, 129, 132, 134, 137-147, 150-152, 156, 158, 164, 197
単連結 (simply connected)　47, 54, 68, 126, 129, 134, 139, 143, 167, 168, 178, 193, 226
チェビシェフの偏り (Chebyshev bias)　242
中間被覆 (intermediate covering)　215, 216
中心極限定理 (central limit theorem)　166, 242
中心降下列 (lower central series)　167
超局所解析 (microlocal analysis)　233
長距離酔歩 (long range random walk)　240
長時間漸近挙動 (long time asymptotic behavior)　190, 237
超対称調和振動子 (supersymmetric harmonic oscillator)　222
超特異楕円曲線 (supersingular elliptic curve)　176
超フィルター (ultra-filter)　147
調和解析 (harmonic analysis)　160, 162, 240
調和座標 (harmonic coordinates)　117-119
調和写像 (harmonic map)　158
調和振動子 (harmonic oscillator)　169, 218-220, 228
調和微分形式 (harmonic differential form)　193, 195, 228
調和マース形式 (harmonic Maass form)　241
直積分 (direct integral)　181, 212
直積分分解 (direct integral decomposition)　181, 212
直和 (direct sum)　181
直径 (diameter)　61, 133, 135, 137-142, 148-151
直交群 (orthogonal group)　29, 140
直交座標 (orthogonal coordinates)　24
直交射影 (orthogonal projection)　121, 138, 140
直交フレーム束 (orthogonal frame bundle)　140
ツォル多様体 (Zoll manifold)　234
定曲率 (constant curvature)　132, 134, 143, 146
定曲率空間 (space of constant curvature)　54, 63, 68
底空間 (base space)　72, 73
定磁場 (constant magnetic field)　214
定ベクトル場 (constant vector field)　52
ディラック作用素 (Dirac operator)　155
ディラック錐 (Dirac cone)　243
ディリクレ級数 (Dirichlet series)　160
テーラー展開 (Taylor expansion)　39, 219

デルタ関数 (delta function)　189
テンソル (tensor)　52, 53, 96, 98, 101, 106, 152
テンソル解析 (tensor analysis)　14
テンソル積 (tensor product)　96
点つきグロモフ・ハウスドルフ収束 (pointed Gromov-Hausdorff convergence)　234
ド・ラームコホモロジー群 (de Rham cohomology group)　195
等距離埋め込み (isometric embedding)　70, 119, 120, 127, 128
同語反復束 (tautological bundle)　75, 76
等差数列 (arithmetic progression)　163
等質空間 (homogeneous space)　129, 146
等スペクトル多様体 (isospectral manifolds)　237
同相 (homeomorphic)　21, 23, 25, 26, 71, 81, 126, 129-132, 145
同相写像 (homeomorphism)　21, 73
同値 (equivalent)　28, 41, 62, 63
同値関係 (equivalence relation)　28, 38
等長 (isometric)　63, 64, 68, 87, 89, 154, 180
等長埋め込み (isometric embedding)　70, 79, 87-90, 93-99, 111, 113, 119, 127, 128, 231
等長写像 (isometry)　63, 68, 178
等長はめ込み (isometric immersion)　89, 98
等長変換群 (isometry group)　154, 155, 198, 199
同値類 (equivalence class)　28, 38, 40, 41
同伴ベクトル束 (adjoint vector bundle)　74, 75, 226
等方的曲率 (isotropic curvature)　158, 159
トーラス (torus)　19, 27, 28, 88
トーラス結び目 (torus knot)　241
特異空間 (singular space)　233
特異点 (singularity)　10, 29, 140, 141, 144, 145, 151, 152, 233
特殊線形群 (special linear group)　29
特性類 (characteristic class)　76, 83
トポス理論 (topos theory)　152
トポロジー (topology)　5, 43, 79, 124, 128, 145, 156, 191, 197
ド・ラームの定理 (de Rham's Theorem)　226
トレース族 (trace class)　211

■ナ行

内在的 (intrinsic)　6, 7, 12, 14, 37, 45
内積 (inner product)　11, 12, 37, 42, 46, 51, 52, 64
長い直線 (long line)　20
軟化子 (mollifier)　100, 101
2 重井戸 (double well)　221
2 重延長多様体　19
2 重交換子群 (double commutator group)　167
ニュートン反復 (Newton iteration)　94
二葉双曲面 (hyperboloid of two sheets)　27
捩れのないべき零群 (torsion free nilpotent group)　240
捩れラプラシアン (twisted Laplacian)　191, 203, 213
熱核 (heat kernel)　43, 113-115, 184, 188-191, 233, 237
熱伝導方程式 (heat transfer equation)　188
熱分布 (heat distribution)　189
熱方程式 (heat equation)　118, 158, 188, 189
熱力学形式 (thermodynamical formalism)

163
熱流 (heat flow)　115, 153
ノーベル賞 (Nobel prize)　244
ノビコフ予想 (Novikov conjecture)　156
ノルム (norm)　58

■ハ行

ハーパー作用素 (Harper operator)
214–217, 219, 220, 228, 244
配位空間 (configuration space)　29
ハイゼンベルグ・リー群 (Heisenberg Lie group)　161, 169, 190, 207, 210, 211, 213, 218
ハイゼンベルグ拡大 (Heisenberg extension)　167, 237
ハイゼンベルグ群 (Heisenberg group)
161
π_1-ド・ラームの定理 (π_1-de Rham's Theorem)　226
ハウスドルフ次元 (Hausdorff dimension)
151
ハウスドルフ距離 (Hausdorff distance)
127
波数空間 (wave number space)　243
パス空間 (path space)　157
八元数 (octonion)　29
八元数射影平面 (octonion projective plane)　29, 76, 129
八元数直線 (octonion projective line)　29
発展方程式 (evolution equation)　97–99
パッフ形式 (Pfaffian form)　88
波動作用素 (wave operator)　233
波動方程式 (wave equation)　233
バナッハ環 (Banach algebra)　196
バナッハ空間 (Banach space)　100, 113
はめ込み (immersion)　71, 72, 77–86, 90, 121, 231
パラコンパクト (paracompact)　20
ハワイの耳飾り (Hawaiian earring)　179
汎関数 (functional)　58
半群 (semigroup)　211
半古典近似 (semiclassical approximation)
218, 221
バンド構造 (band structure)　218, 219
バンド理論 (band theory)　243
バンド理論 (band theory))　179
反復積分 (iterated integral)　222, 226–228
反復法 (iteration method)　94, 97, 100, 227
非アーベル群 (non abelian group)　191
非圧縮空間形 (incompressible space form)
159
p 進幾何学 (p-adic geometry)　123
非 I 型群 (non type I group)　244
非可換無限群 (non commutative infinite group)　167
比較可能 (comparable)　238
比較三角形 (comparison triangle)　143, 146
比較定理 (comparison theorem)　134
引き戻し (pull back)　74, 82, 84
引き戻しベクトル束 (pull back vector bundle)　74
非従順群 (non amenable group)　239
非摂動的誤差 (non perturbative error)
219, 222
非線形常微分方程式 (nonlinear ordinary differential equation)　57
左リー積分 (left Lie integral)　223
被覆 (covering)　177–179, 190, 191, 214, 216
被覆空間 (covering space)　177
被覆多様体 (covering manifold)　177, 179
被覆変換 (covering transformation)　177
被覆変換群 (covering transformation group)　177, 178

微分 (differential)　41, 42, 71, 80
微分可能球面定理 (differentiable sphere theorem)　142, 159
微分可能構造 (differentiable structure)　24-26, 38
微分可能写像 (differentiable map)　26, 41
微分可能多様体 (differentiable manifold)　20, 25-30, 37, 41, 81, 140, 154, 155, 177, 223, 226
微分関係 (differential relation)　121, 122
微分幾何学 (differential geometry)　69, 149, 152
微分形式 (differential form)　184, 186, 223-228
微分構造 (differential structure)　24
微分作用素 (differential operator)　38, 42, 50, 185-187, 191, 220
微分式　31, 32, 34, 35
微分写像 (differential map)　60
微分積分学 (calculus)　1
微分損失 (derivative loss)　97, 99, 100, 105, 111, 113
微分代数 (differential algebra)　184
微分同相 (diffeomorphic)　26, 28, 41, 54, 74, 76, 78, 129-131, 138, 139, 145
微分同相群 (diffeomorphism group)　154
微分同相写像 (diffeomorphism)　26, 28, 63, 73, 78, 138, 177, 178
微分トポロジー (differential topology)　122
微分方程式 (differential equation)　18, 94, 97, 102, 103, 105, 121, 122, 131, 189
非崩壊 (non collapsing)　151, 153
非ホロノミック関係式 (non holonomic relations)　122
非有界作用素 (unbounded operator)　218, 219
非ユークリッド幾何学 (non Euclidean geometry)　1-3, 5, 197, 198, 230
表現 (representation)　179, 180, 183, 202, 207, 211, 213
表現空間 (representation space)　179, 207, 210, 213, 228
表現論 (representation theory)　5, 129, 191
標準球面 (standard sphere)　26, 124
標準的埋め込み (canonical embedding)　70
標準的切断 (canonical section)　214, 223, 228
ピラミッド (pyramid)　159, 235
ビルディング (building)　147
ピンチング条件 (pinching condition)　129, 130
ピンチング問題 (pinching problem)　124, 129, 130, 132, 138
ファイバー (fiber)　72-77, 82, 96, 140, 177, 178, 184, 187, 224, 225
ファイバー束 (fiber bundle)　72, 74, 140, 142, 145, 177
フィールズ賞 (Fields Medal)　215, 244
フィンスラー多様体 (Finsler manifold)　153
フーリエ逆変換 (Fourier inversion)　207-209, 211
フーリエ級数展開 (Fourier expansion)　188
フーリエ変換 (Fourier transform)　179, 182, 188, 200, 204, 207, 208, 211, 213
フェルミ面 (Fermi surface)　243
複素幾何学 (complex geometry)　152, 157
複素射影空間 (complex projective space)　29, 129, 157, 158
副有限無限巡回群 (profinite infinite cyclic group)　176
双子素数予想 (twin prime conjecture)

176
物性物理 (condensed matter physics)　243
不定値射影特殊ユニタリ群 (indefinite projective special unitary group)　199
不動点定理 (fixed point theorem)　100, 111, 113
不分岐 (non-branching)　118, 154
不分岐 (unramified)　173, 175
部分被覆 (subcovering)　178
部分リーマン多様体 (Riemannian submanifold)　148
普遍被覆 (universal covering)　162, 174, 178, 179, 193, 199
ブラウン運動 (Brownian motion)　189
フラクタル (fractal)　243
フラクタル構造 (fractal structure)　217
プランク定数 (Planck constant)　218
ブリルアン領域 (Brillouin zone)　181, 243
プレコンパクト (precompact)　130, 133, 134, 136
プレコンパクト性定理 (precompactness theorem)　130-135, 147, 149, 156
不連続群 (discontinuos group)　160
フロッケ・ブロッホ理論 (Floquet-Bloch theory)　243
フロッケ理論 (Floquet theory)　179
ブロッホ理論 (Bloch theory)　179, 181, 206, 240
フロベニウス共役類 (Frobenius conjugacy class)　173, 175
フロベニウス準同型 (Frobenius homomorphism)　164, 173, 175, 176
フロベニウス置換 (Frobenius permutation)　173
分岐指数 (ramification index)　172
分数階の L^p 微分 (fractional L^p derivative)　119
分離公理 (axiom of separation)　20, 23, 25
分裂定理 (splitting theorem)　148, 151
平滑化 (smoothing)　94, 96-98, 100-102, 107, 115, 118
平滑化効果 (smoothing effect)　232
平滑化された特性関数 (mollified characteristic function)　203
平均曲率 (mean curvature)　6, 13, 44
平行移動 (parallel transport)　13, 36, 43-48, 53, 224-227
平行角 (parallel angle)　3, 4
平行線公準 (parallel postulate)　2, 3
平行線公理 (parallel axiom)　2
平行ベクトル場 (parallel vector field)　47, 49
閉測地線 (closed geodesic)　58, 146, 162, 164, 201-203, 205
閉多様体 (closed manifold)　77
平坦 (flat)　32-35, 47, 52, 53, 64, 66, 68, 141, 180, 225, 226, 228
平坦多様体 (flat manifold)　132
平坦直線束 (flat line bundle)　181, 191
平坦トーラス (flat torus)　88, 90, 154
平坦バンド (flat band)　243
平坦ベクトル束 (flat vector bundle)　179, 180, 203
閉微分形式 (closed differential form)　195, 228
平面曲線 (plane curve)　8-10, 12, 13
平面曲線の曲率 (curvature of plane curve)　6, 8-10, 12, 13
平面波 (plane wave)　243
べき零 (nilpotent)　141
べき零群 (nilpotent group)　239
べき零多様体 (nilmanifold)　139, 141
べき零リー群 (nilpotent Lie group)　139, 153, 167-170, 226

ベクトル空間 (vector space)　28, 38, 42, 45, 46, 72–74, 76, 82, 224
ベクトル積 (vector product)　12
ベクトル束 (vector bundle)　42, 72–77, 80, 82, 83, 96, 180, 184, 187, 188, 225
ベクトル場 (vector field)　40, 41, 45, 47–53, 59, 77, 202
ヘッシアン (Hessian)　14, 192, 228
ベッチ数 (Betti number)　150
ヘルダー指数 (Hölder index)　95
ヘルダー連続 (Hölder continuous)　117
変形定理 (deformation theorem)　96–99, 103, 110, 111
変形リーマン・ヒルベルト問題 (modified Riemann-Hilbert problem)　241
変体文字 (variant form)　177
変分 (variation)　58, 59, 62, 63, 124
変分ベクトル場 (variational vector field)　58, 59
変分法 (variational method)　58, 131
ポアンカレ円板 (Poincaré disc)　197–199
ポアンカレ計量 (Poincaré metric)　197
ポアンカレ上半平面 (Poincaré upper half plane)　88, 197–199, 205
ホイットニー和 (Whitney sum)　82
崩壊理論 (collapsing theory)　139, 141, 145
法曲率 (normal curvature)　8
法束 (normal bundle)　82, 83, 92
法束写像 (normal bundle map)　84
豊富 (ample)　158
放物型 (parabolic)　118
ホップ束 (Hopf fibration)　76
ホモトピー (homotopy class)　142
ホモトピー群 (homotopy group)　80, 81
ホモトピー原理 (homotopy principle) 121, 122
ホモトピー類 (homotopy class)　47, 53, 165, 225, 226, 241
ホモロジー群 (homology group)　166, 179
ホモロジー類 (homology class)　193, 203, 242
ホロノミー (holonomy)　241
ホロノミック関係式 (holonomic relations) 121, 122
本質的自己共役 (essentially self-adjoint) 187
本質的スペクトル (essential spectrum) 235
ポントリァーギン類 (Pontryagin class) 157

■ マ行

マジック角 (magic angle)　243
マルシェフ完備化 (Malcev completion) 167, 168, 226
右正則表現 (right regular representation) 180, 181, 207
右リー積分 (right Lie integral)　223, 226
密着位相 (indiscrete topology)　23, 24
密度 (density)　175, 176, 235
密度定理 (density theorem)　163–165, 172–174, 176, 196, 200, 237
向き付け可能 (orientable)　28, 157
向き付け不可能 (non-orientable)　28
無限遠境界 (boundary at infinity)　234
無限界性　65
無限群 (infinite group)　168, 176, 191
無限次アーベル拡大 (infinite abelian extension)　196, 200, 203, 236, 237
無限次拡大 (infinite extension)　164, 174, 176
無限次拡大体 (infinite extension field) 175
無限重井戸 (infinite well)　222
無限性　65

結び目理論 (knot theory)　86
明示公式 (explicit formula)　160, 161, 197
メビウス束 (Möbius bundle)　74-76
メビウス変換 (Möbius transformation)　198
面素 (surface element)　33
モアレ模様 (Moiré pattern)　243
モースの補題 (Morse's lemma)　195, 204
モース理論 (Morse theory)　28, 58, 222
モジュライ (moduli)　30, 152
モデル (model)　13, 25, 54, 124, 129-132, 142, 146, 147, 197, 198, 200, 201, 214, 217, 218
モノドロミー (monodromy) 表現　241
モノドロミー表現　241

■ ヤ行

ヤコビアン (Jacobian)　14, 195
ヤコビ行列 (Jacobian matrix)　10
ヤコビトーラス (Jacobi torus)　166, 168, 195
(Jacobi field)　124
ヤコビ場 (Jacobi field)　64
ヤン・ミルズ接続 (Yang-Mills connection)　48
有界作用素 (bounded operator)　218
ユークリッド位相 (Euclidean topology)　23, 24, 27
ユークリッド幾何学 (Euclidean geometry)　1, 2, 5, 57, 198
ユークリッド距離 (Euclidean distance)　119, 136
ユークリッド空間 (Euclidean space)　6, 21-25, 27, 29, 41, 43, 47, 51, 52, 54, 61, 70, 73, 77, 79, 83, 87-89, 93, 95, 111, 119-121, 129, 136, 190, 199
ユークリッド計量 (Euclidean metric)　43, 44, 52, 119, 149, 197
ユークリッド平面 (Euclidean plane)　214
有限拡大群 (finite extension group)　229
有限距離空間 (finite metric space)　136
有限群 (finite group)　165, 168, 176, 191
有限次拡大 (finite extension)　174-176, 237
有限次拡大体 (finite extension field)　172
有限次代数拡大 (finite algebraic extension)　174
有限生成 (finitely generated)　165, 168, 179, 181, 191, 237
有限生成系 (finitely generating system)　168
有限体 (finite field)　123, 172
有限体積 (finite volume)　166
有限有向グラフ (finite oriented graph)　201
誘導計量 (induced metric)　52
有理数体 (rational field)　164, 172, 175
ユニタリ群 (unitary group)　180
ユニタリ作用素 (unitary operator)　219
ユニタリ双対 (unitary dual)　181, 195, 207, 208
ユニタリ同値 (unitary equivalent)　193
ユニタリ表現 (unitary representation)　161, 168, 180, 181, 202, 203, 207-213, 217, 219, 228, 244
葉層構造 (foliation)　122
余完全微分形式 (co-exact differential form)　228
余弦公式 (cosine formula)　5
余随伴作用 (coadjoint action)　225
余接空間 (cotangent space)　42, 184
余接ベクトル (cotangent vector)　43
余微分 (co-differential)　186
4 乗剰余 (quartic residue)　17
4 乗振動子 (quartic oscillator)　170

■ ラ行

ラーデマッハー記号 (Rademacher symbol)　240, 241
ライデマイスタートージョン (Reidemeister torsion)　222
ライプニッツ則 (Leibniz rule)　38
ラプラシアン (Laplacian)　43, 112, 113, 141, 148-151, 184, 186, 187, 189, 191, 194, 201, 202, 214, 215, 232, 233, 235
ラプラス・ベルトラミ作用素 (Laplace-Beltrami operator)　186
ラプラスの方法 (Laplace method)　192, 205, 228
ランダウ・レベル (Landau level)　220
リー括弧積 (Lie bracket)　50
リー環 (Lie algebra)　169, 170, 211, 223, 224
リー群 (Lie group)　29, 169, 223
リー積分 (Lie integral)　222-228
リーマン幾何学 (Riemannian geometry)　5, 15, 37, 43, 44, 48, 63, 68, 69, 113, 114, 123-125, 128, 132, 134, 148, 197, 230-232
リーマン距離 (Riemannian distance)　62, 115, 119, 125, 134, 148, 199
リーマン計量 (Riemannian metric)　20, 37, 42, 43, 46, 50-53, 61, 63, 68-70, 87, 96, 112, 117, 119, 125, 132, 142, 143, 149, 150, 152, 155, 158, 160, 162, 185, 194, 197, 199
リーマン構造 (Riemannian structure)　21, 37
リーマン正規被覆 (Riemannian normal covering)　180
リーマンゼータ関数 (Riemann zeta function)　160, 170, 196
リーマン積分 (Riemann integral)　223
リーマン積分 (Riemannian integral)　181
リーマン接続 (Riemannian connection)　46, 50-52, 55, 225
リーマン測度 (Riemannian measure)　186, 195
リーマン体積測度 (Riemannian volume measure)　185, 186
リーマン多様体 (Riemannian manifold)　47, 54, 61-64, 68, 70, 87-89, 93-95, 113, 115, 118, 119, 121, 123, 125-127, 129-135, 137, 140-158, 160, 162-164, 166, 178-180, 184, 185, 187-191, 193, 195, 197, 206, 233, 234
リーマン的曲率次元空間 (RCD space)　153-156, 233
リーマン被覆 (Riemannian covering)　178
リーマン・ヒルベルト問題 (Riemann-Hilbert problem)　241
リーマン面 (Riemann surface)　26, 30, 160, 162, 166, 170, 171, 195-197, 199, 200, 202, 206, 239, 242
リーマンモジュライ空間 (Riemannian moduli space)　242
リーマン予想 (Riemann hypothesis)　160, 161, 163
リーマン和 (Riemannian sum)　181
力学系 (dynamical system)　162, 163, 196
離散 (discrete)　123, 126, 147
離散アーベル群 (discrete abelian group)　243
離散位相 (discrete topology)　23, 24
離散可解群 (discrete solvable group)　239
離散幾何解析 (discrete geometric analysis)　123
離散近似 (discrete approximation)　163, 220, 221
離散空間 (discrete space)　177
離散群 (discrete group)　161, 165, 178-181, 191, 197, 215, 237

離散作用素 (discrete operator)　215
離散多様体 (discrete manifold)　123
離散的曲率 (discrete curvature)　241
離散ハイゼンベルグ群 (discrete Heisenberg group)　161, 169-172, 202, 206-208, 211, 213, 217, 223, 228, 239, 243
離散部分群 (discrete subgroup)　139, 141, 238
離散べき零群 (discrete nilpotent group)　167, 168, 226, 239
離散ラプラシアン (discrete Laplacian)　214
リッチ極限空間 (Ricci limit space)　149-151, 153, 154, 157
リッチ曲率 (Ricci curvature)　43, 52, 114, 132-134, 148-152, 154-158
リッチ平坦 (Ricci flat)　149
リッチ流 (Ricci flow)　95, 119, 130, 145, 158, 159
流体力学 (fluid dynamics)　122
量子ホール効果 (Quantum Hall effect)　217
量子力学 (quantum mechanics)　236
臨界点 (critical point)　58
隣接行列 (adjacency matrix)　201
ループ空間 (loop space)　157
レイ・シンガートージョン (Ray-Singer torsion)　236
レイ・シンガー予想 (Ray-Singer conjecture)　222
捩率 (torsion)　50
零捩率条件 (torsion free condition)　50
劣リーマン幾何学 (subRiemannian geometry)　153
連結 (connected)　126
連結和 (connected sum)　28
連続 (continuous)　22, 24, 29, 31, 32, 65, 67, 69, 75, 80, 97, 111, 123, 129, 150, 151, 179, 199, 215
連続群 (continuous group)　161
連続スペクトル (continuous spectrum)　188
連続変形 (continuous deformation)　47, 75, 80, 81, 162, 164, 200
ローレンツ計量 (Lorentzian metric)　149
六角格子 (honeycom lattice)　243
ロバチェフスキー平面 (Lobachevsky plane)　88, 197

■ワ行

ワイル漸近評価式 (Weyl's asymptotic formula)　233

人名索引

■ 英字

Alexandrov 124
Ambrose 64
Ambrosio 114
Atiyah 155
Avila 215
Böhm 159
Bérard 113
Bakry 152
Bamler 159
Bateman 176
Beltrami 5
Berger 63
Besson 113
Bishop 134
Bismut 202
Bochner 148
Bolyai 3
Bourbaki 21
Brendle 130
Breuillard 151
Brown, E. H. 85
Brown, R. 85
Burago 142
Burstin 88
Buser 139
Cartan 48
Cartier 202
Chebotarev 164
Chebyshev 242
Cheeger 118
Chen, B. L. 159
Chen, K. T. 226
Chern 69
Christoffel 49
Cohen, R. 77
Colding 118
de la Valleé Poussin 161
de Lellis 94
de Rham 193
Deitmar 240
Deng 118
DeTurck 95
Di Scala 64
Dirichlet 161
Donaldson 152
Edwards 124
Ehresmann 48
Eliashberg 122
Elkies 176
Émery 152
Erdős 161
Euclid 1
Euler 1
Federer 94
Günther 95
Gaffney 187
Gallot 113
Gauss 1
Ghys 240

Gigli 153
Goodwillie 86
Graustein 121
Green 151
Gromoll 141
Gromov 94
Grove 142
Höhn 157
Hadamard 161
Hamilton 95
Hausdorff 20
Helffer 218
Hicks 64
Hilbert 88
Hirsch 79
Hodge 193
Hofstadter 217
Hopf, H. 62
Horn 176
Huber 162
Hurewicz 167
Janet 88
Jitomirskaya 215
Jorgensen 191
Kac 215
Kant 5
Karcher 139
Klein 5
Klingenberg 126
Kuiper 88
Kulkarni 63
Kuratowski 119, 120
Lévy 159
Lalley 166
Lambert 2
Lang 176
Laplace 192
Levi-Civita 48
Lichnerowicz 148
Lobachevsky 2
Lohkamp 154
Lytchak 148
Müller 222
Malcev 167
Malgulis 162
Massay 84
Meusnier 8
Meyer 141
Micallef 158
Mills 48
Milman 159
Milnor 26
Moore 158
Morgan 118
Morin 81
Morse 195
Moser 94
Myers 148
Naber 118
Nash 87
Newman 196
Pansu 139
Parry 163
Perelman 141
Petersen 142
Peterson 85
Petrunin 145
Phillips, A. V. 81
Phillips, R. S. 166
Picard 227
Poincaré 5
Pollicott 163
Portegies 114
Pytlik 206
Rauch 129
Ricci 48

Riemann 1
Rinow 62
Rokhlin 95
Rubinstein 242
Ruh 139
Saccheri 2
Sacks 158
Sarnak 166
Schlaefli 87
Schoen 130
Schrödinger 228
Schweikart 3
Selberg 160
Serre 176
Sha 150
Shapiro 81
Siebenmann 145
Simon, B. 222
Singer 155
Siu 157
Sjöstrand 218
Smale 79
Steenrod 155
Stolz 157
Stone 210
Sturm 152
Tang 159
Tao 151
Taurinus 3
Tewodrose 114
Thom 85
Thurston 81
Tian 151
Tompkins 88
Toponogov 124
Trotter 176
Tuschmann 141
Uhlenbeck 158
Varadhan 115
Villani 90
Vishik 236
von Neumann 210
Voros 202
Weil 197
Weiss 86
Weyl 15
Whitney 77
Wiener 196
Wilking 151
Wilkinson 218
Willwacher 87
Witten 231
Yang, C. N. 48
Yang, D. 150
Yau 69
Zagier 196
Zelditch 233
Zhang 152
Zhu 159

■ ア行

アーベル (Abel) 18
アヴィーラ (Avila) 215, 244
青木美穂 242
青本和彦 230
阿賀岡芳夫 88
足立俊明 165, 166
足立恒雄 5, 230
アダマール (Hadamard) 161
アティヤー (Atiyah) 155
アムブローズ (Ambrose) 64
アルキメデス (Archimedes) 66
アレクサンドロフ (Alexandrov) 124, 142, 146
アムブロシオ (Ambrosio) 114
池原止戈夫 196

伊原康隆　174
岩瀬則夫　29, 76
岩元 隆　141
ヴァイス (Weiss)　86
ヴァラダン (Varadhan)　115, 119
ヴィシック (Vishik)　236
ウィッテン (Witten)　222, 231, 236
ウィナー (Wiener)　196
ヴィラーニ (Villani)　90, 152
ヴィルキング (Wilking)　151, 159
ウィルキンソン (Wilkinson)　215, 218, 221
ヴィルワッチャー (Willwacher)　87
ウーレンベック (Uhlenbeck)　158
ヴェイユ (Weil)　197
植木 潤　241
梅原雅顕　6, 230
エウクレイデス (Eukleídēs)　16, 65
エーレスマン (Ehresmann)　48
エドワーズ (Edwards)　124
エメリー (Émery)　152
エリアシュバーグ (Eliashberg)　122
エルキース (Elkies)　176
エルデス (Erdős)　161
エルフェール (Helffer)　218, 219, 221, 222
オイラー (Euler)　1, 161, 163, 184
太田慎一　153
大槻富之助　88
大津幸男　121, 142, 144, 145
大森英樹　132, 230
小畠守生　148

■ カ行

カイパー (Kuiper)　88, 89, 121
ガウス (Gauss)　1, 2, 6, 7, 14, 17, 55, 70, 87, 124, 161, 197
加須栄篤　15, 138
数川大輔　235
勝田 篤　196
カッツ (Kac)　215, 244
金子生弥　242
金子昌信　176
ガフニー (Gaffney)　187
カポヴィッチ (Kapovitch)　145, 151
ガリレオ (Galileo)　66
カルタン (Cartan)　48, 64, 88, 146
カルティエ (Cartier)　202
カルヒャー (Karcher)　139
カント (Kant)　5
ギャロ (Gallot)　113, 232
ギュンター (Günther)　95, 105, 111, 115
グットウィリー (Goodwillie)　86
クライン (Klein)　5, 197
グラウステン (Graustein)　121
クラトウスキ (Kuratowski)　119, 120
グリーン (Green)　151, 177
クリストッフェル (Christoffel)　49, 51
クリンゲンバーグ (Klingenberg)　126, 129, 158
クルカルニ (Kulkarni)　63
グローブ (Grove)　142
黒川信重　160, 176, 242
グロモール (Gromoll)　141, 142, 148, 151
グロモフ (Gromov)　94, 95, 115, 117, 118, 120-122, 124, 128, 132, 134, 135, 137-142, 145, 147-150, 156, 159, 168, 231, 235
桑江一洋　145, 153, 154
粟田和正　153
コーエン (Cohen, R.)　77, 84, 85, 87, 231
コールディング (Colding)　118, 150, 151, 232
小林昭七　48
小山信也　242
コンセヴィッチ (Kontsevich)　236
権 寧魯　240

■ サ行

サーストン (Thurston)　81, 132, 146, 158
サイモン (Simon, B.)　222
酒井 隆　15
ザギエー (Zagier)　196
ザックス (Sacks)　158
サッケーリ (Saccheri)　2
サルナック (Sarnak)　166, 177, 192, 196, 200, 239, 240, 242
ザン (Zhang)　152
ジーベンマン (Siebenmann)　145
シウ (Siu)　157
シェーン (Schoen)　130, 148, 159
塩濱勝博　121, 142
塩谷 隆　15, 144, 145, 159
志賀浩二　15
四方義啓　124
志賀啓成　197
ジグリ (Gigli)　153
ジス (Ghys)　240, 241
ジトミルスカヤ (Jitomirskaya)　215, 244
シャー (Sha)　150
ジャネ (Janet)　88
シャピロ (Shapiro)　81
シュヴァイカルト (Schweikart)　3
シュトルツ (Stolz)　157
シュレーフリ (Schlaefli)　87, 88
シュレディンガー (Schrödinger)　228
ショストランド (Sjöstrand)　218, 219, 221, 222
シンガー (Singer)　155
ズー (Zhu)　159
菅原正巳　15
スツルム (Sturm)　152, 153, 155
スティンロード (Steenrod)　155
ストーン (Stone)　210
砂田利一　161, 165, 166, 190, 196, 230, 236
スメール (Smale)　79–83, 121
セール (Serre)　176, 177, 186
ゼルディッチ (Zelditch)　233
セルバーグ (Selberg)　160–162, 196

■ タ行

ダイトマー (Deitmar)　240
タウリウス (Taurinus)　3–5
タオ (Tao)　151, 177
玉木 大　87
タン (Tang)　159
チーガー (Cheeger)　118, 124, 141, 142, 148, 150–152, 222, 232
チェビシェフ (Chebyshev)　242
チェボタレフ (Chebotarev)　164, 165, 172–174, 176, 196, 200, 237, 240
チェン，B. L. (Chen, B. L.)　159
チェン，K. T. (Chen, K. T.)　222, 226
チャーン (Chern)　69, 88
デ・レリス (de Lellis)　94–96, 102, 122, 231
ディ・スカラ (Di Scala)　64
ティアン (Tian)　151, 152
ディリクレ (Dirichlet)　161, 163, 176, 242
テウォドローズ (Tewodrose)　114
デン (Deng)　118
ド・ラ・バレ・プサン (de la Valleé Poussin)　161, 163
ド・ラーム (de Rham)　193
トゥシュマン (Tuschmann)　141
ドゥターク (DeTurck)　95
ドナルドソン (Donaldson)　152
トポノゴフ (Toponogov)　124, 146
トム (Thom)　85
トロッター (Trotter)　176
トンプキンズ (Tompkins)　88

■ ナ行

内藤久資　217
永野幸一　148
ナッシュ (Nash)　87-89, 93-95, 99, 100, 106, 111, 113, 115, 119, 121, 127, 231, 232
難波隆弥　191
ニュートン (Newton)　66, 67
ニューマン (Newman)　196
ネーバー (Naber)　118, 151, 152
野水克己　48

■ ハ行

ハーシュ (Hirsch)　79, 80, 82, 83, 121
バースティン (Burstin)　88
ハイゼンベルグ (Heisenberg)　236
パイトリク (Pytlik)　206-208, 211, 213
ハウスドルフ (Hausdorff)　20, 23, 25, 26
バックリー (Bakry)　152
ハミルトン (Hamilton)　95, 118, 158, 159
バムラー (Bamler)　159
パリー (Parry)　163, 165
パンス (Pansu)　139
ビアンキ (Bianchi)　53
ピカール (Picard)　227
ビショップ (Bishop)　134, 135
ビスミュー (Bismut)　202, 222
ヒックス (Hicks)　64
ヒューバー (Huber)　162
ヒルベルト (Hilbert)　88
フィリップス，A. V. (Phillips, A. V.)　81, 122
フィリップス，R. S. (Phillips, R. S.)　166, 192, 196, 200
ブーザー (Buser)　139
フェーン (Höhn)　157
フェデラー (Federer)　94
フォン・ノイマン (von Neumann)　210
深谷賢治　118, 125, 139-141, 149, 151, 232
藤岡禎司　145
船野 敬　159
プファッフ (Pfaff)　18
ブラウン，E. H. (Brown, E. H.)　85
ブラウン，R. (Brown, R.)　85
ブラゴ (Burago)　142, 145
ブルイヤール (Breuillard)　151
フルヴィッツ (Hurewicz)　167, 193
古田幹雄　222
ブルバキ (Bourbaki)　21
ブレンドル (Brendle)　130, 159
ペーターセン (Petersen)　142
ペーターソン (Peterson)　85
ベートマン (Bateman)　176
ベッソン (Besson)　113
ペトルーニン (Petrunin)　145
ベラール (Bérard)　113
ベルジェ (Berger)　63, 125, 126, 129, 158
ベルトラミ (Beltrami)　5, 197
ヘルバルト (Herbert)　17
ペレルマン (Perelman)　141-143, 145, 146, 158, 159
ポアンカレ (Poincaré)　5, 197
ホイットニー (Whitney)　77, 79, 83, 84, 89, 101, 121
ボーム (Böhm)　159
ボーヤイ (Bolyai)　2-4, 197
ホーン (Horn)　176
ホッジ (Hodge)　193, 195
ホップ (Hopf, H.)　62
ホフスタッター (Hofstadter)　217, 243
ボホナー (Bochner)　148, 154
ポリコット (Pollicott)　163, 165, 166
ポルトギース (Portegies)　114
ボロス (Voros)　202
本多正平　114, 118, 125, 145, 150, 151,

153-155, 157

■ マ行

マイヤー (Meyer) 141
マイヤース (Myers) 148, 155
町頭義朗 145
松坂俊輝 241
松島与三 15
マッセイ (Massay) 84
松本幸夫 15
マルグリス (Malgulis) 162, 163
マルシェフ (Malcev) 167
ミカレフ (Micallef) 158
三石史人 145, 157
ミュラー (Müller) 222
ミルズ (Mills) 48
ミルナー (Milnor) 26, 148
ミルマン (Milman) 159
ムーア (Moore) 158
ムーニエ (Meusnier) 8
モーガン (Morgan) 118
モーザー (Moser) 94, 95
モース (Morse) 195, 204
モラン (Morin) 81
森 重文 158

■ ヤ行

ヤウ (Yau) 69, 77, 148, 149, 152, 157-159, 231, 233, 234
ヤコビ (Jacobi) 18
柳田伸太郎 230
矢野健太郎 15
山口孝男 121, 141, 142, 145, 151
山田光太郎 6, 230
山本敦之 15, 67
ヤン，C. N. (Yang, C. N.) 48
ヤン，D. (Yang, D.) 150
ユークリッド (Euclid) 1, 2, 22
ヨルゲンセン (Jorgensen) 191

■ ラ行

ラウチ (Rauch) 129
ラグランジュ (Lagrange) 18
ラプラス (Laplace) 192, 205, 228
ラリー (Lalley) 166
ラング (Lang) 176, 191
ランベルト (Lambert) 2
リーマン (Riemann) 1, 5, 6, 14, 15, 20, 21, 30, 37, 43, 44, 47, 48, 57, 63, 64, 68, 70, 77, 87, 123, 124, 160, 161, 196
リチャック (Lytchak) 148
リッチ (Ricci) 48
リノウ (Rinow) 62
リヒネロヴィッツ (Lichnerowicz) 148, 155
ルー (Ruh) 139
ルジャンドル (Legendre) 16, 161
ルビンシュタイン (Rubinstein) 242
レヴィ (Lévy) 159
レビ＝チビタ (Levi-Civita) 48
ローカンプ (Lohkamp) 154
ロット (Lott) 152
ロバチェフスキー (Lobachevsky) 2-4, 197
ロホリン (Rokhlin) 95

■ ワ行

ワイル (Weyl) 15, 26, 44, 48, 233

Memorandum

Memorandum

〈著者紹介〉

勝田 篤（かつだ あつし）

略歴 1958 年，愛知県生まれ．
1980 年，名古屋大学理学部 卒業．
1986 年，名古屋大学大学院理学研究科数学専攻博士後期課程 修了．
名古屋大学 助手，岡山大学 助教授，同准教授，九州大学教授を経て，
2023 年 4 月より九州大学 名誉教授，
2024 年 10 月より慶応義塾大学自然科学研究教育センター 訪問教授，現在に至る．
理学博士（名古屋大学），専門はリーマン幾何学およびスペクトル幾何学．
著書に『線形代数学 1』（数学レクチャーノート 入門編 3，培風館，1998）．

リーマンの生きる数学 **3**

リーマンと幾何学

(*Riemann and Geometry*)

2024 年 12 月 31 日 初版 1 刷発行

著 者 勝田 篤 © 2024

発行者 南條光章

発行所 **共立出版株式会社**

〒112-0006
東京都文京区小日向 4-6-19
電話番号 03-3947-2511（代表）
振替口座 00110-2-57035

共立出版（株）ホームページ
www.kyoritsu-pub.co.jp

印 刷 大日本法令印刷

製 本 ブロケード

一般社団法人
自然科学書協会
会員

検印廃止
NDC 414.81, 415.7

ISBN 978-4-320-11236-0

Printed in Japan

リーマンの生きる数学 全4巻

黒川信重［編］

数学におけるリーマンの業績を四つの視点から解説

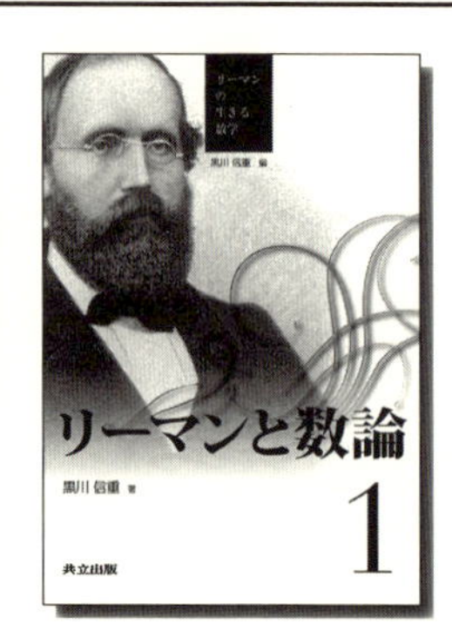

ドイツの偉大な数学者リーマンは、2016年に歿後150年を迎えた。その短い生涯の中で解析学・幾何学・数論という多方面にわたって不朽の画期的成果を挙げて、数学を一新させたことは、今更ながら驚きに堪えない。本シリーズは、リーマンの数学およびその後への影響を振り返るのが趣旨である。彼が遺した輝かしい業績を詳しくたずね、これからの数学を見据えていく意欲的なシリーズとなっている。

❶リーマンと数論

黒川信重 著

ゼータ関数やリーマン予想を中心とした、数論におけるリーマンの業績を解説する。

目次：簡単なゼータ関数（有限ゼータ関数／他）／リーマンと先達（オイラー以前／他）／リーマンの影響……………………218頁・定価4400円・ISBN978-4-320-11234-6

❷リーマンと解析学

志賀啓成 著

リーマン面理論の発展の一つの方向を、古典的な理論から最新の結果まで解説する。

目次：リーマン面（解析接続／他）／リーマン面上の解析学（その1、その2）／リーマン面の素数定理とその進化………………108頁・定価3850円・ISBN978-4-320-11235-3

❸リーマンと幾何学

勝田 篤 著

教授資格取得講演「幾何学の基礎をなすある仮説について」を中心に現代的に解説する。

目次：リーマン登場までの幾何学の状況／リーマンの教授資格取得講演と現代幾何学／リーマン多様体の埋め込み／他………336頁・定価5500円・ISBN978-4-320-11236-0

❹リーマンの数学と思想

加藤文元 著

リーマンの数学と思想の両面を横断的に論じ、数学対象観の推移を詳説していく。

目次：リーマンとは誰であり何をした人なのか／西洋数学の「19世紀革命」／リーマンの関数概念／リーマンの空間概念／他…‥208頁・定価4950円・ISBN978-4-320-11237-7

共立出版

【各巻：A5判・上製本・税込価格】